Overlapstichproben und kumulierte Schätzer für die amtliche Statistik?

Europäische Hochschulschriften

Publications Universitaires Européennes
European University Studies

Reihe V
Volks- und Betriebswirtschaft

Série V Series V
Sciences économiques, gestion d'entreprise
Economics and Management

Bd./Vol. 3163

PETER LANG
Frankfurt am Main · Berlin · Bern · Bruxelles · New York · Oxford · Wien

Nicole Ernst

Overlapstichproben und kumulierte Schätzer für die amtliche Statistik?

PETER LANG
Europäischer Verlag der Wissenschaften

Bibliografische Information Der Deutschen Bibliothek
Die Deutsche Bibliothek verzeichnet diese Publikation in der Deutschen Nationalbibliografie; detaillierte bibliografische Daten sind im Internet über <http://dnb.ddb.de> abrufbar.

Zugl.: Trier, Univ., Diss., 2004

D 385
ISSN 0531-7339
ISBN 3-631-54515-0

www.peterlang.de

Zum Geleit

Stichprobenverfahren zur Datengewinnung erlebten in den fünfziger und sechziger Jahren des letzten Jahrhunderts in Theorie und Praxis einen weltweiten Aufschwung, verbunden mit den Arbeiten von und um *Hansen*, *Hurwitz*, *Madow* und *Kish*. Die Verbreitung dieser Methoden war deswegen so groß und nachhaltig, weil es gelang, die allseits anerkannten praktischen Anforderungen in theoretisch fundierte Verfahren umzusetzen. Erst dreißig Jahre später wurden von *Särndal*, *Swensson*, *Wretman*, versucht, den umgekehrten Weg zu gehen, modellbasierte Stichprobenverfahren zu entwickeln, wobei auch diese Verfasser nicht ohne Erfahrung in der Praxis waren.

Auf dem Gebiet der Datengewinnung haben sich unterdessen die praktischen Erfordernisse verändert. Nicht mehr nur die Genauigkeit der Schätzer der Parameter steht im Vordergrund des zu entwerfenden Stichprobendesigns, sondern dieses Kriterium ist nur eines in einem Qualitätsportfolio. Die rationale Einbeziehung weiterer von „außen" kommender Kriterien (Rahmenbedingungen) zur Entscheidungsfindung des adäquaten Designs samt den entsprechenden Parameterschätzern ist ein Verdienst der vorliegenden Arbeit. Hierbei geht es um eine auch praktisch anwendbare Lösung, die auf dem gebiet der Novellierung des Erhebungsdesigns der Laufenden Wirtschaftsrechnungen der amtlichen Statistik durchgeführt wird.

Aber auch die Theorie ist zunehmend durch computergestützte Methoden zu ergänzen: die theoretische Analyse weist in dieser Arbeit als entscheidenden Einflussfaktor für die Varianz der Schätzer Korrelationen zwischen den Elementen nach. Da über die Stärke dieser Korrelationen, die für die Bewertung der Designs wichtig sind, theoretisch nichts ausgesagt werden kann, liegt hierin die Notwendigkeit zur Simulation, wozu Frau Ernst ein Simulationsprogramm aus dem Scientific Use File des Mikrozensus 1996 entwickelt hat.

Durch die Zusammenführung von „endogenen" und „exogenen" statistischen Erfordernissen ist es beispielhaft gelungen auf dem bearbeitenden Gebiet Theorie und Praxis der Statistik miteinander zu verbinden.

Trier, den 12. Januar 2005 — Prof. Dr. Walter Krug

Vorwort

„Tutoren im Fach Statistik gesucht“, damit begann der Weg zu dieser Arbeit im Frühjahr 1998. Als Studentin der Volkswirtschaftslehre im Schwerpunkt Geld, Kredit und Finanzierung und dem Wahlfach Statistik fühlte ich mich von diesem Aushang am Schwarzen Brett des Lehrstuhls meines jetzigen Doktorvaters Prof. Dr. W. Krug angesprochen. Meine anfängliche Verunsicherung, mich auf diese studentische Hilfsstelle zu bewerben, hat mir Gott sei Dank mein zukünftiger Ehemann, Erik Thees, schnell ausgeredet, denn sonst läge diese Arbeit heute zumindest nicht von mir verfasst vor!

Es war wohl einer meiner bisher zumindest wichtigsten Schritte mich als Tutorin bei Prof. Dr. Krug und Herrn Dr. Rehm zu bewerben, denn dies sollte der Beginn einer sowohl wissenschaftlich wie auch zwischenmenschlich ausgezeichneten Zusammenarbeit sein. Meine Tätigkeit als Tutorin wurde schnell um die einer wissenschaftlichen Hilfskraft erweitert. So wurde ich sowohl mit Projektarbeit, redaktioneller Tätigkeit beim Lehrbuch „Wirtschafts- und Sozialstatistik“ oder Mitorganisation des Workshops „Zensus 2001“ betraut. Schließlich bot mir Prof. Dr. Krug die Promotion an seinem Lehrstuhl an. Für dieses Vertrauen, das er damit zum Ausdruck gebracht hat, werde ich ihm stets danken. Als Doktorandin habe ich unter Leitung von Prof. Dr. Krug an dem vom Bundesministerium für Arbeit und Sozialordnung im Rahmen der Armuts- und Reichtumsberichterstattung der Bundesregierung vergebenen Projekt „Zusatzleistungen für Sozialhilfeempfänger“ gearbeitet und zum Abschluss gebracht. Darüber hinaus war ich am Lehrstuhl meines Doktorvaters von 2001 bis zu seiner Emeritierung als wissenschaftliche Mitarbeiterin angestellt.

In dieser Zeit entstand auch weitestgehend die hier vorliegende Arbeit, die sich aus einer konkreten Problemstellung des Statistischen Bundesamtes ergab und zu deren umfangreicher Behandlung mich Prof. Dr. Krug anregte. Seiner Funktion als Doktorvater trug Herr Krug dabei vorbildlich Rechnung. Er ließ mir bei der Ausfertigung alle erdenkliche Freiheit, hatte aber stets ein offenes Ohr und konstruktive Hinweise, wenn ich sie erbat. Dabei war es ihm ein wichtiges Anliegen, dass ich zügig mit der Arbeit vorankam - ein Druck, der durchaus hilfreich war. Diese optimale Betreuung, gepaart mit einem sehr guten Arbeitsklima am gesamten Lehrstuhl, haben entscheidend zum Gelingen dieser Arbeit beigetragen.

Neben dem Dank, den ich meinem Doktorvater erweise, gibt es natürlich auch viele weitere Menschen, ohne deren Zutun das Erfolg dieser Arbeit maßgeblich behindert gewesen wäre. Zunächst meinem Lebensgefährten Erik Thees: ohne Ihn hätte ich, wie bereits gesagt, womöglich die Promotion nicht begonnen, da ich mich erst gar nicht am Lehrstuhl von Prof. Dr. Krug als Tutorin beworben hätte. In der Phase der Promotion war er aber auch der jenige, der am meisten unter meinen Launen, meiner Zerstreutheit und Gestresstheit leiden musste und trotzdem immer die Geduld bewahrt hat und mir Mut zugesprochen hat. Danke! Ebenso gilt ein großer Dank meinen Eltern, die unbeirrt an mich geglaubten und mich angespornt und sich zudem als Korrektor durch die Arbeit gelesen haben. Schließlich sei auch den sechs Studierenden B. Krämer, Ph. Kuß, J. Maruhn, S. Narin, Th. Konrads und Ch. Sievers gedankt, die das Simulationsprogramm SimDesign schrieben; die Ausgangsbasis zur empirischen Analyse dieser Arbeit. Meiner heutigen Kollegin am Lehrstuhl von Prof. Dr. Hecheltjen, Stephanie Poll, möchte ich danken, die einen finalen Blick auf die Arbeit geworfen hat, und noch die eine oder andere Ungereimtheit entdeckt hat. Da jede Promotion erst abgeschlossen ist, wenn auch der Zweitgutachter seine Beurteilung geschrieben hat und auch die Disputation erfolgt ist, gilt mein Dank an dieser Stelle natürlich auch Herrn Prof. Dr. Rendtel von der Freien Universität Berlin, der das Zeitgutachten verfasst hat und den weiten Weg nach Trier auf sich genommen hat, wie auch Herrn Prof. Dr. Hecheltjen, der den Vorsitz bei der Disputation am 3. Mai 2004 hatte.

Dass die Veröffentlichung meiner Arbeit erst recht spät erfolgt, ist u. a. darauf zurückzuführen, dass ich mich nach der Phase intensiver wissenschaftlicher Arbeit der von mir geliebten Lehrtätigkeit gewidmet habe und auch in der universitären Selbstverwaltung verstärkt aktiv war.

Trier, im Februar 2005 Nicole Ernst

Inhaltsverzeichnis

Abbildungsverzeichnis

Tabellenverzeichnis

Abkürzungsverzeichnis

AStA......... Allgemeines Statistisches Archiv

BMGS ...... Bundesministerium für Gesundheit und soziale Sicherung

BSHG .... Bundessozialhilfegesetz

BStatG ...... Bundesstatistikgesetz

COICOP ... Classification of Individual Consumption by Purpose

c. p. .... ceteris paribus

ESS .... Europäisches Statistik System

EU .... Europäische Union

EVS .... Einkommens- und Verbrauchsstichprobe

H............... Heft

HBS .... Household Budget Survey (Haushaltsbudgeterhebung)

i. A. a. .... in Anlehnung an

LWR......... Laufende Wirtschaftsrechnungen

MSE.......... Mean Square Error (mittlerer quadratischer Gesamtfehler)

MVLU ...... Minimum Variance Linear Unbiased
(linear unverzerrte Minimumvarianz)

MZ............ Mikrozensus

o. V. .... ohne Verfasser

RM............ Reichsmark

SEA .... Systematik der Einnahmen und Ausgaben der privaten Haushalte

EU-SILC .. European Statistic of Income and Living Conditions
(Gemeinschaftsstatistik über Einkommen und Lebensbedingungen)

SP .... Stichprobe

Tab............ Tabelle

TSP........... Teilstichprobe

u. A........... unter Annahme

UAG......... Unterarbeitsgruppe

VGR......... Volkswirtschaftliche Gesamtrechnungen

Vol............ Volume (Band)

WiSta........ Wirtschaft und Statistik

Symbolverzeichnis

a ....- Gewicht bei *Eckler*
- Koeffizient einer allgemeinen Linearkombination

α ....Gewicht bei *Wolter*

A ....Gewicht bei *Gurney* und *Daly*

b ....- empirischer Regressionskoeffizient
- Koeffizient einer allgemeinen Linearkombination
- Gewicht bei *Eckler*, *Horvitz-Thompson*

β ....- wahrer Regressionskoeffizient
- systematischer Fehler

$\boldsymbol{\beta}$ ....Vektor der Erwartungswertschätzer

c ....- Gewicht bei *Eckler*
- Koeffizient einer allgemeinen Linearkombination

C ....Gewicht bei *Gurney* und *Daly*

Cov ( ) ....Kovarianz

d ....- Gewicht bei *Eckler*, *Horvitz-Thompson*
- Koeffizient einer allgemeinen Linearkombination

Δ ....Differenzenschätzer

DEF ....Designeffektfaktor

ε ....positive Zahl

E ....- Gewicht bei *Eckler*
- endgültiger Schätzer
- Zufallsfehler

E ....Vektor der Zufallsfehler e

E ( )...........Erwartungswert einer Zufallsvariablen

f ....Gewicht bei *Eckler*

φ ....Gewicht bei *Patterson*

f ( )............Funktion von

Φ................Gewicht bei *Eckler*, *Hansen et al.*, *Jessen*, *Patterson*, *Yates*

g................Gesamtfehler

G ....Koeffizient zur Herleitung variierender Überlappungsanteile

gR..............generalisierter Regressionsschätzer
h.................- Häufigkeit
- beliebiger Zeitpunkt, der $\neq$ t
η................Designeffektfaktor, relative Effizienz
HT .... *Horvitz-Thompson*
j..................- Stichprobe bzw. Teilstichprobe, mit $j = 1,...,m$
- Stichprobeneinheit, die $\neq$ i
Θ................Gewicht bei *Patterson*
i..................Stichprobeneinheit
k.................Teilstichprobenumfang
K................Gewicht bei *Gurney* und *Daly*, *Hansen et al.*, *Rao-Graham*, *Wolter*
λ................- Koeffizient einer Linearkombination
- Lagrangemultiplikator
$\boldsymbol{\lambda}$................Matrix der gesuchten Koeffizienten
L................Gewicht bei *Wolter*
L ( )...........Lagrangefunktion
l..................Zeitpunkt, mit $l = 1,\ldots,t$
lim ....Grenzwert
m................- Anzahl der Stichproben bzw. Teilstichproben
- Matched Units (überlappende Stichprobeneinheiten)
μ................Erwartungswert einer Zufallsvariablen
$\boldsymbol{\mu}$................Vektor der Elementarschätzer
MSE ....Mean Square Error (mittlerer quadratischer Gesamtfehler)
n.................Stichprobenumfang
N................Umfang der Grundgesamtheit
o.................Anzahl der Perioden mit Befragungspause
π................Inklusionswahrscheinlichkeit
P................Anteil identischer Stichprobeneinheiten zwischen zwei aufeinander folgenden Zeitpunkten
Q................Anteil neuer Stichprobeneinheiten im betrachteten Zeitpunkt
r.................- empirischer Korrelationskoeffizient
- Anzahl der hintereinander liegenden Befragungszeitpunkte
- ganzzahliges Vielfaches der rotierenden Teilstichprobe

ρ ....wahrer Korrelationskoeffizient
s ....- Standardabweichung in einer Stichprobe
- Zeitpunkt, der $\neq$ t
σ ....Standardabweichung einer Zufallsvariablen
s^2................Stichprobenvarianz
σ^2 ....Varianz einer Zufallsvariablen
sn ....Standardnormalverteilung
S ....prozentuale Veränderung
Σ ....Kumulationsschätzer
t.................Zeitpunkt, $t = 1 - 1$
u.................Unmatched Units (neue Stichprobeneinheiten)
v.................vorläufiger Schätzer
V ....Kovarianzmatrix
Var ( ) Varianz einer Zufallsvariablen
VM ....Varianzmultiplikator
w................Gewicht bei *Patterson*, *Rao-Graham* und des kalibrierten Regressionsschätzers
W ....- Wahrscheinlichkeit
- Gewicht bei *Jessen*, *Rao-Graham*
Ω................Parameter der Grundgesamtheit
x.................- Merkmalsausprägung einer Stichprobe (des zu erhebenden Merkmals)
- Anzahl weiterer Überlappungen
X................Totalwert einer Zufallsvariablen
$\overline{x}$ ....Mittelwert einer Stichprobe
$\overline{X}$ ....Erwartungswert einer Zufallsvariablen
y.................Merkmalsausprägung einer Stichprobe (Hilfsmerkmal)
Y ....Totalwert einer Zufallsvariablen (Hilfsmerkmal)
Y ....Designmatrix
z.................Merkmalsausprägung einer Stichprobe
$\overline{z}$ ....Mittelwert einer Stichprobe
Z ....Zufallszahl

$\overline{Z}$ ....Erwartungswert einer Zufallsvariablen

$\in$ ....Element von

$\Re$ ....Menge der reellen Zahlen

∂.................Ableitung

∞................unendlich

$\wedge$ ....und

$\vee$ ....oder

$>$ ....größer als

^.................geschätzter Koeffizient

*.................anderer Wert des betrachteten Koeffizienten

$\rightarrow$...............konvergiert gegen

| |................Betrag von

1. Einleitung

1.1. Intension

Der Wandel gesellschaftlicher, ökonomischer wie auch rechtlicher Rahmenbedingungen fordert gerade von der amtlichen Statistik ein Umdenken, das u. a. in der Suche nach alternativen Erhebungsmöglichkeiten zum Ausdruck kommt. Fiskalprobleme des Staates bei gleichzeitig wachsenden Staatsaufgaben, ein Strukturwandel der Wirtschaft hin zu einer globalisierten und weit verflochtenen Dienstleistungsökonomie, eine Informationsgesellschaft, die jedoch durch Individualisierungsprozesse gekennzeichnet ist, und nicht zuletzt eine immer weiter steigende Zahl gesetzlicher Regelungen haben tief greifende Konsequenzen für das System der amtlichen Statistik. Es muss die Informationsbereitstellung maximieren bei einhergehender Kostenminimierung und Verringerung der Auskunftsbelastung. Diese nicht lösbare Minimax-Forderung kann nur durch eine Rationalisierung innerhalb des Erhebungsprogramms und der verwendeten Methoden an ein Optimum herangeführt werden, wobei die aus den Grundprinzipien der amtlichen Statistik abgeleitete Genauigkeit[1] der Daten zu gewährleisten bleibt. Der ursprüngliche Qualitätsanspruch erweitert sich um die Erfüllung eines nutzerorientierten Kriterienkataloges, fiskalischer Restriktionen und der Belastungsreduktion der Erhebungseinheiten.

Der aus den vorgenannten Veränderungen resultierende Handlungsbedarf, bezogen auf Erhebungsdesign und Methoden, spiegelt sich in Überlegungen der amtlichen Statistik um die Unterjährigkeit des Mikrozensus, des Aufbaus eines Access-Panels und einer Novellierung der Wirtschaftsrechnungen privater Haushalte wider.[2] Drei weitestgehend separate Lösungswege werden für die angeführten Bereiche zur simultanen Sicherung des Qualitätsportfolios erörtert.

Einer der komplexen Ansatzpunkte bei der Frage nach alternativen Erhebungsmöglichkeiten ist die verstärkte Anwendung rotierender Stichprobendesigns. Deren Eigenschaft und Vorteil ist, dass Erhebungseinheiten nicht mehr alle zu einem Zeitpunkt, sondern unterteilt in mehrere Teilstichproben über einen festgelegten Zeitraum zumeist alternierend befragt werden. Wird in die Definition der Spezialfall der einmaligen Befragung von Stichprobeneinheiten, die totale Rota-

---

1 Zur Abgrenzung des Genauigkeitsbegriffs siehe S. 4.

2 Vgl. *Bechtold, S.; Chlumsky, J.*: Amtliche Statistik und sozio-ökonomische Fragestellungen. Überlegungen zur Weiterentwicklung des Systems der Haushaltsstichproben, in: WiSta, H. 2, 2000, S. 81ff.; *Krug, W.; Ehling, M.; Ernst, N.*: Rotierende Stichproben. Datenkumulation und Datenqualität, Wiesbaden 2002; *Krug, W.; Ernst, N.*: Zur Neugestaltung der Wirtschaftsrechnungen privater Haushalte, in: AStA, Vol. 85, H. 4, 2001, S. 463ff.

tion, einbezogen, der, wie zu zeigen ist[3], als Referenzdesign fungiert, können die Erhebungsvarianten unter dem Oberbegriff der Overlapstichproben subsumiert werden. Deren spezifisches Variationsmerkmal ist die Höhe des Überlappungskoeffizienten der Teilstichproben von einem zum folgenden Erhebungszeitpunkt. Allgemein können drei verschiedene Untergruppen unterschieden werden: Liegt eine einmalige Befragung der Erhebungseinheiten vor, wird dies als rollierende Stichprobe bzw. Rotation mit 0% Überschneidung definiert, bei mehrmaliger Teilnahme der Stichprobeneinheiten im Zeitverlauf handelt es sich um eine Rotation mit einer spezifischen Überlappungshöhe und bei 100% Überschneidung, wenn alle Einheiten zu jedem Zeitpunkt befragt werden, um ein Panel.[4]

Die amtliche Statistik koppelt darüber hinaus die Überlegungen zur Overlapdesignanwendung an eine Methodendiskussion. Aufgrund der geringeren Zahl der Erhebungseinheiten zu einem Zeitpunkt wird die Anwendung basiskumulierter Schätzer zur Aufstockung des Stichprobenumfangs erwogen. Dieser Schätzer sieht vor, die resultierenden Mittelwerte mehrerer Zeitpunktschätzungen über einen Zeitraum zu kumulieren und wiederum zu mitteln.[5] Der Ursprung der Überlegungen liegt in dem in der Stichpro-bentheorie formulierten Zusammenhang zwischen der Erhöhung des Stichprobenumfangs und der in der Folge sinkenden Varianz der Schätzung. Eine weitere Erwägung ist die erhoffte Möglichkeit, trotz periodisch kleiner Stichprobenumfänge, für einen Zeitraum tief gegliederte Ergebnisse ableiten zu können. Wie die ausführliche Darlegung der Problematik in Verbindung mit den diskutierten methodischen Vorschlägen im Folgenden zeigt, erscheint dieser Methodenmix als optimale und problemorientierte Lösung.

Da die hinreichende Erfüllung der Genauigkeit der Daten die notwendige Nebenbedingung der Erhebungs- und Methodendiskussion ist, resultiert daraus folgende eng gefasste Fragestellung für den konkret diskutierten Lösungsansatz: In wieweit können bei den zu novellierenden Wirtschaftsrechnungen privater Haushalte Overlapdesigns in Verbindung mit kumulierten Schätzern nicht nur den zu berücksichtigenden Genauigkeitsanforderungen, sondern auch dem aus den geänderten Rahmenbedingungen abgeleiteten erweiterten Qualitätsverständnis gerecht werden? Bei der Komplexität des Qualitätsbegriffs stellt sich darüber hinaus die Frage der Existenz weiterer Schätzervarianten, die sich zur Aufbereitung der aus Overlapdesigns resultierenden Daten anbieten und die ebenfalls den Anforderungen genüge tragen könnten.

---

3 Vgl. Kapitel 2.3.2, S. 56ff.

4 Vgl. *Ernst, N.*: Überlegungen zur Neugestaltung der Wirtschaftsrechnungen privater Haushalte, in: *Krug, W.; Ehling, M.; Ernst, N.*: a. a. O., S. 12ff.

5 Vgl. *Bechtold, S.; Chlumsky, J.*: a. a. O., S. 85; *Ernst, N.*: a. a. O., S. 15ff.

Ausgangspunkt der Arbeit wird eine eingehende Betrachtung der Anforderungssituation, der sich die amtliche Statistik ausgesetzt sieht, sein, was durch eine Gegenüberstellung der originären Aufgaben der amtlichen Statistik (Kapitel 1.2.1, S. 6) mit den veränderten Rahmenbedingungen (Kapitel 1.2.2, S. 8) und hieraus resultierender Konsequenzen (Kapitel 1.2.3, S. 11) geschieht. Ursprünglich hatten die Erhebungen der amtlichen Statistik lediglich auf die Grundprinzipien der Objektivität, Neutralität und der wissenschaftlichen Unabhängigkeit, die allgemein durch die Genauigkeit gewährleistet wurden, ausgerichtet zu sein. Mit den sich ändernden Rahmenbedingungen in Politik, Wirtschaft, Recht und Gesellschaft kann auch die Qualität der Erhebungen nicht mehr ausschließlich an dem Genauigkeitspostulat manifestiert werden. Ein neuer, nutzerorientierter Qualitätskatalog, das Europäische Statistik System (ESS), wird zusätzlich zur Berücksichtigung von Kosten- und Belastungsaspekten neben die Genauigkeitsanforderungen gestellt, so dass der Qualitätsbegriff auf vier Säulen basiert. Die Konsequenzen beschränken sich nicht ausschließlich auf die Neudefinition der Qualität; vielmehr muss sie durch eine tief greifende Neustrukturierung insbesondere der amtlichen Haushaltsstichproben, d. h. des Mikrozensus, der Laufenden Wirtschaftsrechnungen sowie der Einkommens- und Verbrauchstichproben, implementiert werden. Als Lösungswege stehen die Unterjährigkeit des Mikrozensus, der Aufbau eines Access-Panels und Overlapstichproben mit einem kumulierten Schätzer für fusionierte Wirtschaftsrechnungen zur Disposition. Diese drei umfangreichen, jedoch weitestgehend separaten Ansatzpunkte, müssen jeweils auf ihr Potenzial der Qualitätserfüllung hin bewertet werden. Der Fokus dieser Arbeit wird dabei exklusiv auf die Vorschläge für die Wirtschaftsrechnungen gerichtet sein.

Um die Notwendigkeit der Neugestaltung der Wirtschaftsrechnungen privater Haushalte zu untermauern, werden, ausgehend von der Entwicklung des Systems bis hin zum Status quo (Kapitel 1.3.1, S. 20), deren Schwächen im Hinblick auf die Rahmenanforderungen aufgezeigt. Die sich anschließende Vorstellung der konkret diskutierten Overlapdesignvarianten unter Berücksichtigung der neuen Ansprüche kann bereits in Teilen mit der Erörterung ihrer Adäquatheit einhergehen (Kapitel 1.3.2, S. 27). Insbesondere die Erfüllung der neuen Qualitätskriterien, die Genauigkeit somit ausgeklammert, ist bereits in diesem Kontext zu beurteilen. So wird beispielsweise die Forderung nach einer Verringerung der Befragtenbelastung durch eine Panelstruktur gelöst, jedoch nicht die der Erhebungseinheitentiefe

Die Beurteilung der adäquaten Berücksichtigung der veränderten Rahmenbedingungen und des veränderten Informationsbedarfs durch die diskutierten Stichprobendesigns erlaubt jedoch keine Bewertung der tragenden Qualitätssäule, der

Genauigkeit der resultierenden Ergebnisse. Die Genauigkeit wird hier bezogen auf die Präzision bzw. den Zufallsfehler der Ergebnisse und nicht auf die Richtigkeit, den systematischen Fehler. Zusätzlich zur Annahme des Einhaltens der neuen Qualitätsmaßstäbe wird davon ausgegangen, dass kein Bias vorliegt. Somit ist in Bezug auf die Genauigkeit lediglich die Präzision und demnach die Varianz der Schätzfunktion zu analysieren. Im Folgenden werden die Begriffe daher auch synonym verwendet. Die Varianz bestimmt sich nicht ausschließlich über das Design einer Erhebung, sondern sie ist in entscheidendem Maße durch den verwendeten Schätzer selbst geprägt. Bei der Bedeutung der Genauigkeit, wie auch der Vielfalt der weiteren Qualitätsanforderungen, sollte jedoch nicht allein der Vorschlag der Basiskumulation Berücksichtigung finden, sondern es sollten die Potentiale anderer Schätzer erörtert werden. Dies erfordert jedoch zunächst das theoretische Einordnen der Designvorschläge in drei Kategorien (Kapitel 2.2, S. 47), die mit dem Oberbegriff der Overlapdesigns umschrieben werden: Designs mit totaler Rotation der Stichprobeneinheiten im Zeitverlauf, mit partieller Rotation der Einheiten und schließlich jene, deren Einheiten im Zeitverlauf konstant sind. Diese Einordnung bildet die Basis zur Ableitung anderer, in Frage kommender Schätzer. Ziel ist es, den unter praktischen als auch qualitativen Gesichtspunkten adäquaten Schätzer zu finden, d. h. das Augenmerk wird nicht ausschließlich auf die Genauigkeitsbewertung des basiskumulierten Schätzers gelegt, sondern es werden darüber hinaus Differenzenschätzer und Erwartungswertschätzer berücksichtigt. Sie können im Gegensatz zur Kumulation eventuell zusätzlich anderen Qualitätsanforderungen genüge tragen. Über die grobe Differenzierung hinaus werden drei Schätzergruppen gebildet: ein-periodische (Kapitel 2.3.2, S. 56), zwei- (Kapitel 2.3.5, S. 66) und mehr-periodische Schätzer (Kapitel 2.3.6, S. 82). Sie unterscheiden sich danach, aus welchen Zeitpunkten sie Informationen einer identischen Stichprobeneinheit in die Schätzung einbeziehen. Im Grunde handelt es sich bei allen zwei- bzw. mehr-periodischen Schätzern weitestgehend um Regressionsansätze, die die Überlappung der Stichprobeneinheiten auf unterschiedliche Weise zur Verbesserung einer aktuellen Schätzung verwenden. Die feinen Differenzierungen zwischen den Schätzern müssen auf ihre Folgen für die Genauigkeit der Schätzung hin überprüft werden, in der Erwartung einer Verbesserung gegenüber einer Basiskumulation, die zu den ein-periodischen Schätzern zu zählen ist. Bewertungs- bzw. Vergleichsmaßstab ist der Designeffektfaktor, der das Verhältnis einer Schätzervarianz im Verhältnis zu einer als optimal definierten widerspiegelt.

Die Erörterung der Schätzervarianzen auf Basis der theoretischen Designkategorien erreicht ihre Grenzen bei dem Versuch, diese Überlegungen auf die empirisch diskutierten Designvorschläge zu übertragen. Theoretisch kann die Wahl für einen Schätzer bereits getroffen werden, jedoch kann noch keine Aussage für die Genauigkeitsreihenfolge der konkret diskutierten Designs geliefert werden. Die Varianz- und somit die Genauigkeitsabschätzung ist nur so lange theoretisch möglich, wie aufgrund von Überlappungsschemata von einem zum darauf folgenden Zeitpunkt lediglich einfache Korrelationsstrukturen der Stichprobenergebnisse zu erwarten sind. Sollen Designs bewertet werden, deren Stichprobeneinheiten im Zeitverlauf einmal teilnehmen, dann wieder pausieren und schließlich zu Bruchteilen ausgetauscht werden, können die zwischen den Ergebnissen der identischen Stichprobeneinheiten für die unterschiedlichen Zeitabstände vorliegenden Korrelationen theoretisch nicht mehr abgeschätzt werden. Werden nun zwei Designs mit sehr komplexen Überlappungsvariationen in Bezug auf ihre Genauigkeit der Ergebnisse gegenübergestellt, müssen Simulationen die endgültige Bewertungsgrundlage liefern.

Wird schließlich auf die Simulation zurückgegriffen, ist zu hinterfragen, ob es über das bisher verwendete Genauigkeitskriterium der Varianz der Schätzfunktion hinaus nicht denkbar ist, die mittlere quadratische Abweichung (Mean Square Error), d. h. den quadrierten Gesamtfehler der Schätzung, zu ermitteln. Sie berücksichtigt zusätzlich zur Varianz der Schätzung, die den Zufallsfehler widerspiegelt, den systematischen Fehler und somit die Verzerrung einer Erhebung. Sollte die dem theoretischen Teil vorangestellte Annahme des nicht Vorhandenseins eines Bias nicht zutreffen, wäre dies eventuell eine Methode, den eigentlich nicht zu ermittelnden Bias doch zu quantifizieren. Um darüber Gewissheit zu erhalten, wird der Simulation einleitend diese Frage vorangestellt (Kapitel 3.2, S. 114). Da die Simulation mittels eines eigens entwickelten Programms (SimDesign) erfolgt, ist es unerlässlich, eingangs auf das Programm selbst, dessen Funktionsweise, Ergebnisermittlung und -darstellung einzugehen (Kapitel 3.3, S. 121).

Aus der theoretischen Erörterung sind bereits die Einflussparameter der Präzision einer Schätzung bekannt. Neben dem Überlappungsschema und der damit einhergehenden Korrelation, die die zwei Haupteinflussfaktoren darstellen, muss ebenfalls die Höhe der Stichprobe wie auch der Kumulationszeitraum berücksichtigt werden. Wie im Einzelnen die jeweiligen Faktoren auf die Genauigkeit der Schätzung Einfluss nehmen, wird anhand einer Sensitivitätsanalyse erörtert (Kapitel 3.4, S. 128). Sie sieht eine Simulation unter Variation lediglich eines Parameters und Konstanz der Verbleibenden vor. Dieses Vorgehen ermöglicht es, die individuellen Effekte auf die Genauigkeit abschätzen zu können. Die Ermittlung der Genauigkeitsverläufe, unter Zugrundelegen der empirisch diskutierten Designs, ist der erste Schritt. Darüber hinaus müssen Gründe für die konstatierten Verläufe gefunden und die angesprochenen Designs in eine Qualitätsrangfolge gebracht werden. Die Simulation bildet somit das letzte, essentielle Glied der umfassenden Qualitätsbewertung der für die Novellierung der Wirtschaftsrechnungen privater Haushalte vorgeschlagenen Erhebungs- und Schätzmethoden.

Über die Vorstellung der zur Disposition stehenden Designs unter Berücksichtigung der neuen Qualitätskriterien und der theoretisch-empirischen Ermittlung der Genauigkeit hinaus ist es das Ziel, eine komparative Qualitätsbewertung der diskutierten Design-Schätzer-Kombination herzuleiten, die die Grundlage zur Lösung der aktuellen Anforderungssituation im Bereich der Wirtschaftsrechnungen für die amtliche Statistik bietet.

1.2. Amtliche Statistik im Wandel

1.2.1 Ursprüngliche Aufgaben

Schon in der Geschichte zeigt sich, so *Grohmann*, dass „ein Gemeinwesen zur Ordnung und Kontrolle seiner Angelegenheiten der verlässlichen summarischen und zugleich angemessen strukturierten zahlenmäßigen Information über seine Bevölkerung, seine Wirtschaft und seine Kultur bedarf".[6] Diese Notwendigkeit der quantitativen Erfassung wurde im Volkszählungsurteil vom 15. Dezember 1983 verdeutlicht: Soll die „ökonomische und soziale Entwicklung nicht als unabänderliches Schicksal hingenommen, sondern als permanente Aufgabe verstanden werden", muss der nach dem Sozialstaatsprinzip handelnden staatlichen Politik[7] ein Gesamtbild der ökonomischen, sozialen und ökologischen Verhältnisse der Gesellschaft bereitgestellt werden.[8] Dieses Gesamtbild, das laut Bundesstatistikgesetz (BStatG) durch die amtliche Statistik bereitzustellen ist, bildet somit die rationelle Handlungsgrundlage des Staates und weist ihr die Position als Teil der öffentlichen, informationellen Infrastruktur zu.[9]

Die amtliche Statistik als „etablierter integrativer Bestandteil der staatlichen Organisation des Gemeinwesens" folgt laut *Neubauer* drei Leitlinien: Erstens, ihre Ämter sind staatliche Einrichtungen, die aus der Legislativen und Exekutiven ausgelöst, zentral für die Datenproduktion zuständig sind, zweitens bilden primärstatistische Totalerhebungen sowie sekundärstatistische Stromgrößen die Ba-

6 *Grohmann, H.*: Statistik als gesellschaftspolitische Aufgabe, in: Staat und Wirtschaft in Hessen, H. 4, 1986, S. 106.

7 Vgl. *Wingen, M.; Deininger, R.*: Kontinuität und Wandel: Die amtliche Statistik in der ersten Hälfte der 80er Jahre, Stuttgart 1987, S. 10.

8 Vgl. *Hahlen, J.*: Amtliche Statistik als zentraler Teil der statistischen Infrastruktur - Anmerkung zum Memorandum, in: AStA, Bd. 82, 1998, S. 388.

9 Vgl. *Statistisches Bundesamt*: Empfehlungen zur Weiterentwicklung der amtlichen Statistik - Bericht des Statistischen Beirats an die Bundesregierung, in: WiSta, H. 9, 1999, S. 683.

sis und drittens obliegt die Datenmaterialbereitstellung dem Gebot der Vollständigkeit und Genauigkeit.[10]

Trotz der Ausgelöstheit der amtlichen Statistik, die die ihr auferlegten Grundprinzipien der Objektivität, Neutralität und wissenschaftlichen Unabhängigkeit gewährleisten soll, folgt sie dem Legalitätsprinzip. Somit hat sie sich auf das Grundgesetz und das Gesetz über die Statistik für Bundeszwecke zu berufen und der Bund hat die exklusive Gesetzgebungs- und Abschaffungskompetenz. Jede Statistik bedarf einer Rechtsgrundlage, die jeweils die zu erfassenden Sachverhalte, die Erhebungsart, die Berichtszeit, Periodizität und den Kreis der Befragten zumeist in groben Zügen festlegt. Dies dient nicht zuletzt dem Schutz des Bürgers, da die Datenerhebung einen Eingriff in seine persönliche Sphäre bedeutet und sichert darüber hinaus eine kontinuierliche Durchführung der Bundesstatistik.[11]

Primärstatistische Totalerhebungen und sekundärstatistische Stromgrößen dienen der Analyse des Ist-Zustandes, sind Entscheidungsgrundlage für dessen Erhalt oder Änderung und ermöglichen schließlich eine Überprüfung und Kontrolle der staatlichen Maßnahmen sowie des gesellschaftlichen Wandels.[12] Voraussetzung hierfür ist die sachliche, räumliche und intertemporale Vergleichbarkeit der Daten, die gemeinsam ein konsistentes, überschneidungsfreies, aufeinander aufbauendes Gesamtsystem zu ergeben haben. Dieses Gesamtsystem zu verwirklichen, macht die fachliche Konzentration der Statistik, d. h. eine Koordination der Aufgaben durch eine Instanz, notwendig.[13]

Eine Voraussetzung für die primären Qualitätsstandards, Vollständigkeit und Genauigkeit der Daten, die im Interesse der staatlichen Gemeinschaft liegen, ist die Auskunftspflicht verbunden mit der Forderung nach vollständiger, wahrheitsgemäßer und fristgerechter Beantwortung. Einhergehend mit dieser Verpflichtung der Befragten, sichert die amtliche Statistik die Geheimhaltung der Angaben zu, da diese zum Teil recht tief in die persönliche oder betriebliche Sphäre der Befragten vordringen.

---

10 Vgl. *Neubauer, W.*: Überlegungen zu einem innovativen Datenmanagement der amtlichen Statistik, in: Statistisches Bundesamt (Hrsg.): Kooperation zwischen Wissenschaft und amtlicher Statistik - Praxis und Perspektiven, in: Forum der Bundesstatistik, Bd. 34, Wiesbaden 1999, S. 98.

11 Vgl. *Bartels, H.*: Amtliche Statistik zwischen Wunsch und Wirklichkeit, in: *Hanau, K.; Hujer, R.; Neubauer, W.* (Hrsg.): Wirtschafts- und Sozialstatistik - Empirische Grundlagen politische Entscheidungen, Heinz Grohmann zum 65. Geburtstag, in: Angewandte Statistik und Ökonometrie, H. 29, Göttingen 1986, S. 41; *Hahlen, J.*: Neuordnung der amtlichen Statistik, in: WiSta, H. 4, 1996, S. 220; *Derselbe*: Amtliche Statistik als ..., a. a. O., S. 387f.

12 Vgl. *Neubauer, W.*: a. a. O., S. 98.

13 Vgl. *Bartels, H.*: a. a. O., S. 39; *Hahlen, J.*: Amtliche Statistik als ..., a. a. O., S. 388.

Resultierend aus dem umrissenen Auftrag der amtlichen Statistik, ein neutrales Organ zu sein, welches gesetzlich legitimiert, die vollständige, quantitativ exakte Grundlage für staatlich-politisches Handeln liefert, leitete sich der Nutzerkreis ab: Ministerien, Länder, Gemeinden, inter- und supranationale sowie gesellschaftliche und wirtschaftliche Organe, z. B. Parteien, Kammern und Verbände.[14] Der umrissenen originären Zielsetzung der amtlichen Statistik werden zur Verdeutlichung der Notwendigkeit der Restrukturierung im Folgenden die geänderten Rahmenbedingungen gegenübergestellt.

1.2.2 Veränderte Rahmenbedingungen

Ursprünglich diente die Statistik mehr oder weniger ausschließlich Verwaltungszwecken. Durch die ihr auferlegte Aufgabe, die gesellschaftlichen und wirtschaftlichen Tatbestände und Vorgänge quantitativ zu dokumentieren und ein Gesamtbild derer zu liefern, entstanden vielseitig verwendbare, miteinander kombinierbare und vergleichbare Einzelstatistiken.[15] Die Interdependenz der gesellschaftlichen und wirtschaftlichen Vorgänge wurde somit in das System der amtlichen Statistiken übertragen. Aufgrund dieses Systemcharakters wirken sich die veränderten Rahmenbedingungen der letzten beiden Jahrzehnte auf die Gesamtheit der amtlichen Statistik aus.

Abb. 1: Einflussfaktoren der amtlichen Statistik

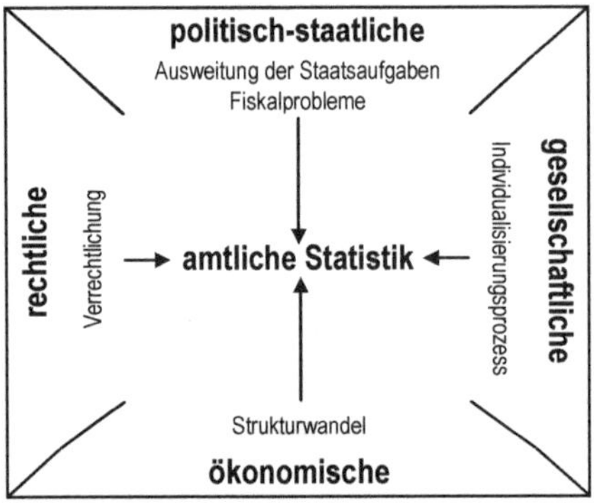

Die amtliche Statistik wird, wie Abb. 1 verdeutlicht, aus vier Richtungen beeinflusst: politisch-staatlicher, die durch gestiegene Staatsausgaben und Fiskalprobleme, Stichwort „schlanker Staat“, gekennzeichnet ist; ökonomischer, markiert durch einen Strukturwandel; gesellschaftlicher, Charakteristikum ist hier ein Individualisierungsprozess und schließlich rechtlicher, deren Tendenz zu einer Verrechtlichung sich ausweitet. Die amtliche Statistik erhält dabei die Funktion

14 Vgl. *Bartels, H.*: a. a. O., S. 38ff.
15 Vgl. *ebenda*, S. 38.

eines Bindegliedes zwischen den einzelnen Bereichen, da sich die Einflussfaktoren u. a. mittels der amtlichen Statistik in die jeweils anderen Bereiche transportieren; ein Beispiel: Der Strukturwandel der Wirtschaft wird durch die Statistik dokumentiert und schafft so die Basis für das politisch-staatliche Handeln bzw. ruft Reaktionen der politisch-staatlichen Seite hervor.

Die Ursprünge des Wandels der Rahmenbedingungen sind sehr heterogen. Beginnend mit den politisch-staatlichen Einflüssen, war ein ausschlaggebendes nationales Ereignis die Wiedervereinigung und ein supranationales die Schaffung des europäischen Binnenmarktes, sowie die der Wirtschafts- und Währungsunion. Als Folge der nationalen Begebenheiten hat sich das politische Gewicht auf supranationaler Ebene erhöht. Internationale Verflechtungen wurden verstärkt.[16] Auf die Haushaltslage des Staates hatte die Wiedervereinigung indes einen negativen Einfluss und auch die gegenwärtige wirtschaftliche Situation über 10 Jahre danach wird diese nicht positiv beeinflussen können.[17]

Der wirtschaftliche Strukturwandel war zunächst markiert durch einen enormen technischen Fortschritt, der sich folglich in einem Wandel von der Industrie- zur Dienstleistungsgesellschaft manifestierte. Seit Ende der 80er Jahre ist darüber hinaus eine erhöhte Dynamik ökonomischer Aktivitäten festzustellen, die in einer Diversifizierung wie auch Globalisierung von Unternehmen und Märkten mit einer wachsenden Zahl internationaler Verflechtungen sowie in einer Heterogenität wirtschaftlicher Entscheidungen mündet.[18] Der stetige EDV-Fortschritt eröffnet seit dem letzten halben Jahrzehnt neue Wirtschaftsformen, Stichwort „Neue Ökonomie", und wandelt offensichtlich die noch junge Dienstleistungsgesellschaft bereits wieder zu einer Netzwerk- und Internetgesellschaft.[19]

Auf gesellschaftlicher Ebene kommt der Individualisierungsprozess in einem Trend zur Selbstbestimmung, dem Wunsch nach individuellen Freiräumen, einer stärkeren Betonung der Privatsphäre, der Unterstreichung der persönlichen Autonomie, einer Weiterentwicklung des demokratischen Selbstverständnisses des Bürgers, einer veränderten Wertorientierung von traditionell-konservativen Pflicht- und Akzeptanzwerten hin zu gesellschaftskritischen Freiheits- und Selbstentfaltungswerten und einem ausgeprägten geistigen Pluralismus zum Ausdruck. Folglich muss die Bürgerpflicht primär der individuellen Meinung er-

---

16 Vgl. *Hölder, E.*: Amtliche Statistik im vereinten Deutschland - Teil der europäischen Statistik, in: AStA, Bd. 76, 1992, S. 23.

17 Vgl. *Merk, H. G.*: Statistik auf dem Weg ins nächste Jahrtausend, in: *Merk, H. G.; Bürgin, G. und Mitarbeiter* (Hrsg.): Statistik 2000 - Zukunftsaufgaben der amtlichen Statistik. Festschrift für Hildegard Bartels zu ihrem 80. Geburtstag, in: Forum der Bundesstatistik, Bd. 27, 1994, S. 13.

18 Vgl. *Feuerstack, R.*: Paradigmenwechsel der europäischen und der deutschen Wirtschaftsstatistik, in: Ifo Schnelldienst, H. 16/17, 2000, S. 21; *Gnoss, R.*: Genauigkeit und Aktualität wirtschaftsstatistischer Daten, in: WiSta, H. 10, 1996, S. 611.

19 Vgl. *Schnorr-Bäcker, S.*: Neue Ökonomie und amtliche Statistik, in: WiSta, H. 3, 2001, S. 165.

sichtlich werden und jeder Einzelne muss zunächst von der Sinnhaftigkeit eines staatlichen Vorhabens überzeugt sein, bevor er es akzeptiert und unterstützt.[20]

Die Verrechtlichungstendenz findet schließlich einen ihrer Ursprünge im Volkszählungsurteil vom 15. Dezember 1983. In einem Klima des gesellschaftlichen Misstrauens gegenüber staatlichen und gesellschaftlichen Großorganisationen im Allgemeinen und dem technischen Fortschritt in Form EDV-gestützter Datenverarbeitung im Speziellen, wurde dem Bürger das „Recht auf informationelle Selbstbestimmung“ zugesprochen. Dieses Recht trug dem Individualisierungsprozess Rechnung und verschaffte ihm einen weiteren Impuls. So darf jeder über die Preisgabe personenbezogener Daten selbst entscheiden, was zu einer Ausweitung von Datenschutzbestimmungen führte. Aufgrund des Volkszählungsurteils sind die bereits von jeher gesetzlich festgelegten zu erfassenden Tatbestände, die Art der Erhebung, die Berichtszeit, Periodizität und der Kreis der Befragten, kurz, das statistische Programm, weitaus detaillierter zu definieren, so dass nun einzelne Merkmale per Gesetz vorgeschrieben sind. Der Katalog der Erhebungstatbestände ist somit genau definiert und lässt der amtlichen Statistik keine Freiräume. Eine mögliche Nutzung des Datenmaterials neben dem detailliert gesetzlich festgeschriebenen Verwendungszweck ist ebenfalls ausgeschlossen. Hinzu kommt eine gestiegen Dauer der Gesetzgebungsprozeduren auf Grund des Detaillierungsgrades.[21]

Eine weitere Quelle der Verrechtlichung sind die supranationalen Verflechtungen, insbesondere innerhalb der Europäischen Union, in deren Folge nationale Entscheidungsbefugnisse auf EU-Ebene übertragen werden. Diese Tatsache erfordert eine zunehmende Zahl europäischer Gesetze und Verordnungen in nationales Recht einzubinden, was das Dickicht gesetzlicher Bestimmungen wiederum verstärkt. Die Gesetze und Verordnungen zielen dabei nicht nur auf eine Harmonisierung der Definitionen, Erhebungsprogramme und Methoden ab, sondern verfügen die Erhebung neuer, noch nicht von der amtlichen Statistik erfasster Daten.[22]

Die skizzierten, sehr heterogenen Einflüsse auf die amtliche Statistik sind alle system-exogen. Sie haben jedoch weit reichende Folgen, die ihre Funktionsfähigkeit einschränken werden sofern nicht gehandelt wird. Damit stellen sie eine der größten Belastungsproben für das bisherige System dar.[23]

---

20 Vgl. *Wingen, M.*: Herausforderungen der amtlichen Statistik durch den gesellschaftlichen Wandel, in: AStA, Bd. 73, 1989, S. 22ff.

21 Vgl. *Bartels, H.*: a. a. O., S. 42; *Hahlen, J.*: Amtliche Statistik zwischen „Schlankem Staat“ und „Informationsgesellschaft“, in: WiSta, H. 2, 1998, S. 98; *Wingen, M.; Deininger, R.*: a. a. O., S. 15ff.

22 Vgl. *Merk, H. G.*: a. a. O., S. 13 und 20.

23 Vgl. *Grohmann, H.*: a. a. O., S. 403; *Merk, H. G.*: a. a. O., S. 13; *Strecker, H.; Wiegert, R.*: Zur Zukunft der amtlichen Statistik, in: *Lippe, P. v. d.; Rehm, N.; Neubauer, W.* (Hrsg.): Wirtschafts- und Sozialstatistik heute - Festschrift für Walter Krug, Sternenfels 1997, S. 200ff.

1.2.3 Konsequenzen

Die geänderten Rahmenbedingungen haben sowohl direkte als auch durch sie implizierte indirekte Konsequenzen für die amtliche Statistik, die zunächst in einer Ausweitung des bisherigen Qualitätsverständnisses münden. Da sie sehr heterogen und teils miteinander verknüpft sind, stellt Abb. 2 die Zusammenhänge zwischen den geänderten Faktoren und deren Folgen gegenüber.

Abb. 2: Folgen der veränderten Rahmenbedingungen für die amtliche Statistik

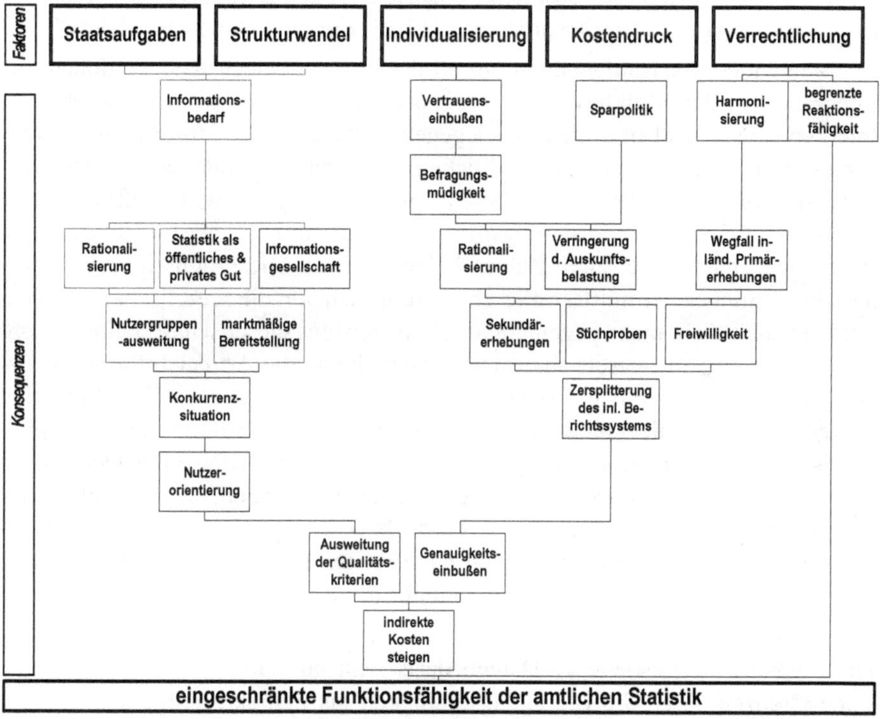

Primär bedingen die Faktoren Staatsaufgaben, Strukturwandel, Individualisierungsprozess, Kostendruck und Verrechtlichung fünf direkte Konsequenzen für die amtliche Statistik: einen gestiegenen Informationsbedarf, Vertrauenseinbußen bei der Bevölkerung gegenüber staatlichen Maßnahmen, den Zwang zur Sparpolitik, die Notwendigkeit zur Harmonisierung und schließlich eine eingeschränkte Reaktionsfähigkeit.

Beginnend mit den Fiskalproblemen des Staates, führen sie zu einer rigiden Sparpolitik und der Forderung nach einem „schlanken Staat". Für die amtliche

Statistik mündet dies in dem Auftrag, sich beim statistischen Programm auf das „absolut Notwendige“ zu beschränken.[24] Darüber hinaus werden Personalstellen gestrichen und Sachmittelzuweisungen gekürzt.

Als Konsequenz des Individualisierungsprozesses innerhalb der Gesellschaft ist eine Irritation im Verhältnis Staat - Bürger, die sich insbesondere in Vertraueneinbußen gegenüber dem staatlichen Umgang mit persönlichen Daten äußert, festzustellen. Aus dem geänderten Staats- und Demokratieverständnis der Bürger folgt, dass sich eine zunehmende Zahl einem Spannungsverhältnis zwischen Staat und Gesellschaft bewusst ist und daher u. a. statistische Vorhaben kritisch hinterfragt und gegen sie Einspruch erhebt bzw. die Teilnahme verweigert.[25]

Die steigenden Staatsaufgaben aufgrund der internationalen Kooperationen und Integrationen, der Strukturwandel der Volkswirtschaften und deren wachsende Interdependenz ziehen einen gestiegenen differenzierten Informationsbedarf nach sich. Die komplexen wirtschaftlichen Verflechtungen müssen von der Wirtschaftspolitik verstanden und aufbereitet werden. Um die wirtschaftlichen und gesellschaftlichen Harmonisierungsfortschritte auf europäischer Ebene beurteilen zu können, müssen sie durch Zahlen belegt werden. Die Produktion von Informationsleistungen ist mittlerweile charakteristisch für die Gesellschaft.[26] Daher wird sie auch nicht mehr allgemein als Dienstleistungsgesellschaft definiert, sondern als Informationsgesellschaft. Die Ansprüche an die Art der Information haben sich ebenfalls verändert: spezielle, vermehrte und hoch aktuelle Information ist gewünscht und nicht ausschließlich Basisinformation in Form von makroökonomischen Kennzahlen. Die Folge dessen und der veränderten EDV-technischen Möglichkeiten ist die vermehrte Forderung nach Mikrodaten, die eine individuelle Analyse ermöglichen, tabellierte Werte bzw. Makrodaten sind weniger gewünscht.[27] Die Daten müssen jedoch auch weiterhin zuverlässig, kohärent und vergleichbar sein, denn sie sind noch immer die Grundlage für den Erfolgsmaßstab des politischen Handelns.

Die Deckung des gestiegenen Datenbedarfs steht im Widerspruch bzw. stößt an seine Grenzen durch die Befragungsmüdigkeit als indirekte Folge der Vertraueneinbußen und dem Zwang zu einer rigiden Sparpolitik. Dieses Optimierungsproblem, mehr Daten unter Berücksichtigung begrenzter Mittel und der Neben-

---

24 Vgl. *Hahlen, J.*: Amtliche Statistik zwischen ..., a. a. O., S. 97.

25 Vgl. *Wingen, M.*: a. a. O., S. 23ff.

26 Vgl. *Bartels, H.*. a. a. O., S. 37; *Gnoss, R.*: a. a. O., S. 611; *Ziegler, H.*: Bessere Datengrundlagen für die Wissenschaft ergeben bessere Handlungsgrundlagen für die Politik, in: *Statistisches Bundesamt* (Hrsg.): Kooperation ..., a. a. O., S. 12f.

27 Vgl. *Krupp, H.-J.*: Zur Rolle der Statistik auf dem Wege in die Informationsgesellschaft, in: *Hanau, K., Hujer, R., Neubauer, W.*: a. a. O., S. 21ff.

bedingung der Befragungsmüdigkeit, kann nur durch eine Verringerung der Auskunftsbelastung und Rationalisierungen innerhalb der amtlichen Statistik gelöst werden. Nach dem Willen einiger Politiker sollten nach dem „Rasenmäherprinzip“ ganze Statistiken aus dem System gestrichen werden. Da dies jedoch nicht ohne weiteres möglich ist, werden zumindest die Erhebungen genauer auf ihre Notwendigkeit hin überprüft, um Kosten einzusparen. Bei zahlreichen Statistiken wurden bereits Merkmale gestrichen, die Erhebungshäufigkeiten verringert und die Zahl der Befragten reduziert. Das selbst auferlegte „Omnibusprinzip“ verlangt darüber hinaus, dass die Einführung einer neuen Statistik bzw. die Ausweitung einer anderen, Einsparungen an anderer Stelle im Erhebungsprogramm nach sich zieht.[28] Den kostenintensiven, primärstatistischen Totalerhebungen wird ebenfalls zunehmend weniger Bedeutung beigemessen. Sie werden durch die günstigeren, schneller auszuwertenden Stichproben, eventuell in Verbindung mit Abschneidegrenzen und Freiwilligkeit der Teilnahme, ersetzt. Einhergehend kann der Befragungsmüdigkeit Rechnung getragen werden. Sofern es der Datenschutz zulässt, werden ebenfalls mehr Verwaltungsunterlagen ausgewertet, d. h. Sekundärerhebungen durchgeführt, was sich desgleichen positiv für die Befragten auswirkt.[29] Darüber hinaus wird versucht, die Erhebungen methodisch-konzeptionell zu verbessern und das Instrumentarium der Datenerhebung und -verarbeitung einer Rationalisierung zu unterziehen. Um die Aktualität der Daten zu erhöhen, wurde bereits ein so genanntes „Frühwarnsystem“ eingeführt, das mögliche Verzögerungen bei Erhebungen rechtzeitig erkennt, und es werden Vorabergebnisse bereitgestellt.[30] Im Projekt „Statistik 2000“ wurden die notwendigen Maßnahmen in einem Zielkatalog formuliert: Rationalisierung der Ressourcen, z. B. durch neue Methoden bei der Datenerhebung und -aufbereitung, Ausweitung der Relevanz durch Bereitstellung von aktuellem Datenmaterial und schließlich die Entlastung der Befragten.[31]

Den radikalen Kürzungsforderungen mancher Politiker bezüglich des statistischen Programms steht die Hoffnung anderer entgegen, durch detaillierte Informationen und Analysen zum wirtschaftlichen und gesellschaftlichen Handeln die Politik zielgenauer ausrichten zu können. Hier wurde die Notwendigkeit zuverlässiger Daten, die allen zur Verfügung stehen, erkannt, mit deren Hilfe erst die komplexen Wechselwirkungen zwischen Gesellschaft, Wirtschaft und Politik

---

28 Vgl. *Hahlen, J.*: Neuordnung ..., a. a. O., S. 220; *Hahlen, J.*: Amtliche Statistik zwischen ..., a. a. O., S. 97; *Krupp, H.-J.*: a. a. O., S. 25f.

29 Vgl. *Krupp, H.-J.*: a. a. O., S. 25ff.; *Neubauer, W.*: a. a. O., S. 98f.

30 Vgl. *Hahlen, J.*: Amtliche Statistik zwischen ..., a. a. O., S. 99ff.

31 Vgl. *ebenda*, S. 99ff.; *Merk, H. G.*: a. a. O., S. 14ff.

verstanden werden können.[32] So werden im Rahmenkonzept zur Neuorientierung der amtlichen Statistik die veränderten Bedingungen mit ihren Auswirkungen auf den Informationsbedarf berücksichtigt. War es ursprünglich die Aufgabe der amtlichen Statistik, ausschließlich dem Staat ein Gesamtbild der Gesellschaft zu liefern, um sein politisches Handeln zu ermöglichen, soll sie nun der demokratisch, pluralen, marktwirtschaftlichen Informationsgesellschaft wie auch dem Staat alle methodisch einwandfreien, politisch neutralen Daten für den demokratischen Willensbildungsprozess, die Wahrung der Wettbewerbschancen der Unternehmen, die Arbeitsplatzsicherung, einzelwirtschaftliche und staatliche Rationalisierungschancen sowie die Effizienzsteigerung einzelwirtschaftlichen und staatlichen Handelns liefern.[33] Die Datenerhebung beschränkt sich nicht mehr nur auf den staatlichen Bedarf und die informationelle Grundversorgung, sondern ist ausgeweitet auf den gesamtgesellschaftlichen Informationsbedarf. Die eingangs genannten Nutzergruppen erweitern sich daher um Wirtschaft, Wissenschaft, Medien, Informationsdienstleister, Non-Profit-Organisationen und Privatnutzer.[34] Neben dem öffentlichen Informationsgut, das Staat und Politik langfristig über gesetzliche Entscheidungsprozesse festgelegt hat, tritt die Produktion eines marktmäßig bereitgestellten privaten Informationsgutes. Damit tritt die amtliche Statistik allerdings in Konkurrenz zu privaten Datenanbietern, die insbesondere wirtschaftsstatistische Daten anbieten.[35] Diese Wettbewerbssituation erfordert von der amtlichen Statistik wiederum den Eintritt in einen „Nutzer-Produzenten-Dialog“ und das Erheben der Nutzerorientierung zu einem ihrer Kriterien. Die Statistik legt nicht mehr ausschließlich die Gütekriterien fest, sondern auch der Nachfrager. Auch das statistische Programm muss stärker auf die Nutzerbedürfnisse ausgerichtet werden: Eröffnung maßgeschneiderter Lösungen und Befriedigung sowohl hoch aktueller als auch historischer, globaler als auch kleinräumiger, hochverdichteter und fein differenzierter Informationsbedürfnisse.[36] Dies entspricht einer Neuausrichtung der amtlichen Statistik von einer „inputorientierten“ Vorgangsbearbeitung hin zu einem „outputorientierten“ Dienst.[37]

---

32 Vgl. *Ziegler, H.*: a. a. O., S. 12.

33 Vgl. *Hahlen, J.*: Neuordnung ..., a. a. O., S. 220.

34 Vgl. *Knoche, P.; Oppeln-Bronikowski, S. v.; Kühn, D.*: Marketingkonzept der Statistischen Ämter des Bundes und der Länder, in: WiSta, H. 7, 1999, S. 534.; *Rosenbladt, B. v.*: Zum Verhältnis von amtlicher und nicht-amtlicher Statistikproduktion, in: *Statistisches Bundesamt* (Hrsg.): Kooperation ..., a. a. O., S. 113f.

35 Vgl. *Blanc, M.; Radermacher, W.; Körner, T.*: Qualität und Nutzer - Grundlagen und Instrumente der Nutzerorientierung in der amtlichen Statistik, in: WiSta, H. 10, 2001, S. 800; *Gnoss, R.*: a. a. O., S. 611.

36 Vgl. *Blanc, M.; Radermacher, W.; Körner, T.*: a. a. O., S. 799f.; *Knoche, P.; Oppeln-Bronikowski, S. v.; Kühn, D.*: a. a. O., S. 533ff.

37 Vgl. *Statistisches Bundesamt*: Empfehlungen ..., a. a. O., S. 683.

Die Kombination aus der Notwendigkeit verstärkt Sekundärerhebungen und freiwillige Stichproben, anstatt Totalerhebungen durchzuführen, als auch ein nutzerorientiertes Qualitätsmanagement anzubieten, das ein Abwägen bei Nutzer und Produzent zwischen den Wünschen nach Genauigkeit, Aktualität, Relevanz, Klarheit, Vergleichbarkeit und Kohärenz verlangt, führt verstärkt zu einer Mentalität, Genauigkeitseinbußen in Erhebungen „wissenschaftlich kalkuliert" zu machen. Den Nutzern ist die aktuelle problembezogene Information zumeist wichtiger als die Genauigkeit der Daten.[38] Da die amtliche Statistik sich am Markt nur durch eine Nutzerorientierung behaupten kann, bietet sie u. U. Daten an, die ihren originären Wertmaßstäben von Genauigkeit, Objektivität und auch wissenschaftlicher Unabhängigkeit widerspricht. Folglich könnten die indirekten Kosten für die Volkswirtschaft steigen, da die kleinste Ungenauigkeit in der statistischen Information bereits erhebliche Mehrausgaben an anderer Stelle nach sich ziehen kann.[39]

Letztlich sind die Folgen der Verrechtlichungstendenz in der amtlichen Statistik zu analysieren. Aufgrund des Volkszählungsurteils müssen, insbesondere bei „zwangsweisen" Erhebungen, das Erhebungsprogramm und der Verwendungszweck strikt eingehalten werden. Diese Datenschutzbestimmungen, in Kombination mit einer langen Gesetzgebungsprozedur, verhindern eine flexible Gestaltung der genannten Erhebungen und damit eine angemessene Reaktionsfähigkeit auf neu zu erfassende Sachverhalte. Der amtlichen Statistik fehlt die ausreichende Handlungsautonomie, was sie zu einem „bürokratischen Buchhalter" macht.[40] Aufgrund der Ausdehnung beispielsweise der Neuen Ökonomie ist es notwendig, existierende Wirtschaftszweigklassifikationen zu ergänzen oder abzuwandeln und bestehende Erhebungen um neue Merkmale zu erweitern. Diese können jedoch aus den gegebenen Gründen nur zeitlich verzögert berücksichtigt werden.[41]

Neben dem Volkszählungsurteil fördern ebenso die Verordnungen und Richtlinien der Europäischen Gemeinschaft die Verrechtlichungstendenz. Sie müssen in nationales Recht umgewandelt werden und beinhalten nicht nur die Forderung nach Datenmaterial und Implementierung neuer Statistiken im nationalen Erhebungsprogramm, sondern auch Harmonisierungsauflagen. Die Definitionen, Methoden und Verfahren der amtlichen Statistik müssen angeglichen werden, um eine Vergleichbarkeit der Daten europaweit zu gewährleisten und so eine ge-

38 Vgl. *Bartels, H.*: a. a. O., S. 52; *Blanc, M.; Radermacher, W.; Körner, T.*: a. a. O., S. 802; *Wingen, M.*: a. a. O., S. 16ff.

39 Vgl. *Merk, H. G.*: a. a. O., S. 13.

40 Vgl. *Bartels, H.*: a. a. O., S. 40ff.; *Hahlen, J.*: Amtliche Statistik zwischen ..., a. a. O., S. 97; *Wingen, M.*: a. a. O., S. 17ff.

41 Vgl. *Schnorr-Bäcker, S.*: Neue Ökonomie und amtliche Statistik, in: WiSta, H. 3, 2001, S. 165ff.

meinsame homogene politische Handlungsgrundlage zu schaffen.[42] Es besteht allerdings die Gefahr, dass die supranational angeordneten Erhebungen, da sie auch auf prozessproduzierte Daten zurückgreifen, inländische Primärerhebungen zu identischen oder ähnlichen Fragestellungen obsolet machen.[43] Dies käme wiederum einer Zersplitterung des bestehenden inländischen statistischen Berichtssystems gleich und würde eine Genauigkeitsminderung des statistischen Datenmaterials bewirken.

Die aufgezeigten Folgen des gesellschaftlichen, politischen, wirtschaftlichen und rechtlichen Wandels führen die amtliche Statistik in einen Interessenskonflikt, jeglichen geforderten Datenbedarf mit höchster Genauigkeit abzudecken, aber unter der Bedingung größtmöglicher Aktualität, geringer Kosten und Belastung für die Befragten sowie Wahrung des Datenschutzes. Diesen Interessenkonflikt zwischen den existierenden Datenschutzbedürfnissen des Einzelnen und dem gesellschaftlichen Informationsbedürfnis aller, kann die amtliche Statistik nicht ohne weiteres lösen.[44] Sie muss darüber hinaus darauf achten, ihre Glaubwürdigkeit im Kampf um Aktualität und Kosten nicht zu verlieren.[45]

Die bestehende Gefahr des Ausbleibens notwendiger statistischer Informationen zu gesellschaftlichen, ökonomischen und politischen Sachverhalten von Seiten der amtlichen Statistik würde das Abdecken anhand anderer Datenquellen erfordern. Träfe dies zu, könnte jedoch kein Einfluss auf die Genauigkeit genommen werden. Auch wäre nicht gesichert, dass jeder, der die Information benötigt, sie auch erhielte.[46] Es ist von primärem Interesse, dass die amtliche Statistik auch weiterhin darauf bedacht ist, ihre gesellschaftliche Funktion als neutraler Lieferant umfassender und allseits akzeptierter Daten sicherstellen zu können.[47] Des Weiteren muss trotz gestiegenen Datenbedarfs und der damit einhergehenden „Datenflut", die Konsistenz und Kompatibilität der Datensätze gesichert sein, um das statistische Gesamtbild zu wahren.[48]

Im Rahmenkonzept zur Neuordnung der amtlichen Statistik werden Lösungsvorschläge gemacht, um den Folgen der geänderten Rahmenbedingungen entgegenzutreten. So legt sie sich, neben der Sicherung des Grundwertes der Genauigkeit, weitere zu erfüllende Qualitätsanforderungen auf: einerseits die im Europäischen Statistik System (ESS) manifestierten Nutzerkriterien - Relevanz, Aktualität,

42 Vgl. *Hahlen, J.*: Amtliche Statistik zwischen ..., a. a. O., S. 98f.; *Hölder, E.*: a. a. O., S. 27ff.
43 Vgl. *Strecker, H.; Wiegert, R.*: a. a. O., S. 202ff.
44 Vgl. *Wingen, M.*: a. a. O., S. 23ff.
45 Vgl. *Merk, H. G.*: a. a. O., S. 13f.
46 Vgl. *Bartels, H.*: a. a. O., S. 52.
47 Vgl. *Merk, H. G.*: a. a. O., S. 13f.
48 Vgl. *Krupp, H.-J.*: a. a. O., S. 22.

Verfügbarkeit bzw. Transparenz, Vergleichbarkeit sowie Kohärenz der Statistiken - anderseits aber auch die Berücksichtigung der Belastung der Befragten ebenso wie die Beachtung der Kosten.[49] Somit fußt der Qualitätsbegriff der amtlichen Statistik nicht mehr ausschließlich auf dem Postulat der Genauigkeit, sondern auf drei weiteren Säulen. Dabei soll die Aktualität aufgrund des Einsatzes von mehr Stichprobenverfahren und der Modernisierung des rechtlichen Rahmens gesichert werden. Weiterhin müssen auch der Datenschutz und die Geheimhaltung gewährleistet bleiben, wobei eine Verwendung von Hilfsmerkmalen möglich sein muss, um Informationen mehrerer Erhebungen rationeller zu nutzen. Daneben gilt es, den Systemgedanken, dass Einzelstatistiken sich zu einem Gesamtkonzept zusammenfügen lassen, beizubehalten. Lose Ad-hoc-Erhebungen können daher nicht die Lösung des Informationsproblems darstellen. Gefragt sind multifunktionale Erhebungen. Demnach sollte ein entsprechendes statistisches System auf europäischer Ebene aufgebaut werden. Da die Daten einer breiten Nutzerschicht bereitgestellt werden sollen, muss sich darüber hinaus das Selbstverständnis der statistischen Ämter hin zu Serviceeinrichtungen und einem öffentlich-gesellschaftlichem Dienstleister wandeln. Fiskalische Einsparpotentiale gilt es zu nutzen, wobei Rationalisierungspotentiale, die durch technischen Fortschritt ermöglicht werden, vorrangig zu behandeln sind. Von Einsparungen bei der Infrastruktur ist abzusehen, da die Gefahr der Erhöhung indirekter Kosten besteht.[50]

Es zeigen sich aufgrund des gesellschaftlichen, politischen und ökonomischen Wandels vielschichtige Konsequenzen für die amtliche Statistik. Eines wird er jedoch nicht nach sich ziehen: die Privatisierung der amtlichen Statistik. Als Produzent nicht nur eines privaten, sondern in erster Linie eines öffentlichen Informationsgutes, dessen marktmäßige Bereitstellung nicht möglich ist, bleibt die Existenz der amtlichen Statistik gesichert, jedoch muss darauf geachtet werden, ihre Funktionsfähigkeit nicht über die Maße hin einzuschränken. Demnach gilt es, Instrumente bzw. neue Methoden zu entwickeln, die diesen geänderten vielschichtigen Ansprüchen weitestgehend gerecht werden.

---

49 Vgl. *Statistische Ämter des Bundes und der Länder*: Qualitätsstandards in der amtlichen Statistik, Wiesbaden 2003, S. 5ff. Relevanz: der Informationsgewinn der Erhebung muss den Nutzeranforderungen entsprechen; Aktualität: Bereitstellung zeitnaher Erhebungsergebnisse; Verfügbarkeit: leichte Zugänglichkeit der Ergebnisse in gewünschter Aufbereitungsform; Transparenz: Methoden und Konzepte sind zu dokumentieren, um eine Analyse und Interpretation der Daten zu ermöglichen; Vergleichbarkeit: in zeitlicher Hinsicht, dass Erhebungsergebnisse aus verschiedenen Zeitpunkten vergleichbar sind, räumlich, dass identisch definierte Merkmale verwendet werden; Kohärenz: Daten aus unterschiedlichen Erhebungen zur gleichen Fragestellung haben identische Ergebnisse aufzuweisen bzw. Abweichungen sind erklärbar.

50 Vgl. *Hahlen, J.*: Neuordnung ..., a. a. O., S. 221ff.; *Strecker, H.; Wiegert, R.*: a. a. O., S. 206f.

Der erste Schritt ist die Manifestierung eines neuen Qualitätsverständnisses. Die Definition neuer Qualitätsmaßstäbe allein reicht jedoch nicht aus, sondern sie müssen in die Erhebungen der amtlichen Statistik implementiert werden. Davon betroffen sind insbesondere die Haushaltsstichproben, Mikrozensus (MZ), Laufende Wirtschaftsrechnungen (LWR) und Einkommens- und Verbrauchsstichproben (EVS), bei denen sich in Gänze die Folgen der neuen Rahmenbedingungen reflektieren. Bei ihnen werden drei Ansatzpunkte verfolgt.

Erstens ist eine Reform des bisherigen Berichtswochenkonzeptes des Mikrozensus, der 1%-Haushaltsstichprobe, die lediglich ein tief gegliedertes „Standbild“ der Bevölkerungsstruktur liefert, angedacht. Die Notwendigkeit zur Steigerung der Aktualität der Erhebung und Lieferung zeitraumbezogener Informationen, z. B. in Form von Jahresdurchschnittswerten oder Volumenabschätzungen, wurde erkannt, wobei eine gleich bleibende Qualität zu gewährleisten ist. Aufgrund des schnelleren gesellschaftlichen Wandels verliert das bisherige Konzept an Relevanz. Hinzu kommt der Zwang zur Umsetzung europäischer Forderungen nach einer Unterjährigkeit der bereits in den Mikrozensus einbezogenen EU-Arbeitskräfteerhebung. Das Problem der Teilnahmebereitschaft stellt sich hier nicht, da die Haushalte zur Auskunft verpflichtet sind. Neben der Überarbeitung organisatorischer Aspekte zur Steigerung der Aktualität und Qualität ist ein Overlapdesign, das mittels gleichmäßig über das Jahr verteilter Stichproben Informationen über Quartals- und Jahresdurchschnitte liefern soll, geplant. Zur Disposition stehen zwei Designvarianten, eines ohne Quartalsüberlappung der Stichprobeneinheiten (Modell A) und eines mit 50%-iger Überlappung (Modell B) (vgl. Abb. 3). Die bereits bestehende Jahresüberlappung von drei Vierteln der Stichprobeneinheiten soll bestehen bleiben. Entscheidungsparameter für eines der Modelle ist insbesondere der zu erwartende relative Standardfehler der Schätzungen sowohl für Zeitpunkt- als auch Veränderungsschätzungen auf verschiedenen Merkmalsebenen.[51]

Abb. 3: Designvorschläge eines unterjährigen Mikrozensus

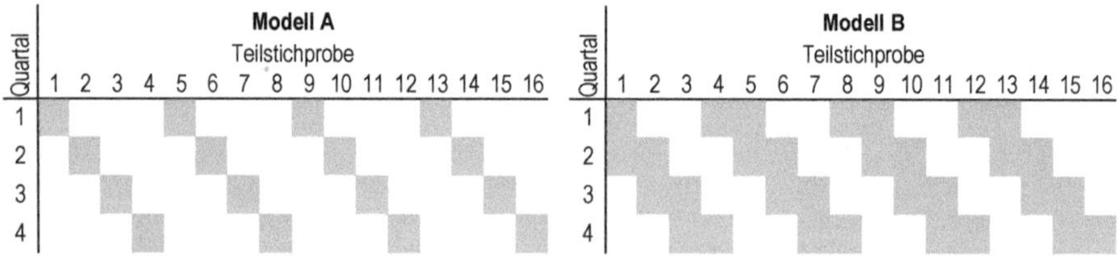

Quelle: *Bihler, W.*: a. a. O., S. 101f.

51 Vgl. *Bihler, W.*: Problems in Converting the Microcensus into a Continuous Survey, in: *Krug, W.; Ehling, M.; Ernst, N.*: a. a. O., S. 100ff.; *Lotze, S.; Breiholz, H.*: Zum neuen Erhebungsdesign des Mikrozensus (I/II), in: WiSta, H. 5 und 6, 2002, S. 359ff. und S. 454ff.

Um der Problematik der Teilnahmebereitschaft aufgrund der Freiwilligkeit bei den verbleibenden Haushaltsstichproben (EVS, LWR, Sondererhebungen basierend auf § 7 BStatG, z. B. Zeitbudgeterhebung) entgegenzuwirken, wird als zweiter Ansatzpunkt der Aufbau eines Access-Panels resultierend aus teilnahmebereiten, aus dem Mikrozensus ausrotierter Haushalte untersucht. Bisher wurde der Problematik weitestgehend durch die Verwendung von Quotenstichproben entgegengewirkt, was jedoch den Nachteil mit sich bringt, dass streng genommen keine Schätzungen mittels des erhobenen Datenmaterials möglich sind. Weitere Anforderungen der Politik beziehen sich auf die Bereitstellung von Quer- wie auch Längsschnittdaten über alle Haushalte und Personen, die auf einer ausreichend großen Stichprobe beruhen.

Das Access-Panel würde darüber hinaus durch eine Verringerung der Anwerbungskosten den finanziellen Ansprüchen gerecht werden. Die Leitidee des Access-Panels ist, durch das Anwerben teilnahmebereiter, bereits aus der Mikrozensuserhebung bekannter Haushalte, einen Erhebungseinheitenpool zu erhalten, aus dem nach Bedarf Personen bzw. Haushalte für konkrete Stichproben entnommen werden und nach erfolgter Befragung auch wieder zurückgelegt werden. Die folgende Abb. 4 verdeutlicht diese Grundidee.

Abb. 4: Grundidee des Access-Panel-Ansatzes

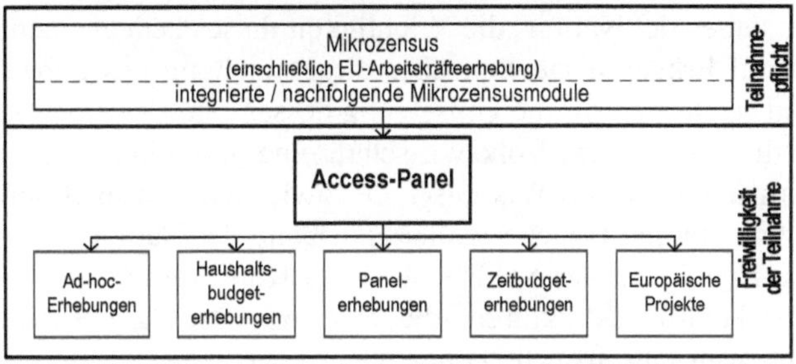

Quelle: *Bechtold, S.; Müller, A.; Pötzsch, O.*: Ein Access-Panel als Auswahlgrundlage für Haushalts- und Personenerhebungen ohne Auskunftspflicht, in: WiSta, H. 5, 2002, S. 346.

Durch das jährliche Aufstocken des Panels um die teilnahmebereiten Haushalte ausrotierter Mikrozensus-Rotationsviertel, wäre ein umfangreicher Erhebungseinheitenpool zu erwarten. Zusätzlich bestünde die Möglichkeit, die Antwortverzerrung (Nonrespons-Bias) der Access-Panel-Teilnahme aufgrund der Bekanntheit der Verweigerer aus dem Mikrozensus abzuschätzen. Insgesamt sollen mittels des Access-Panels alle verbleibenden Haushaltsstichproben bedient werden.[52]

52 Vgl. *Bechtold, S.; Müller, A.; Pötzsch, O.*: a. a. O., S. 345ff.; *Statistisches Bundesamt - UAG „Aufbau eines Access-Panels“*: Ein Access-Panel als Basis für Haushaltsstichproben ohne Auskunftspflicht. Bericht der Ad-hoc-Bund-Länder-Arbeitsgruppe „Amtliche Statistik und sozio-- ökonomische Fragestellungen“, Wiesbaden 2000 (unveröffentlicht).

Der schließlich als drittes zur Diskussion stehende Ansatzpunkt ist eine Fusion der bisherigen jährlichen Laufenden Wirtschaftsrechnungen mit den fünfjährlichen Einkommens- und Verbrauchsstichproben über die Verwendung von Overlapdesigns und kumulierter Schätzer, die auf eine umfangreiche Anforderungserfüllung hoffen lässt. Die Erörterung einzig deren Erfüllungspotentials ist Gegenstand und Leitfrage der folgenden Ausführungen. Die beiden erstgenannten Vorschläge werden bereits separat diskutiert.[53]

1.3. Wirtschaftsrechnungen privater Haushalte

1.3.1 Status quo

Bereits Ende des 18. Jahrhunderts wurde auf die Bedeutung der Führung von Haushaltsbüchern durch einen englischen Geistlichen, *Sir Eden*, hingewiesen. Mitte des 19. Jahrhunderts wurde sich im Rahmen des ersten Internationalen Statistischen Congresses in Brüssel (1853) mit der Thematik des Haushaltsbudgets der arbeitenden Klassen und der Methode, sie zu vergleichen, beschäftigt. Schließlich unterstrich *Engel*, Direktor des Sächsischen Statistischen Bureaus, 1881 in seinem Artikel „Das Rechnungsbuch der Hausfrau und seine Bedeutung im Wirtschaftsleben der Nation" die Wichtigkeit dieses bedeutenden statistischen Instruments zum Erkenntnisgewinn über die Erreichung des Lebenszwecks der Haushalte und setzte sich für die Umsetzung dessen ein. Er verdeutlichte, dass es nicht nur für die Nation bzw. Volkswirtschaft eine beachtliche Informationsquelle ist, sondern auch für die Wissenschaft sowie den Haushalt selbst. Da eine Auswertung von Haushaltsbüchern aller Haushalte der Nation nicht möglich sei, argumentierte *Engels* mit der Natürlichkeit des Konsumverhaltens und der Ähnlichkeit vieler Haushaltsstrukturen, die eine Auswertung nur einiger tausend Haushaltsbücher im Jahr, natürlich ohne Namensangaben, rechtfertigte.[54]

Nach der ausführlichen Darlegung der Notwendigkeit von Haushaltsbüchern wurde erstmals 1906 ein Beschluss vom Kaiserlichen Statistischen Amt über die Erhebung von Wirtschaftsrechnungen „minderbemittelter" Familien gefasst. Ein Jahr darauf wurde dieser mit einer Stichprobe von 852 minderbemittelten Arbeitnehmerhaushalten (Haushaltsbruttoeinkommen geringer als 3.000 RM) durch

---

53 Vgl. *Bechtold, S.; Müller, A.; Pötzsch, O.*: a. a. O., S. 345ff.; *Bihler, W.*: a. a. O. S. 100ff.; *Körner, Th.; Nimmergut, A.*: Zu den Möglichkeiten der Nutzung einer Dauerstichprobe befragungsbereiter Haushalte in der amtlichen Statistik, in: WiSta, H. 5, 2003, S. 391ff.; *Lotze, S.; Breiholz, H.*: a. a. O., S. 359ff. und S. 454ff.

54 Vgl. *Engels, E.*: Das Rechnungsbuch der Hausfrau und seine Bedeutung im Wirtschaftsleben der Nation, erstmalige Veröffentlichung 1881 in der Zeitschrift des Königlich Preußischen Statistischen Bureaus, Widerveröffentlichung in: WiSta, H. 8, 2000, S. 613ff.

das Statistische Reichsamt umgesetzt. Durch den Ausbruch des ersten Weltkrieges wurde die statistische Erfassung der Einnahmen und Ausgaben auf der Mikroebene jedoch unterbrochen. Erst 1927 wurde die Erfassung mit 2.000 Haushaltsbüchern wieder aufgenommen. 1937 wurde eine erste Umstrukturierung vorgenommen. In die Erhebung wurden 2.600 Familien gewerblicher Arbeiter aufgenommen. 1938 kamen nochmals 600 Haushaltsbücher von landwirtschaftlichen Arbeitern hinzu.[55]

Mit Ende des Zweiten Weltkrieges entwickelte sich die derzeitige Struktur der Haushaltsbudgeterhebungen in der Bundesrepublik. Bereits 1949/1950 wurde die erste, nun als Laufende Wirtschaftsrechnung bezeichnete Erhebung durchgeführt. Ihr Ziel war es, sowohl sozialpolitische als auch ökonomische Aspekte zu hinterfragen. Einerseits sollte das Niveau der Lebenshaltung gewisser homogener sozialer Gruppen untersucht werden, und andererseits interessierte die Verflechtung der Mikroebene mit den Sektoren der Volkswirtschaft sowie die wirtschaftlichen Vorgänge in den Haushalten selbst. Schwerpunkt der ersten Wirtschaftsrechnungen bis einschließlich 1964 war jedoch der Aspekt der Lebenshaltung als Basis für die Sozialpolitik. Daneben sollte für die Preisstatistiker die Informationsgrundlage zur Festlegung der Wägungsschemata der Preisindizes für die Lebenshaltung geschaffen werden.[56] In diese ersten Wirtschaftsrechnungen nach dem Krieg gingen insbesondere aus finanziellen und organisatorischen Gründen nur ausgewählte, sozialpolitisch bedeutsame Haushaltstypen ein: Systematisch wurden 250 freiwillige 4-Personen-Haushalte von Arbeitern und Angestellten mit zwei Kindern, davon eines unter 15 Jahren, einbezogen. Dieser Haushaltstyp sollte aus einer Gemeinde mit mindestens 20.000 Einwohnern stammen und der „mittleren Verbrauchergruppe" zuzuordnen sein, d. h., die Verbrauchsausgaben sollten zwischen 200 und 350 DM liegen. Bis 1964 wurde somit der Verbrauch und nicht die Einkommensgrenze als Auswahlmerkmal zugrunde gelegt.

1965 kam es zu ersten größeren Umstrukturierungen der Laufenden Wirtschaftsrechnungen aufgrund eines sich ändernden Erkenntnisinteresses. Durch das „Wirtschaftswunder" wurde der sozialpolitische Lebenshaltungsaspekt zunehmend durch einen ökonomischen ersetzt. Die Untersuchung der gesamten Einkommensverwendung wurde zum neuen Erhebungsziel und die Analyse von Ersparnis und Vermögen gewann an Bedeutung. Dies führte auch zur Änderung des Auswahlmerkmals, da der direkte Zusammenhang zwischen Konsumsumme und Einkommen nicht mehr angenommen werden konnte. Neues Auswahl-

55 Vgl. *o. V.*: Historischer Rückblick, in: WiSta, H. 8, 2000, S. 612; *Euler, M.*: Sieben Jahrzehnte Wirtschaftsrechnungen in der amtlichen Statistik, in: WiSta, H. 10, 1969, S. 592.

56 Vgl. *Reddies, H.*: Das Verfahren der Laufenden Wirtschaftsrechnungen von 1950 bis 1964 und ab 1965, in: WiSta, H. 8, 1965, S. 496ff.

merkmal wurde das Bruttohaushaltseinkommen. Der Stichprobenumfang wurde monatlich auf 1.000 Haushalte ausgedehnt. Weiterhin galt es, die Tatbestände bei wichtigen und größeren Haushaltstypen und Einkommensgruppen zu erheben, so dass die Auswahlgrundlage auf drei Schichten ausgedehnt wurde. Zusätzlich zur bereits bestehenden Auswahlgrundlage, deren Stichprobenumfang auf monatlich 400 Einheiten aufgestockt wurde, kamen der 2-Personen-Rentner- und Sozialhilfeempfängerhaushalt mit geringem Einkommen mit 150 Einheiten hinzu sowie der 4-Personen-Angestellten- und Beamtenhaushalt mit 450 Einheiten. Ziel der Ausweitung des Stichprobenumfangs war eine Repräsentierung sowohl der mittleren als auch der letzten Phase des Lebenszyklus. Auch nach der ersten Reform der LWR bestand demnach keine Möglichkeit, repräsentative Aussagen über Selbständigen- und Landwirtschaftshaushalte zu machen, da diese nicht in der Auswahlgrundlage berücksichtigt wurden.

Auf diesem beschriebenen Konzept beruhten nun bis 1998 die Laufenden Wirtschaftsrechnungen. Für ein Jahr wurden von den Erhebungseinheiten die monatlichen Einnahmen und Ausgaben de-tailliert in Feinanschreibungsheften erfasst. Lediglich 1986 wurden die LWR auf eine neue Systematik der Einnahmen und Ausgaben der privaten Haushalte - SEA (Ausgabe 1983) umgestellt, die die Abgrenzung der Auswahlgrundlage neu definiert, jedoch nicht größer geändert wurde. Schließlich wurde aufgrund der Wiedervereinigung der monatliche Stichprobenumfang auf 2.000 Haushalte heraufgesetzt.

Die bisherige Informationsquelle über Einnahmen und Ausgaben privater Haushalte beruht jedoch nicht ausschließlich auf den Laufenden Wirtschaftsrechnungen. Mit dem Gesetz über die Statistik der Wirtschaftsrechnungen privater Haushalte vom 11. Januar 1961 wurde, über die monatliche LWR hin-aus, eine Erhebung im drei- bis fünfjährigen Turnus, die rund 0,3% aller Haushalte zu umfassen hat, gesetzlich vorgeschrieben. Erstmals wurde die als Einkommens- und Verbrauchsstichproben bezeichnete Erhebung 1962/63 durchgeführt, so dass seitdem die Haushaltsbudgeterhebungen auf einem zweigleisigen System fußen. Die Ausweitung auf eine zweite Erhebung mit weitestgehend identischem Erhebungsziel, der Erfassung des privaten Verbrauchs jedoch über alle Bevölkerungsschichten, war zwingend geworden, da die LWR keine repräsentativen Rückschlüsse auf die Einnahmen- und Ausgabenstruktur der Gesamtbevölkerung erlaubten. Eine Ausweitung der Auswahleinheiten auf alle Bevölkerungsschichten war bei den LWR aus Kosten- und Aufwandsgründen nicht möglich, so dass nur eine Erhebung in größeren Erhebungsabständen in Frage zu ziehen war.

Die LWR bilden seitdem insbesondere die Datengrundlage für die Überprüfung des Wägungsschemas der Preisindizes für die Lebenshaltung sowie für die Sozialpolitik, die Informationen zum Lebensstandard benötigt. Die Einkommens- und Verbrauchsstichproben realisieren den Lückenschluss in der Datengrundlage über ein nach Bevölkerungsgruppen gegliedertem Verbrauchsverhalten. Darüber hinaus dienen die differenziert erfassten Einkommensströme ihrer besseren Darstellung jener in den Volkswirtschaftlichen Gesamtrechnungen (VGR).[57]

Die ersten sechs Einkommens- und Verbrauchsstichproben, 1962/63 bis 1988, umfassten circa 50.000 Haushalte (1962/63 waren es etwa 45.000), wobei als Auswahlgrundlage die jeweils aktuellsten Mikrozensusergebnisse dienten. Der Stichprobenumfang wurde nicht zuletzt durch § 3, Abs. 2 des Gesetzes über die Wirtschaftsrechnungen privater Haushalte mit 0,3% aller privaten Haushalte festgelegt. Realisiert wurde jedoch zumeist nur ein Erhebungssoll von 0,25%. Von gesetzlicher Seite her war ebenfalls die Freiwilligkeit der Erhebung vorgeschrieben. Bereits bei einer ersten Testerhebung zu den EVS 1961 verweigerten jedoch 69% der Befragten eine Beteiligung, was folglich das Heranziehen eines Quotenauswahlverfahrens anstatt einer Zufallsauswahl bedingte. Mittels der Vorjahresergebnisse des Mikrozensus wurde für jede EVS eine Quotierung nach der sozialen Stellung der Bezugsperson, wobei Ein- und Zwei-Personen-Haushalte von Nichterwerbstätigen zusätzlich nach Alter und Familienstand der Bezugsperson unterschieden wurde, der Haushaltsgröße und dem Haushaltseinkommen vorgenommen. Nicht in die Erhebung mit einbezogen wurden Ausländerhaushalte sowie in Anstalten lebende Personen. Erst in der EVS 1988 wurden testweise Ausländerhaushalte aufgenommen, mit dem Ziel, sie 1993 mit in die Auswahlgrundlage aufzunehmen. Für die so aufgestellten ca. 180 Schichten wurden schließlich unterschiedliche Anteile festgelegt und daraus unterschiedliche Erhebungssolls abgeleitet. Diese Anteile wurden mit der EVS 1993 in variable Anteile umgewandelt, die sich umgekehrt proportional zu der zu erwartenden Zahl der Erhebungseinheiten in den Schichten ermitteln.[58] In den ersten EVS wurden zunächst auch Haushalte mit „hohen" Einkommen berücksichtigt. Durch einen Vergleich mit den Angaben aus den Einkommensteuerstatistiken zeigte sich jedoch, dass diese Haushalte in der Stichprobe unterrepräsentiert waren. Daraufhin wurde für die folgenden EVS jeweils eine Abschneidegrenze für hohe Einkommen festgelegt, die sich beispielsweise für die EVS 1978 auf 20.000 DM belief. Somit werden einzig Haushalte mit „hohen" Einkommen in den EVS nicht berücksichtigt, da ihre Teilnahmebereitschaft zu gering ist.[59]

57 Vgl. *Horstmann, K.*: Die Einkommens- und Verbrauchsstichprobe 1962, in: WiSta, H. 10, 1961, S. 563.

58 Verfahren der vergleichbaren Präzision.

59 Vgl. *Euler, M.*: Die Einkommens- und Verbrauchsstichprobe 1969, in: WiSta, H. 6, 1968, S. 289ff.; *Derselbe*: Die Einkommens- und Verbrauchsstichprobe 1973, in: WiSta, H. 7, 1972, S. 375ff.; *Derselbe*: Die Einkommens- und Verbrauchsstichprobe 1978, in: WiSta, H. 9, 1977, S. 576ff.; *Derselbe*: Die Einkommens- und Verbrauchsstichprobe 1983, in: WiSta, H. 6, 1982, S. 433f.; *Derselbe*: Die Einkommens- und Verbrauchsstichprobe 1988, in: WiSta, H. 8, 1987, S. 664f.; *Derselbe*: Die Einkommens- und Verbrauchsstichprobe 1993, in: WiSta, H. 7, 1992, S. 467.

Größere Veränderungen gab es in den ersten sechs EVS nicht. Einzig das detaillierte Erhebungsziel und damit die Erhebungsmerkmale variierten. Sowohl in der ersten als auch in der dritten Erhebung wurde der Ermittlung des privaten Verbrauchs und insbesondere den Ernährungsausgaben Vorrang gegeben. 1969, in der zweiten Einkommens- und Verbrauchsstichprobe, lag die Priorität bei Bildungsfragen sowie der Verteilung von Individual- und Haushaltseinkommen und der Vermögensbildung. Den drei folgenden Erhebungen wurde kein besonderes Erhebungsziel auferlegt.

Innerhalb der EVS wurde zusätzlich, zur Entlastung der Haushalte, eine Unterteilung in eine Grob- und eine Feinanschreibungsphase vorgenommen. Über das gesamte Erhebungsjahr hinweg mussten alle Haushalte für jeden Monat die Grobanschreibung durchführen. Sie umfasst alle bedeutenden Einnahmepositionen, jedoch werden bei den Ausgabenpositionen nur Käufe mit einem gewissen Mindestwert (1962 waren dies beispielsweise 25 DM) erfasst. Der Feinanschreibungsphase werden monatlich lediglich ein Zwölftel der Befragten nach einem komplex festgelegten Rotationsschlüssel unterzogen, die ihre gesamten Einnahmen und Ausgaben minuziös festhalten. Lediglich 1969 wurde aufgrund des Erhebungsziels von der rotierenden Feinanschreibung abgesehen. Der Grund war eine lediglich geringe Abweichung der Durchschnittswerte von den nicht in laufenden Monatsheften angeschriebenen Positionen vom Jahresdurchschnitt.[60] Die Zweiteilung des Erhebungsverfahrens beruht auf der Annahme einer repräsentativen einmonatigen Erfassung von Waren mit geringerem Wert, die häufiger gekauft werden, und einer hinreichenden Berücksichtigung von hochpreisigen, seltener gekauften Gütern durch die Grobanschreibung.[61]

Die EVS 1993 wurde erstmals im wiedervereinigten Deutschland durchgeführt. Neben der Erhöhnung des Stichrobenumfangs auf circa 70.000 Haushalte war die bedeutendste Neuerung die Einbeziehung von Ausländerhaushalten. Der mittlerweile gestiegene Integrationsgrad ließ ein Absinken der Sprachbarrieren, die noch in den Anfangsjahren der EVS bestanden, erwarten.[62]

Für das Jahr 1998 wurde die achte Einkommens- und Verbrauchsstichprobe angesetzt, die jedoch, wie die Laufende Wirtschaftsrechnung 1999, grundlegenden methodischen Änderungen unterzogen wurde. Die Notwendigkeit hatte sich aus der zunehmenden Kritik der Nutzer an der Zweigleisigkeit des Systems der Haushaltsbudgeterhebungen ergeben. Bezüglich der LWR wurde insbesondere die mangelnde Repräsentativität aufgrund des geringen Stichprobenumfangs und der eingeschränkten Auswahlgesamtheit kritisiert. Dem gegenüber liefert die EVS zwar repräsentativere Ergebnisse, allerdings nicht für Selbständigenhaus-

60 Vgl. *Derselbe*: Die Einkommens- und Verbrauchsstichprobe 1969, a. a. O., S. 291.
61 Vgl. *Horstmann, K.*: a. a. O., S. 566.
62 Vgl. *Euler, M.*: Die Einkommens- und Verbrauchsstichprobe 1993, a. a. O., S. 463.

halte und Haushalte mit hohen Einkommen. Bezogen auf die Aktualität verhielt es sich stets umgekehrt: Die LWR war aktueller, die umfangreichen EVS Ergebnisse hingegen nicht. Aufgrund des doch im Detail abweichenden Erhebungsprogramms der beiden Erhebungen war eine Verknüpfung der Daten auch nicht in Betracht zu ziehen. Daher wurde auf der bestehenden gesetzlichen Grundlage eine Neukonzeption der Haushaltsbudgeterhebungen in Anlehnung an die bereits umrissenen Qualitätskriterien angestrebt. Zielsetzung war, die Repräsentativität der LWR durch Wegfall der Beschränkung der Auswahlgrundlage zu steigern, die Aktualität der EVS als auch die Belastung der Befragten aufgrund neuer Datenverarbeitungsinstrumente zu verbessern und schließlich das Erhebungsprogramm der beiden Stichproben aufeinander abzustimmen, so dass eine Verknüpfung der Ergebnisse möglich würde.[63]

Zur Erreichung des gesteckten Ziels wurden folgende Umstrukturierungen vorgenommen, die auch den Status quo der deutschen Haushaltsbudgeterhebungen skizzieren. Zunächst zur LWR: Der monatliche Stichprobenumfang von 2.000 Haushalten muss weiterhin beibehalten werden, da der gesetzliche Rahmen diesbezüglich keine Änderungen zulässt. Durch ein neues Stichprobendesign, eine monatliche Rotation, ist es jedoch möglich, den maximalen monatlichen Stichprobenumfang nicht mehr der Zahl der jährlich befragten Haushalte gleichzusetzen, so dass insgesamt 6.000 verschiedene Haushalte innerhalb eines Quartals bzw. Jahres befragt werden (vgl. Abb. 5). Dieses Quartalspanel reduziert des Weiteren die Belastung der Befragten erheblich, da jeder Haushalt innerhalb eines Jahres nur noch vier Monate, anstatt wie bisher zwölf Monate, ein Haushaltsbuch führen muss.

Abb. 5: Altes und neues Stichprobendesign der Laufenden Wirtschaftsrechnungen

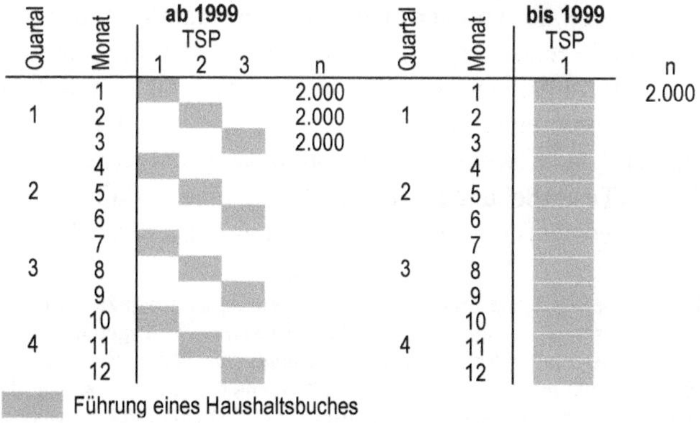

63 Vgl. *Chlumsky, J., Ehling, M.*: Grundzüge des künftigen Konzepts der Wirtschaftsrechnungen der privaten Haushalte, in: WiSta, H. 7, 1997, S. 455.

Aufgrund der Erhöhung des jährlichen Stichprobenumfanges kann darüber hinaus die Beschränkung auf nur drei Haushaltstypen aufgehoben werden, wobei auch weiterhin eine Befragung von Selbständigenhaushalten aufgrund der Gesetzgebung nicht möglich ist. Zukünftig werden somit alle Haushaltstypen, exklusive Selbständiger, mittels einer Quotenstichprobe (basierend auf 169 Schichten, differenziert nach Bundesland, fünf Haushaltstypen, Erwerbstätigkeit des Haupteinkommensbeziehers und Haushaltsnettoeinkommensklassen, wobei die letzte Klasse nach oben hin offen ist), die anhand des vorangegangenen Mikrozensus ermittelt wird, einbezogen.[64] Diese Repräsentativitätssteigerung geht jedoch zu Lasten der Aktualität, da es aufgrund der Rotation nicht mehr möglich ist, repräsentative Monatsergebnisse vorzulegen, sondern nur noch Quartals- und Jahresergebnisse. Diese Ergebnisse werden des Weiteren nicht wie bisher als ungewichtete Durchschnitte vorgelegt, sondern auf Basis der Mikrozensusergebnisse hochgerechnet.[65] Da nun mehr oder weniger alle Haushaltstypen in den LWR vertreten sind, werden die Ergebnisse allerdings auch auf einer höheren, jedoch dann repräsentativeren Aggregationsebene veröffentlicht.

Um die so gewonnenen Ergebnisse der LWR mit denen der EVS verzahnen zu können, wird der Erhebungskatalog an die Classification of Individual Consumption by Purpose / Household Budget Surveys (COICOP/HBS) angepasst. Die Verzahnung wäre allerdings auch aufgrund europäischer Anforderungen zur Einführung einer europaeinheitlichen Systematik notwendig geworden.

Ebenso wie die Laufenden Wirtschaftsrechnungen wurden auch die Einkommens- und Verbrauchsstichproben 1998 einigen Änderungen unterzogen, wobei das Erhebungsziel nicht angetastet wurde. Bezogen auf den Erhebungsablauf wurden nachfolgende Änderungen vorgenommen: Die Erhebungsdauer wurde von zwölf auf drei Monate reduziert, der Erhebungskatalog wurde gestrafft und die Zahl der Merkmale reduziert, wobei ein Teil der Merkmale des Schlussinterviews in das Einführungsinterview, der andere Teil zu den Schulden in das Haushaltsbuch übernommen wurde, um das Schlussinterview entfallen zu lassen. Die Stichprobe wird auch weiterhin per Quotenauswahlverfahren ermittelt, da sich innerhalb der Testerhebungen zu den LWR eine Zufallsstichprobe als zu aufwendige Verfahrensweise unter den gegebenen Kostenrestriktionen erwiesen

64 Eine Zufallsstichprobe wurde als Ergebnis der Testerhebung aufgrund zu geringer Beteiligungsquoten als nicht repräsentativ ausgeschlossen, vgl. *Gertkemper, F.*: Ergebnisse der Testerhebung zum neuen Konzept der Laufenden Wirtschaftsrechnungen, in: WiSta, H. 12, 1997, S. 873ff. Zur ausführlichen Beschreibung des zweiphasigen geschichteten Stichprobenverfahrens: *ebenda*, S. 873ff. Auch hat sich gezeigt, dass eine retrospektive Befragung der Haushalte für Angaben aus den beiden Vormonaten wegen zu umfangreicher Fehler nicht möglich ist.

65 Vgl. *Chlumsky, J., Ehling, M.*: a. a. O., S. 461; *Kaiser, J.*: Letztmals Ergebnisse der Statistik der Laufenden Wirtschaftsrechnungen nach bisherigem Konzept, in: WiSta, H. 9, 1999, S. 723.

hat. Da die EVS-Haushalte hinsichtlich ihrer sozioökonomischen Merkmale der Struktur aller Haushalte entsprechen sollen, wurde ein Erhebungssoll basierend auf dem aktuell verfügbaren Mikrozensus ermittelt. Für 1998 lag es bei 74.000 Haushalten, was darüber hinaus nach Bundesländern und vier weiteren Merkmalen geschichtet wurde. Die weiteren Schichtungsmerkmale sind: der Haushaltstyp, die Stellung im Beruf des Haupteinkommensbeziehers, das monatliche Haushaltsnettoeinkommen und das Erhebungsquartal.[66]

Da die Erhebungsdauer für die einzelnen Erhebungseinheiten von zwölf auf drei Monate reduziert wurde, fand eine Unterteilung der Gesamtstichprobe in Rotationsviertel statt. Diese nehmen nacheinander an der Erhebung teil, um z. B. saisonale Divergenzen im Kaufverhalten abzufangen. Wie bisher wurde auch eine Feinanschreibung für Nahrungsmittel, Getränke und Tabakwaren durchgeführt. Da die Ausgaben aber annahmegemäß keiner großen Streuung unterliegen, wird lediglich bei einer 20%-Unterstichprobe (ca. 15.000 Haushalte) die Anschreibung für einen Monat in einem Feinanschreibungsheft durchgeführt.

Die bisher wurde der Status quo der Wirtschaftsrechnungen umrissen. Die aus den sich wandelnden Rahmenbedingungen ergebenden Kon-sequenzen für die Qualitätsdefinition haben lediglich erste Erneuerungen in der EVS 1998 bewirkt, die die amtliche Statistik jedoch noch nicht zufrieden stellt. Daher wird über eine globale Novellierung des Gesamtsystems der Wirtschafts-rechnungen privater Haushalte diskutiert, die im folgenden Abschnitt vorgestellt wird.

1.3.2 Neue Anforderungen und resultierende Änderungsvorschläge

Die Wirtschaftsrechnungen bilden ein Glied in einem System von Haushaltsstichproben. Unverbunden neben ihnen stehen der Mikrozensus als repräsentative 1%-Stichprobe der gesamten Bevölkerung sowie verschiedenartige Sondererhebungen gemäß § 7 BStatG. So bezogen sich die bisherigen Revisionen ausschließlich auf die Erhebung selbst, das Gesamtsystem wurde indes seit 1950 nicht angetastet. Hinzu kommt eine Starrheit des gesetzlichen Rahmens. Bis 2004 hat das Mikrozensusgesetz von 1996 noch Bestand und das Gesetz über die Wirtschaftsrechnungen privater Haushalte wurde seit 1961 nicht verändert. So bietet das Auslaufen des Mikrozensusgesetzes Perspektiven, notwendige Neugestaltungen des gesamten Systems anzugehen.

Als bisheriges Erhebungsziel der Haushaltsstichproben gilt die Bereitstellung makroökonomischer Daten, zumeist im Querschnitt. Aufgrund des technischen Fortschrittes ist es derweil möglich, Daten auf Mikroebene auszuwerten, so dass von Nutzerseite zunehmend kurzfristige komplexe Fragestellungen teils mit

66 Vgl. *Chlumsky, J.; Ehling, M.*: a. a. O., S. 458ff.

Längsschnittbezug formuliert werden. Hier stößt die amtliche Statistik derzeit weitestgehend an ihre Grenzen. Eine Systemreform muss daher folgende Aspekte einbeziehen: Dem gestiegenen Ad-hoc Datenbedarf der Nutzer muss Rechnung getragen werden; Fragestellungen mit Längsschnittbezug müssen Beantwortung finden; die Daten aus verschiedenen Haushaltsstichproben sollten miteinander verknüpfbar sein, um den berücksichtigten Themenumfang zu erweitern und schließlich sollte der europäische Datenbedarf einbezogen werden. Dies impliziert eine Flexibilisierung des Systems bezogen auf Erhebungsmerkmale und -umfang sowie Erhebungs- und Aufbereitungszeitraum zur Steigerung des Informationsgehaltes und der Aktualität.[67]

Ansatzpunkte einer Reform des Gesamtsystems (vgl. S. 18f.) sind daher die bereits angesprochene Unterjährigkeit des Mikrozensus, der Aufbau eines Access-Panels und schließlich eine nochmalige Umstrukturierung der Wirtschaftsrechnungen privater Haushalte. Dabei wird voraussichtlich eine Reform der gesetzlichen Rahmenbedingungen unumgänglich sein und folglich ebenfalls zur Disposition stehen. Konkret ist über die bereits realisierte Aktualitätssteigerung der EVS, der gestiegenen Repräsentativität der LWR und der weitgehenden Verknüpfbarkeit der beiden Erhebungen hinaus, die Verschmelzung beider zu einer jährlichen Erhebung angedacht, um folgende Anforderungen zu erfüllen:

- Die Beibehaltung einer differenzierten Darstellung der Einnahmen und Ausgaben privater Haushalte sowie deren Zusammenhang. Die implizierte Tiefengliederung bezieht sich dabei einerseits auf die zu erhebende Merkmalstiefe als auch auf die Stichprobentiefe, d. h. die Differenziertheit der Merkmalsträger. Durch eine regelmäßige jährliche Erhebung der bisherigen LWR-Merkmale und zusätzlicher EVS-Merkmale, könnten mittels in den folgenden Kapiteln (vgl. Kapitel 2.3, S. 54) zu beschreibender Schätzer, tief gegliederte Daten, bezogen auf die Stichprobentiefe, entsprechend der jetzigen Einkommens- und Verbrauchstichprobe jährlich bereitgestellt werden.
- Mit dem erstgenannten Punkt verknüpft ist ein Fortbestand der Anforderungen der VGR, die bisher durch die EVS abgedeckt wurden, der Preisstatistik sowie der Bundesbank.
- Auch ist, trotz der Jährlichkeit, die hohe Zuverlässigkeit der Ergebnisse zu gewährleisten, um beispielsweise Datenanforderungen des Bundesministeriums für Gesundheit und soziale Sicherung (BMGS) für die Armuts- und Reichtumsberichterstattung oder die Bestimmung der Regelsätze der Sozialhilfe zu sichern.

---

67 Vgl. *Bechtold, S.; Chlumsky, J.*: a. a. O., S. 81ff.; *Ehling, M.*: Considerations on Changing the System of Household Statistics in Germany, in: *Krug, W.; Ehling, M., Ernst, N.*: a. a. O., S. 5ff.

- Wünschenswert wären zusätzliche jährliche Ländererergebnisse.
- Die geplante Periodizität soll die Aktualität sichern und auch, durch z. B. nochmalige Verkürzung der Aufbereitungszeiten, verbessert werden. Ebenso sollte ein kontinuierlicher Arbeitsanfall entstehen.
- Durch moderne Technik kann die Effizienz der Feldarbeit beibehalten bzw. verbessert werden.
- Neue Anforderungen auf europäischer Ebene sollen ebenfalls berücksichtigt werden. Zukünftige Wirtschaftsrechnungen sollen demnach einen Vergleich mit entsprechenden Erhebungen der Mitgliedsstaaten ermöglichen. Die Ansprüche an die Datenqualität werden jedoch weiterhin identisch sein.[68]

Bezüglich des letzten Punktes handelt es sich konkret um den Datenbedarf für EU-SILC, die Gemeinschaftsstatistik über Einkommen und Lebensbedingungen, die Nachfolgestatistik zum Europäischen Haushaltspanel. Sie soll vergleichbare Daten über die Einkommensverteilung und soziale Ausgrenzung in den europäischen Mitgliedsstaaten liefern. Explizit wurde folgender Zielkatalog, der in die Novellierung der Wirtschaftsrechnungen einbezogen werden sollte, aufgestellt:

- Zur Darstellung sozialer Ausgrenzung sollen jährlich aktuelle und vergleichbare Querschnitts- als auch, mit einem minimalen Stichprobenumfang, Längsschnittsdaten über vier Historien vorliegen.
- Die Daten sollen einem hohen Qualitätsstandard entsprechen, d. h. sie sollen aktuell sein, aus einer für die Haushalte repräsentativen Zufallsstichprobe resultieren und aufgrund der Verwendung einheitlicher Konzepte vergleichbar sein. Die Repräsentativität ist gewährleistet, wenn für den Querschnittsteil jeweils 8.250 und für den Längsschnittteil 6.000 Haushalte befragt werden.
- Die freiwillige Erhebung soll Daten für eine multidimensionale Analyse der Einkommensverteilung und der sozialen Ausgrenzung durch Erfassung von demographischen Merkmalen, Variablen des Einkommens, der Erwerbstätigkeit, des Wohnens und der sozialen Ausgrenzung liefern.
- Sie soll in bestehende nationale Erhebungen eingebunden werden.[69]

Die genannten Punkte berücksichtigen bereits einen Teil der im vorangegangenen Abschnitt (vgl. 1.2.2, S. 8) erläuterten geänderten Rahmenbedingungen, so u. a. die geänderten Staatsaufgaben und den Strukturwandel ebenso wie die Verrechtlichungstendenz. Neben den nutzerorientierten Kriterien sollten bei einer umfangreichen Reform der Wirtschaftsrechnungen ebenso die Folgen des Individualisierungsprozesses als auch die des Kostendruckes bedacht werden.

---

68 Vgl. *Statistisches Bundesamt*: Überlegungen zum Übergang zu einer jährlichen Haushaltsbudgeterhebung, Wiesbaden 2000, S. 1 (unveröffentlicht).

69 Vgl. *Statistisches Bundesamt*: Stand des europäischen Projektes zur Entwicklung der „Gemeinschaftsstatistik über Einkommen und Lebensbedingungen (EU-SILC)“, Wiesbaden 2002, S. 3 (unveröffentlichtes Arbeitspapier zur Sitzung: Einbindung von EU-SILC in das System der Haushaltsstichproben, Wiesbaden, 11. und 12. April 2002).

Resultierend aus dem umschriebenen konkreten Anforderungskatalog, der weitestgehend die neuen nutzerorientierten Qualitätsmaßstäbe entsprechend dem ESS widerspiegelt, gilt es nun, konkrete Änderungsvorschläge zu erörtern. Erster wichtiger Ansatzpunkt der Umsetzung ist das Stichprobendesign einer zukünftigen jährlichen Wirtschaftsrechnung und damit verbunden die Frage, welche Schätzer verwendet werden können. Die einleitende Vorstellung ausschließlich des Stichprobendesigns kann dabei bereits Aufschluss über die Erfüllung insbesondere der ESS-Kriterien wie auch Kosten- und Befragtenbelastung geben. Daher werden im Folgenden zunächst die derzeit zur Diskussion stehenden Designs unter Berücksichtigung dieser Ansprüche vorgestellt. Das mithin zentrale Kriterium, die Genauigkeit, ist jedoch nur unter Berücksichtigung des verwendeten Schätzers zu ermitteln. Dessen Erörterung wird sich an die folgende Designvorstellung anschließen.

1.3.2.1 LWR-Modell

Bereits im Jahr 2000 wurden zwei Vorschläge zur Novellierung der Wirtschaftsrechnungen vorgelegt, zu dem auch das als LWR-Modell bezeichnete, im Folgenden jedoch Quartalspanel genannte, Design zählt. Es stellt eine Erweiterung des bisherigen Designs der Laufenden Wirtschaftsrechnungen dar. Die Anforderungen von EU-SILC sollen bei diesem Vorschlag mit abgedeckt werden. Anstatt der zurzeit monatlich befragten 2.000 Haushalte würden künftig zwischen 6.000 und 8.000 Haushalte monatlich in ein weiterhin bestehendes Quartalspanel aufgenommen (vgl. Abb. 6). Der jährliche Stichprobenumfang würde sich von bisher 6.000 Haushalte auf 18.000 bis zu 24.000 Haushalte erhöhen.

Abb. 6: Verlauf des Quartalspanels in den ersten beiden Jahren

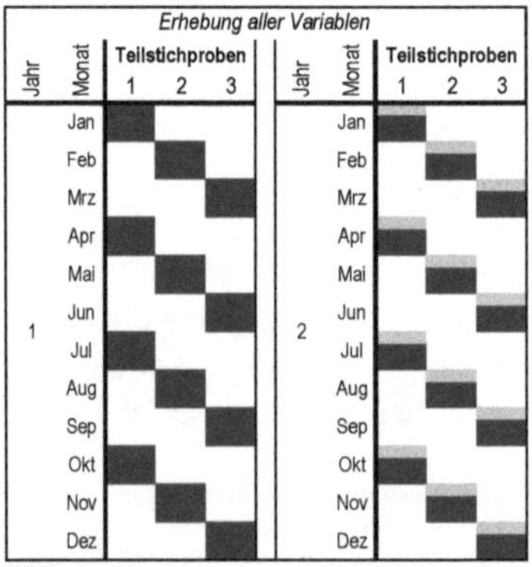

Stichprobeneinheiten, seit Jahr 1 befragt

Drittel neue Stichprobeneinheiten in Jahr 2

Quelle: Eigene Erstellung; vgl. *Statistisches Bundesamt*: Überlegungen …, a. a. O., S. 2.

Die Anforderungen an den Stichprobenumfang von EU-SILC im Quer- als auch im Längsschnitt wären durch diesen Vorschlag erfüllt. Die Periodizität der bisherigen Laufenden Wirtschaftsrechnungen wäre gesichert und auf Jahresebene könnten weiterhin die geforderten Ländererergebnisse bereitgestellt werden.

Nachdem im ersten Jahr das Quartalspanel in dieser Form durchgeführt ist, wird ab dem ersten Quartal des zweiten Jahres sukzessive ein Drittel jeder Teilstichprobe, entsprechend 2.000 bis ca. 2.667 Haushalte, ausgetauscht und wiederum viermal über das Jahr hinweg befragt. Im zweiten Jahr nehmen somit noch zwei Drittel aus der Ursprungsstichprobe an der Erhebung teil. Es müssen vergleichsweise weniger neue Haushalte angeworben werden, was unter dem Aspekt der Befragungsmüdigkeit wie auch der Kosten von hohem Stellenwert ist. Im vierten Jahr basiert die Erhebung auf einer gänzlich neuen Stichprobe. Die Zahl der Datensätze liegt jährlich stets zwischen 72.000 und 96.000, wobei wesentlich weniger Haushalte zu befragen und noch weniger anzuwerben wären. Im Vergleich zur bisherigen EVS liegen nach fünf Jahren schließlich zwischen 360.000 und 480.000 Datensätze, bei einer Zahl angeworbener Haushalte zwischen 42.000 und 56.000 vor. Hinzu käme ein Entfallen des Anwerbens von LWR-Haushalten.[70] Dies lässt jedoch den Fortbestand der bisherigen Erhebungseinheitentiefe, die durch die EVS gesicherte wurde, durch dieses Design in Frage stellen.

Um die Forderung der differenzierten Darstellung der Einnahmen und Ausgaben entsprechend der ursprünglichen EVS zu erfüllen, sollen die jährlichen Daten über fünf Jahre mittels Kumulation der geschätzten Jahresdurchschnittsergebnisse zu einer großen Stichprobe gepoolt werden, um die Zuverlässigkeit auch weiterhin zu gewähren. Dieser Aspekt ist nach der ausschließlichen Designbetrachtung jedoch noch nicht abschließend zu bewerten, da zur Varianzbeurteilung ebenso der verwendete Schätzer heranzuziehen ist.

Aufgrund des jährlichen Austausches eines Drittels der Teilstichproben ist es indes nicht möglich, vierjährige Historien für EU-SILC bereitzustellen. Der Austausch müsste daher auf ein Viertel reduziert werden. Da überlegt wird, die Haushalte für die Wirtschaftsrechnungen zukünftig aus dem Access-Panel zu rekrutieren, läge zwar keine, wie von der EU gewünschte Zufallsstichprobe vor, jedoch könnte die Antwortverzerrung abgeschätzt werden, da hierfür Angaben aus dem Mikrozensus vorlägen.

Geklärt ist noch nicht, ob es eine Differenzierung zwischen der bisherigen Grob- und Feinanschreibung geben soll. Eine erste Möglichkeit wäre, alle Haushalte lediglich grob anzuschreiben und die benötigten Daten der Feinanschreibung bei

70 Vgl. *Statistisches Bundesamt*: Überlegungen …, a. a. O., S. 2f.

privaten Marktforschungsinstituten anzukaufen. Eine Alternative wäre, jeden Monat lediglich ein Drittel der Teilstichprobe eine Feinanschreibung durchführen zu lassen, so dass jeder Haushalt nur einmal im Jahr den Aufwand auf sich nehmen muss. Somit kann auch noch keine abschließende Beurteilung zur Erfüllung der Erfordernisse der Merkmalstiefe entsprechend der bisherigen EVS wie auch der Abdeckung der Gesamtheit des VGR-, Bundesbank- und Preisstatistikdatenbedarfs erfolgen.

1.3.2.2 Jahresrotation über 15 Monate

Zweiter Vorschlag aus dem Jahr 2000 ist eine Jahresrotation über 15 Monate, die von einem neuen Stichprobendesign ausgeht (vgl. Abb. 7), in das ebenfalls EU-SILC eingebunden werden soll.

Abb. 7: Jahresrotation über 15 Monate in den ersten beiden Jahren

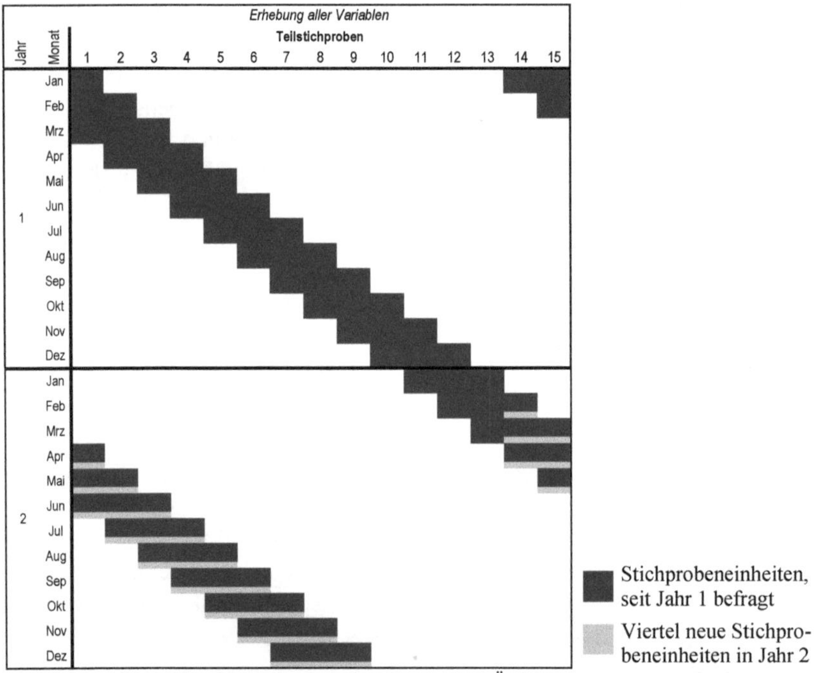

Quelle: Eigene Erstellung; vgl. *Statistisches Bundesamt*: Überlegungen ..., a. a. O., S. 4.

Insgesamt wird ein jährlicher Stichprobenumfang von 22.500 Haushalten auf 15 Teilstichproben von je 1.500 Haushalten verteilt. Monatlich werden jeweils drei Teilstichproben, entsprechend 4.500 Haushalte, befragt, wobei diese zum Vormonat, im Gegensatz zum Quartalspanel, stets zu zwei Dritteln überlappen. Nach einem Jahr, im Januar des zweiten Jahres, ist jede der 15 Teilstichproben mindestens einmal befragt worden und es liegen im ersten Jahr 54.000 Datensätze von 21.000 angeworbenen Haushalten vor. Dieses Design erfüllt offensichtlich die Stichprobenanforderungen von EU-SILC für den Querschnittsteil. Auch würde die Zahl der monatlich befragten Haushalte eine Steigerung gegenüber der bisherigen LWR darstellen, so dass sowohl die Periodizität jener als auch Ländererergebnisse auf Jahresebene gewährleistet sind.

Ab Februar des zweiten Jahres wird die erste Teilstichprobe wieder einbezogen, nachdem ein Viertel, entsprechend 375 Haushalte, durch neue Haushalte ersetzt wurde. Für das zweite Erhebungsjahr müssen daher nur noch 5.625 Haushalte angeworben werden und ab dem dritten Jahr beläuft sich die Zahl nur noch auf 4.500. Jedes Teilstichprobenviertel verbleibt somit für vier Jahre in der Erhebung, so dass die vierjährigen Historien für EU-SILC zunächst, wenn auch nicht in dem geforderten Umfang, gesichert erscheinen. Problematisch ist eine fehlende Vergleichsmöglichkeit der Angaben einer Stichprobeneinheit mit deren Angaben des identischen Monats des Vorjahres, da nicht über 12 sondern 15 Monate rotiert wird. Die Angaben sind daher jeweils um drei Monate verschoben. Die Forderung der Historienbildung kann daher als unerfüllt erachtet werden.

Mittels dieses Stichprobendesigns können innerhalb von fünf Jahren insgesamt 270.000 Datensätze bei 40.125 Haushalten gewonnen werden.[71] Somit ist auch bei diesem Vorschlag die Erhebungseinheitentiefe nicht entsprechend der der bisherigen EVS, jedoch werden die Aspekte der Befragtenbelastung und der Kosten berücksichtigt.

Zur Bereitstellung tief gegliederter Daten gemäß der EVS, sollen auch bei diesem Design Kumulationsmethoden Anwendung finden, was wiederum zunächst eine Aussage zur Genauigkeit bzw. Zuverlässigkeit ausschließt. Die Erfordernisse der Merkmalstiefe scheinen bereits gesichert, da für dieses Design bereits über die Ausgabe von Feinanschreibungsbüchern für den ersten Monat einer Befragungswelle diskutiert wurde. Somit ist ebenfalls die Erfüllung der Anforderungen der Bundesbank, der VGR wie auch der Preisstatistik zu erwarten.

1.3.2.3 Integrierte jährliche Haushaltsbudgeterhebungen

Den neueren Vorschlägen aus dem Jahr 2002 sind die nun folgenden zuzuordnen und die aufgrund der Diskussion der ersten Designs entwickelt wurden.[72] Bei dem Modell der Integrierten jährlichen Haushaltsbudgeterhebung (Integriertes

71 Vgl. *ebenda*, S. 4ff.

72 Vgl. *Ehling, M.*: Weiterentwicklung der Wirtschaftsrechnungen und Integration neuer Datenanforderungen der Europäischen Union (EU), in: *Krug, W.; Ehling, M., Ernst, N.*: a. a. O., S. 20ff.

Modell) werden jährlich 14.000 neue Haushalte angeworben. Während des Jahres wird in Abhängigkeit der Erhebungsmerkmale das Stichprobendesign unterteilt (vgl. Abb. 8). Diese Untergliederung soll die bisherige Merkmalstiefe der Wirtschaftsrechnungen weiterhin gewährleisten.

Abb. 8: Integrierte und Modulare Haushaltsbudgeterhebung in den ersten beiden Jahren

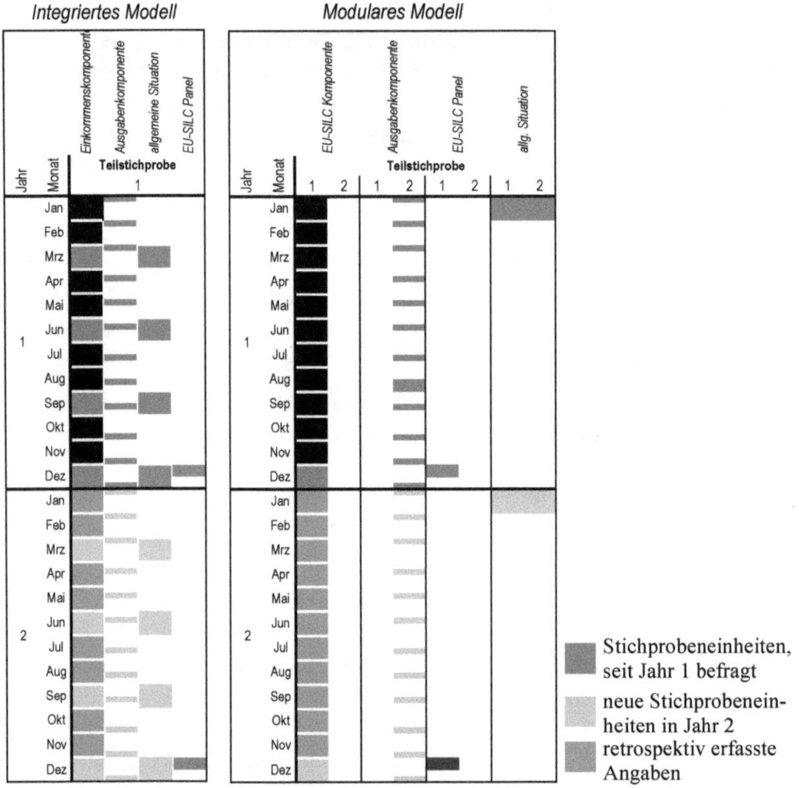

Quelle: Eigene Erstellung; vgl. *Statistisches Bundesamt*: Wege ..., a. a. O., S. 3.

Zur Deckung des Längsschnittdatenbedarfs von EU-SILC werden nach dem ersten Jahr einmalig 7.000 Haushalte in ein Panel übernommen, das mit den Stichprobeneinheiten der folgenden Jahre lediglich um die Panelmortalität aufgefrischt wird. So werden die Anforderungen in Bezug auf Stichprobenumfang wie auch Historienlänge für EU-SILC erfüllt.

Für die Einkommenserhebung werden von allen 14.000 Haushalten am Ende eines jeden Quartals aktuell sowie retrospektiv für die beiden vorangegangenen

Monate die Einkommen erfragt. Über das ganze Jahr liegen für jeden Monat von allen 14.000 Haushalten Daten vor. Die Querschnittsanforderung für EU-SILC als auch die Bereitstellung jährlicher Ländererergebnisse wäre erfüllt. Durch die retrospektive Befragung wäre indes die Periodizität nicht mehr entsprechend der bisherigen LWR, so dass bereits auf Jahresebene die Abdeckung der Anforderungen von VGR, Bundesbank und Preisstatistik nur bedingt erfüllt ist, da verspätet Daten vorliegen.

In einer dritten Komponente werden die Fragen zur allgemeinen Situation, jeweils nur einmalig in jedem Quartal, bei den insgesamt 14.000 Haushalten gestellt. Die Ausgabenkomponente als viertes Element umfasst monatlich 3.500 Haushalte, die jeweils abwechselnd über ein Quartal befragt werden. Nach einem Jahr wird die Stichprobe bis auf die Elemente des EU-SILC-Panels gänzlich ausgetauscht.

Entscheidender Unterschied zu den bisherigen Designvorschlägen ist die Verwendung nur einer jährlichen Angabe eines jeden Haushaltes für die Kumulation (zur Anwendung einer unterjährigen Kumulation wird keine Angabe gemacht). So resultieren kumuliert über fünf Jahre jeweils 70.000 Einkommens- und Ausgaben- sowie allgemeine Situationsangaben.[73] Dies entspräche gerade dem Umfang der EVS-Ergebnisse und ließe eine dementsprechende Erhebungseinheitentiefe erwarten. Wie sich dieses Kumulationsvorgehen auf die Genauigkeit bzw. Zuverlässigkeit der Ergebnisse auswirkt, kann wiederum erst im theoretischen Teil eingehender bewertet werden.

Der Befragungsmüdigkeit und auch den Kosten würde aufgrund der nur teilweise durchgeführten Rotation, insbesondere über ein Jahr hinaus, nur bedingt entgegengewirkt. Aufgrund der Vierteilung der Erhebung als auch der teilweisen Retrospektivität, ist ein Absenken der Kosten als auch der Belastung zu erwarten. Jedoch ist insbesondere die retrospektive Befragung kritisch zu bewerten. In Testerhebungen zur Umstrukturierung der Wirtschaftsrechnungen im Jahr 1998 hat sich dies als nicht praktikabel erwiesen, was die Zuverlässigkeit der Ergebnisse fraglich erscheinen lässt.[74]

1.3.2.4 Jährliche Haushaltsbudgeterhebungen mit modularem Aufbau

Das Modulare Modell wird ebenfalls in vier Komponenten in Abhängigkeit der Erhebungsmerkmale untergliedert, um deren Merkmalstiefe zu sichern: in einen EU-SILC-Querschnitt und auch ein -Panel, ein Ausgaben- sowie ein Basismodul mit Kernvariablen zum Einkommen. Vom Design her entspricht es dem Inte-

73 Vgl. *Statistisches Bundesamt*: Wege zur Einbindung von EU-SILC in das System der Haushaltsstichproben, Wiesbaden 2002, S. 2ff. (unveröffentlichtes Arbeitspapier zur Sitzung: Einbindung ..., a. a. O.).

74 Vgl. *Chlumsky, J.; Ehling, M.*: a. a. O., S. 457.

grierten Modell bis auf das Basismodul. Der entscheidende Unterschied liegt im Stichprobenumfang und dessen Aufteilung.

Jährlich werden 22.250 neue Haushalte angeworben (vgl. Abb. 8, S. 34), die in zwei Teilstichproben untergliedert werden. Für den ersten EU-SILC Teil werden insgesamt jährlich 8.250 Haushalte für Querschnittsangaben rekrutiert, von denen im ersten Jahr wiederum 7.000 in ein Panel übernommen werden. Bei allen Stichprobeneinheiten dieses Moduls werden die Merkmale retrospektiv für die letzten 12 Monate erfragt. Den zweiten Teil bildet das Ausgabenmodul. Für dessen tief gegliederte Angaben verbleiben jährlich 14.000 Haushalte. Angaben zur allgemeinen Situation (Basismodul) werden einmalig in der ersten Periode von allen 22.250 Stichprobeneinheiten erhoben.

Bei Kumulation nur jeweils einer jährlichen Angabe einer Erhebungseinheit ließe dieses Vorgehen eine ausreichende Erhebungseinheitentiefe über fünf Jahre erwarten. Bezüglich der Genauigkeit der Ergebnisse ließe sich jedoch abermals keine Aussage treffen. Die Stichproben- wie auch Datenanforderungen für EU-SILC sowohl im Quer- als auch im Längsschnitt wären erfüllt, wie auch die Bereitstellung jährlicher Länderdaten. Durch die retrospektive Befragung wäre aber auch bei diesem Vorschlag die Periodizität der bisherigen LWR sogar auf Quartalsebene nicht mehr erfüllt, so dass auch den Nutzeranforderungen (VGR etc.) nicht mehr entsprochen werden könnte. Die Kosten wären aufgrund der retrospektiven Befragung zunächst zu reduzieren, jedoch wären über fünf Jahre im Vergleich zur bisherigen LWR und EVS mehr Einheiten (rund 100.000) zu rekrutieren. Dies würde dem Ziel der Befragtenentlastungen entgegenstehen.

1.3.2.5 Erweiterte Laufende Wirtschaftsrechnungen

Der fünfte Vorschlag basiert auf einer Erweiterung des bisherigen Systems der Wirtschaftsrechnungen. Die LWR würde beibehalten und lediglich in ihrem jährlichen Stichprobenumfang auf 9.000 Haushalte aufgestockt, um gleichzeitig den Quer- und Längsschnittanforderungen im Stichprobenumfang von EU-SILC zu entsprechen. Somit wäre diese auch in bestehende Erhebungen integriert. Über das Jahr würde dieses Modell als Quartalspanel weitergeführt. Jährliche Länderergebnisse und Daten für EU-SILC lägen somit vor und die bisherige Periodizität der LWR wäre beibehalten. Nach Ablauf eines Jahres würde allerdings nicht die gesamte Stichprobe erneuert sondern nur, im Gegensatz zur bisherigen LWR wie auch dem diskutierten Quartalspanel, ein Viertel der Stichprobe ausgetauscht. Dies würde die Sicherung vierjähriger Historien für den EU-SILC Längsschnitt bedeuten. Die Einkommens- und Verbrauchsstichprobe würde in ihrer seit 1998 bestehenden Form unverändert, jedoch nur mit einem auf ca. 61.000 Haushalte verringerten Stichprobenumfang weitergeführt, da durch eine zunehmende Harmonisierung der Erhebungsmerkmale eine Verzahnung der Ergebnisse mit der

LWR zu erwarten ist.[75] Die bisherige Erhebungseinheiten- und Merkmalstiefe wäre gesichert und die Ansprüche von VGR, Bundesbank und Preisstatistik wären berücksichtigt. Im fünften Jahr sollen aufgrund einer Verzahnung der Erhebungsmerkmale die LWR- und EVS-Daten „gepoolt“ werden.[76] Es wird davon ausgegangen, dass, ebenso wie bei den beiden vorangegangenen Vorschlägen, nur eine Angabe einer Erhebungseinheit aus dem fünften Erhebungsjahr der LWR mit den EVS-Daten gemeinsam ausgewertet wird. Des Weiteren wird eine Beibehaltung des bisherigen Verfahrens auf jährlicher bzw. unterjähriger Ebene angenommen. Die Konsequenzen für die Genauigkeit wären zu erörtern. Der Ansatz ignoriert aufgrund der Fortführung der EVS gänzlich den Aktualitätsanspruch, die Befragungsmüdigkeit, den Wunsch nach einem kontinuierlichen Arbeitsanfall und die Kostenreduktion.

1.3.2.6 EU-SILC

Eine eigenständige Erhebung für EU-SILC ist schließlich der letzte Vorschlag. Dabei wird das Design der bisherigen LWR übernommen und ebenfalls mit einem jährlichen Stichprobenumfang von 9.000 Haushalten, die als Quartalspanel angeordnet über das Jahr rollieren, durchgeführt.[77] Zu Beginn des zweiten Jahres würde ebenfalls ein Viertel der Einheiten ausgetauscht. Auch bei diesem Vorschlag wäre die Stichprobenumfangsforderung für EU-SILC im Quer- und Längsschnitt erfüllt. Die verbleibenden Forderungen an die Wirtschaftsrechnungen, bezüglich Merkmals- und Erhebungseinheitentiefe, Abdeckung des spezifischen Nutzerbedarfs und Bereitstellung jährlicher Ergebnisse, wäre durch die Weiterführung von EVS und LWR gewährt.

Die Forderung von Eurostat war jedoch die Einbindung von EU-SILC in bestehende Erhebungen. Diese wäre somit nicht erfüllt. Auch würde ein doppelter Arbeitsaufwand betrieben und es würde der Befragungsmüdigkeit nicht Rechnung getragen, da zu einem Thema zwei Stichproben gezogen würden. Weitere Kritikpunkte wären ein unnötiger Kostenaufwand, der durch die Doppelerhebung entstünde, sowie ein mögliches Kohärenzproblem durch die Erfassung teils identischer Tatbestände.

1.3.2.7 Zusammenfassende Bewertung der Designvorschläge

Die Vorstellung der zur Diskussion stehenden Designs erfolgte unter Berücksichtigung der neuen Qualitätskriterien und den daraus abgeleiteten Anforderungen an zu novellierende Haushaltsbudgeterhebungen. Die Resultate werden in der folgenden Tab. 1 (S. 38) zusammengefasst. Dabei werden die in Kapitel

75 Vgl. *Statistisches Bundesamt*: Wege zur ..., a. a. O., S. 10ff.

76 Vgl. *ebenda*, S. 10f.

77 Vgl. *ebenda*, S. 13f.

1.3.2 (S. 27) vorgestellten spezifischen Anforderungen mit den in Kapitel 1.2.3 (S. 11) hergeleiteten vier Qualitätsmaßstäben verknüpft. Einige der speziellen Anforderungen an die Wirtschaftsrechnungen decken dabei mehrere der Qualitätskriterien ab.

Tab. 1: Qualitäts- und Anforderungserfüllung auf Basis der Designpräsentation

	Qualitätskriterien	Anforderungen an novellierte Haushaltsbudgeterhebungen	Quartalspanel	Rotation über 15 Monate	Integriertes Modell	Modulares Modell	Erweiterte LWR	EU-SILC
	Genauigkeit	*zuverlässige jährliche Ergebnisse mittels repräsentativer Zufallsstichprobe*						
	Kosten	Kostenreduktion	+	++	+/-	+/-	-	- -
	Befragtenbelastung	Senkung der Befragtenbelastung	+	++	+/-	+/-	-	- -
Europäisches Statistik System	**Aktualität**	jährliche Ländererergebnisse	++	++	++	++	++	++
		Periodizität der bisherigen LWR beibehalten	++	++	-	-	++	++
		jährlich Daten für EU-SILC im Querschnitt	++	++	++	++	++	++
		vier Historien im Längsschnitt für EU-SILC	+/-	- -	++	++	++	++
		effiziente Feldarbeit (designunabhängig)						
	Verfügbarkeit / Transparenz		- -	- -	- -	- -	+/-	++
	Vergleichbarkeit [zeitlich/räumlich]	VGR-, Bundesbank- und Preisstatistikbedarf	?	++	+/-	+/-	++	++
		Merkmalstiefe entsprechend bisheriger EVS	?	++	++	++	++	++
		Erhebungseinheitentiefe entsprechend bisheriger EVS	- -	- -	-	-	+/-	++
		Vergleichbarkeit verschiedener EU-SILC-Ergebnisse	++	++	++	++	++	++
	Kohärenz	EU-SILC in bestehende Erhebung einbinden	++	++	++	++	++	- -
	Relevanz	jährliche Ländererergebnisse	++	++	++	++	++	++
		jährliche Daten für EU-SILC im Querschnitt	++	++	++	++	++	++
		vier Historien im Längsschnitt für EU-SILC	+/-	- -	++	++	++	++
		VGR-, Bundesbank- und Preisstatistikbedarf	?	++	+/-	+/-	++	++
		Merkmalstiefe entsprechend bisheriger EVS	?	++	++	++	++	++
		Erhebungseinheitentiefe entsprechend bisheriger EVS	- -	- -	-	-	+/-	++

Anforderungen:

++ in Gänze erfüllt
+ weitestgehend erfüllt
+/- teils erfüllt
? noch unklar
- - in Gänze nicht erfüllt
- weitestgehend nicht erfüllt

Die Bewertung des Erfüllungsgrades erfolgt in der Gegenüberstellung ausschließlich aus designspezifischen Gesichtspunkten und im Vergleich zum bisherigen Erhebungssystem. Bei der Kostenanalyse bedeutet dies, dass lediglich die Kostenreduktion durch Designaspekte und nicht jene durch eine beispielsweise effizientere Feldarbeit berücksichtigt wird. Der Aspekt der Befragtenbelastung nimmt insbesondere Bezug auf die Belastung der gesamten Grundgesamtheit und weniger auf die Belastung einzelner Erhebungseinheiten. Die Forderung einer effizienteren Feldarbeit entfällt aufgrund ihrer Designunabhängigkeit aus der Bewertung. Das ESS-Kriterium der Verfügbarkeit bzw. Transparenz ist nicht explizit im Anforderungskatalog der Wirtschaftsrechnungen berücksichtigt. Es wird jedoch bei allen Vorschlägen die Gewährleistung der notwendigen Verfügbarkeit der Daten erwartet. Die Transparenz der Methodik kann jedoch aufgrund der Komplexität der Vorschläge unterschiedlich bewertet werden. Schließlich kann unter ausschließlichen Designgesichtspunkten die Zuverlässigkeit der resultierenden Ergebnisse nicht bewertet werden. Stichprobendesign und Schätzer bestimmen gemeinsam die Höhe der Varianz der Schätzfunktion. So wird der bedeutende Aspekt der Genauigkeit erst im folgenden Kapitel in die Bewertung aufgenommen.

Wie sich zeigt, können lediglich drei der Anforderungen (jährliche Länder- und Querschnittergebnisse als auch die Vergleichbarkeit im Sinne eines identischen Konzeptes) durch alle Vorschläge abgedeckt werden. Die verbleibende Anforderungserfüllung ist von Design zu Design divergent, wobei es Vorschläge gibt, die zumindest in Teilen den Forderungen gerecht werden. Einige Anforderungserfüllungen lassen sich hingegen aus den vorliegenden Informationen nicht ermessen.

Würde als alleiniges Entscheidungskriterium nach der Designvorstellung die Zahl der in Gänze erfüllten Qualitätskriterien herangezogen, so wäre der einfachsten Variante, einer separaten EU-SILC-Erhebung mit 15 erfüllten Kriterien zuzustimmen. Das Schlusslicht würde das Quartalspanel mit fünfjähriger Kumulation (7) bilden. Selbst wenn die noch unklare Anforderungserfüllung als erfüllt erachtet werden könnte, wären insgesamt lediglich 11 Kriterien in Gänze gesichert. Im Mittelfeld wären die Ro-tation über 15 Monate und die erweiterte LWR mit 13 erfüllten Forderungen sowie das Integrierte und Modulare Modell mit jeweils 10 erfüllten Kriterien angesiedelt.

Diese sehr einfache Form der Entscheidungsfindung für ein Design bei der Komplexität der Fragestellung erscheint indes fraglich. Eine Gleichgewichtung der Kriterien aufgrund der unterschiedlichen Konsequenzen bzw. indirekten Kosten einer Erfüllung bzw. Nicht-Erfüllung ist offenkundig nicht sinnvoll. So ist insbesondere zu überdenken, ob nicht die Kriterien des neuen Europäischen Statistik Systems in Gänze neben die Erfüllung von Genauigkeit, Kosten und Befragtenbelastung zu stellen sind. Dies hätte zur Konsequenz, dass das Gewicht der einzelnen ESS-Kriterien unter dem der verbleibenden Kriterien läge. Eine entsprechende Überlegung lässt damit die Ausschöpfungsquote der Designs als Bewertungsmaßstab in den Vordergrund rücken. Die Ausschöpfungsquote bestimmt sich als die Zahl der benötigten Stichprobeneinheiten im Verhältnis zur Größe der resultierenden Datensätze. Sie ist insbesondere ein Indiz für die Effektivität einer Befragung, damit auch für die Frage der Be- bzw. Entlastung der Befragten und indirekt der Kosten. So erlaubt sie bereits die abschließende Bewertung dieser beiden Gesichtspunkte.

Tab. 2: Ausschöpfungsquote der vorgeschlagenen Designs

Modell	**Stichprobeneinheiten** 1 Jahr	(1) 5 Jahre	**Umfang der verwendeten Datensätze** im 5. Jahr (2)	**Quote der Ausschöpfung** über 5 Jahre (2)/(1)
bisherige LWR	6.000	30.000	6.000	20%
bisherige EVS	/	70.000	70.000	100%
Quartalspanel	24.000	56.000	480.000	857%
Rotation über 15 Monate	21.045	40.176	270.000	672%
Integriertes Modell				
Einkommens-Komponente	14.000	70.000	70.000	100%
Ausgaben--Komponente				
allgemeine Situation				
Panel	7.000[1)]		7.000	
Modulares Modell				
EU-SILC-Querschnitt	8.250[2)]	41.250	41.250	100%
Ausgaben-Komponente	14.000[2)]	70.000	70.000	
allgemeine Situation	22.250	111.250	111.250	
Panel	7.000[2)]		7.000	
Erweiterte LWR				
LWR-Komponente	9.000	18.000	9.000[3)]	89%
EVS	/	61.000	61.000	
EU-SILC				
LWR	6.000	30.000	/	67%
EVS	/	70.000	70.000	
EU-SILC	9.000	18.000	9.000[3) / 4)]	

1) aus 14.000
2) aus 22.500
3) Kumulation nicht vorgesehen.
4) Einheiten für den Querschnitt und in Teilen (6.750) für den Längsschnitt.

Tab. 2 gibt für die vorgeschlagenen Stichprobendesigns bzw. deren Komponenten einen komparativen Überblick über die Zahl der benötigten Stichprobeneinheiten auf Jahres und Fünf-Jahres-Ebene und die Anzahl der verwendeten Datensätze nach fünf bzw. im fünften Jahr. Zur Ermittlung der Ausschöpfungsquote wird die Zahl der im fünften Jahr vorliegenden und verwendeten Datensätze ins Verhältnis zur Zahl der über fünf Jahre rekrutierten Stichprobeneinheiten gesetzt. Die Betrachtung der Fünfjahresebene wurde gewählt, da es das Ziel ist, mittels der Designs einen Ersatz für die fünfjährlichen EVS zu schaffen.

Die ausschließliche Analyse der Kriterien der Befragtenbelastung und indirekt der Kosten zeigt, entgegen der pauschalen Bewertung anhand der absoluten Zahl der Anforderungserfüllung, das Ziehen abweichender Rückschlüsse. Die beiden ersten Designvorschläge (Quartalspanel und Rotation über 15-Monate) benötigen durch die geplante Kumulation aller vorhandenen Datensätze über fünf Jahre und die Überlappung der Stichprobeneinheiten im Anfangsjahr zunächst einen vergleichsweise höheren Stichprobenumfang. Die Zahl benötigter Haushalte - betrachtet über fünf Jahre - ist aber bei beiden, im Gegensatz zur Gesamtheit der Designs, die nur eine jährliche Angabe in die 5-Jahres-Kumulation aufnehmen, am geringsten. LWR- als auch das 15-Monats-Rotations Modell befragen lediglich 56.000 bzw. 40.176 Haushalte über fünf Jahre, im Vergleich zu knapp 100.000 benötigten Einheiten bisher. Das Integrierte Modell benötigt dem gegenüber insgesamt 70.000, die erweiterte LWR 79.000 Haushalte, das Modulare Modell insgesamt 111.250 und schließlich wären bei einer eigenständigen EU-SILC-Erhebung und dem Fortbestand der bisherigen LWR und EVS 118.000 Haushalte anzuwerben. Die beiden ersten Vorschläge berücksichtigen offensichtlich adäquat die Aspekte der Befragungsmüdigkeit als auch der Belastungsreduktion aller Haushalte. Das Modulare Modell vermag im Vergleich zum Integrierten Modell lediglich die individuelle Belastung einzelner Haushalte zu reduzieren, da sie weniger umfangreichen Interviews unterzogen werden. Allerdings sollte die Gesamtzahl der zu befragenden Haushalte als Indiz für die Belastung der gesamten Grundgesamtheit eher in den Vordergrund gestellt werden. Der Stichprobenumfang dient darüber hinaus als Hinweis für die zu erwartende Tiefengliederung der Ergebnisse. Je mehr unterschiedliche Einheiten befragt wurden, desto höher ist die Wahrscheinlichkeit, auch interessierende Randgruppen in der Stichprobe abgebildet zu haben.

Eine ausschließliche Betrachtung der resultierenden und verwendeten Datensätze zeigt im Vergleich zum bisherigen Design der LWR eine Erhöhung. Gleiches gilt weitestgehend, bis auf das Modell der erweiterten LWR, bei einer Gegenüberstellung mit der bisherigen EVS.

Die synchrone Analyse von Stichprobenumfang und verwendeten Datensätzen auf Basis eines fünfjährigen Zeitraums führt nun zur Ausschöpfungsquote. Beim Quartalspanel und Rotation über 15 Mo-nate resultieren 480.000 bzw. 270.000

Datensätze, so dass sich eine Ausschöpfungsquote von 857% bzw. 672% ergibt. Gegenüber realisierten 89% des Modells der erweiterten LWR, ist die Ausschöpfungsquote bei den beiden erstgenannten die höchste. Neben einer optimalen Berücksichtigung der Befragtenbelastung lässt dies eine adäquate Beachtung des Kostenaspektes bei diesen Designs erwarten, denen demnach der Vorrang zu geben wäre.

In der bisherigen Beurteilung der Designvorschläge konnte die Genauigkeit der resultierenden Ergebnisse noch nicht ermittelt werden. Wird jedoch von der angedeuteten Gewichtung der Kriterien ausgegangen, so kann die Genauigkeit nicht außer Acht gelassen werden und sollte weiterhin als die tragende Qualitätssäule bewertet werden. Eine Reduktion der Datengenauigkeit kann weit reichende z. B. politisch entscheidungsrelevante wie auch finanzielle Folgen nach sich ziehen.

Um diesen Qualitätsaspekt beurteilen zu können, wird im Folgenden der von der amtlichen Statistik vorgeschlagene basiskumulierte Schätzer vorgestellt. Da über diesen vorgeschlagenen Schätzer hinaus jedoch erörtert werden soll, welche weiteren Schätzer für die vorgeschlagenen Designs in Betracht zu ziehen sind, müssen die Vorschläge zunächst theoretisch eingeordnet werden. Darauf aufbauend kann sowohl der basiskumulierte als auch weitere Schätzer qualitativ bewertet werden.

2. Overlapstichproben

2.1. Extension und Vorgehensweise

Aufbauend auf der Skizzierung der geänderten Rahmenbedingungen der amtlichen Statistik und der damit einhergehenden Ausweitung der Qualitätsdefinition wurden die aus der Notwendigkeit der Neugestaltung der amtlichen Haushaltsstichproben hervorgegangenen Designvorschläge für zukünftige Wirtschaftsrechnungen erörtert. In diesem Kontext blieb die Genauigkeit der resultierenden Daten unberücksichtigt, da sie nur in Verbindung mit dem verwendeten Schätzer zu bewerten ist. Aufgrund der Komplexität des Anforderungsprofils an die zukünftigen Wirtschaftsrechnungen als auch der Designvorschläge sollte nicht ausschließlich die Verwendung eines basiskumulierten Schätzers diskutiert werden, sondern es sollte zunächst die Bandweite aller in Betracht zu ziehender Schätzer ausgelotet und auf ihre Genauigkeitseffekte hin analysiert werden. Erst daran soll sich die Favorisierung eines Schätzers und eines Designvorschlages unter Genauigkeitsgesichtspunkten anschließen.

Diese Zielsetzung erfordert vorab die theoretische Einordnung der Designvorschläge, um eine Abgrenzung in Frage kommender Schätzer zu ermöglichen. Unter dem Begriff Overlapstichproben bzw. Überschneidungsstichproben sollen Stichprobendesigns subsumiert werden, die primär nach der Höhe der Überlappung der Stichprobeneinheiten im Zeitverlauf differenziert werden. Wird eine thematisch identische Erhebung in bestimmten periodischen Zeitabständen wiederholt, sind die Erhebungsdesigns danach zu unterscheiden, ob deren Elemente nur einmalig oder ein bestimmter Anteil von ihnen nochmals zu einem oder mehreren darauf folgenden Zeitpunkten befragt wird.[78] Das Kriterium der Overlapstichproben ist somit die Art der Rotation der Stichprobeneinheiten bzw. der Umfang der Überlappung der Stichprobenelemente im Zeitverlauf. Denkbar wäre es daher, allgemein von Rotationsstichproben zu sprechen, jedoch ist dieser Begriff in der Literatur bereits für eine spezifische Art von Overlapstichproben vorgesehen und deckt nicht die Bandweite aller denkbaren Überlappungshöhen ab.[79]

Allgemein sind drei Untergruppen innerhalb der Overlapstichproben zu unterscheiden: solche die keinen Overlap aufweisen, so genannte rollierende Stichproben, Stichprobendesigns mit totaler Überschneidung, Panels genannt, und

78 Vgl. *Kish, L.*: Sampling Design for Research, New York 1987, S. 151ff.

79 Vgl. *Eckler, A. R.*: Rotation Sampling, in: The Annals of Mathematical Statistics, Vol. 26, 1955, S. 664f.

schließlich solche, die sich durch einen partiellen Overlap der Stichprobeneinheiten auszeichnen. Letztgenannte Designs werden zumeist als Rotationsstichproben bezeichnet, jedoch auch als „sampling on successive occasions with partial replacement of units“ oder „sampling for a time series“.[80] Bei partiellen Overlaps erfolgt eine weitere Abgrenzung nach einer möglichen Wiederaufnahme der Stichprobeneinheiten in die Erhebung nach einer Befragungspause. Jedes Design kann somit auf unterschiedliche Art und Weise den eingangs beschriebenen Problemen der amtlichen Statistik aufgrund der veränderten Rahmenbedingungen bzw. den neuen Qualitätsmaßstäben Rechnung tragen, was innerhalb der Designdiskussion (Kapitel 2.2, S. 47) erörtert wird.

Die theoretische Einordnung der Designvorschläge als Overlapdesigns erlaubt es schließlich, die Vielfalt in Frage kommender Schätzfunktionen systematisiert vorzustellen und die unter Verwendung der Designs resultierende Varianz herzuleiten (Kapitel 2.3, S. 54). Basierend auf der Abwägung der jeweiligen theoretischen Vor- und Nachteile der Overlapdesigns in Kombination mit der Analyse der Schätzfunktionen und deren Varianz kann eine erste konkrete, nunmehr alle Qualitätskriterien umfassende Bewertung der Designvorschläge erfolgen.

Wie sich zeigen wird, ist einem Aspekt bei der Bewertung der Schätzfunktionen besondere Bedeutung beizumessen: Beim Vorliegen von Overlaps erlangen Korrelationseffekte zwischen identischen Stichprobeneinheiten ausschlaggebende Wirkung für die Höhe der Varianzen der unterschiedlichen Schätzfunktionen. Theoretisch formal lassen sich Korrelationseffekte nur bedingt abschätzen. Für die Designvorschläge der amtlichen Statistik ergeben sich daher u. U. theoretisch annähernd identische Varianzschätzungen. Tatsächlich ist zu erwarten, dass die Varianzen jedoch aufgrund der Korrelationseffekte stark auseinander triften werden. In der Theorie werden daher Annahmen über den Korrelationsverlauf in der Zeit getroffen, so dass die Bewertung der diskutierten Designs und Schätzer zunächst lediglich theoretischen Charakter hat. Um die Bedeutung und Stärke der Korrelationseffekte für die konkreten Designs genauer beurteilen zu können, ist die tatsächlich zu erwartende Varianz unter Verwendung ausgesuchter Schätzer anhand von Simulationen zu approximieren (Kapitel 3.4, S. 128). Erst daran kann sich eine abschließende Bewertung der Qualitätserfüllung anschließen. Die Notwendigkeit der theoretischen Ausarbeitung bleibt jedoch in der Systematisierung der Schätzer und einer grundlegenden Auswahl zur Simulation in Betracht zu ziehender Schätzer begründet.

80 Vgl. *Binder, D. A.; Hidiroglou, M. A.*: Sampling in Time, in: *Krishnaiah, P. R.; Rao, C. R.*: Handbook of Statistics, Vol. 6, 1988, S. 187.

Tab. 3: Schätzer und ihre Designeffekte

Erwartungswertschätzer

	Schätzer	*Designeffekt*
Ein-periodischer Schätzer	$\frac{1}{n_t}\sum_{i=1}^{n_t} x_{t,i}$	1

Zwei-periodische Schätzer

Jessen	$\Phi_t\overline{x}_{t,u}+(1-\Phi_t)\left[\overline{x}_{t,m}+b\left(\overline{x}_{t-1}-\overline{x}_{t-1,m}\right)\right]$	$\frac{1-Q_{t,t-1}\rho^2}{1-Q_{t,t-1}^2\rho^2}$
Hansen et al., Yates	$\Phi_t\overline{x}_{t,u}+(1-\Phi_t)\left[\overline{x}_{t,m}+Q_{t-1,t}\beta\left(\overline{x}_{t-1,u}-\overline{x}_{t-1,m}\right)\right]$ bzw. $\Phi_t\overline{x}_{t,u}+(1-\Phi_t)\left[\overline{x}_{t,m}+b\left(\overline{x}_{t-1,u}-\overline{x}_{t-1,m}\right)\right]$	$\frac{1-Q_{t,t-1}\rho^2}{1-Q_{t,t-1}^2\rho^2}$ bzw. $\frac{1-Q_{t,t-1}r^2}{1-Q_{t,t-1}^2 r^2}$

Mehr-periodische Schätzer

Yates, Patterson (Ein-Ebenen)	$\Phi_t\overline{x}_{t,u}+(1-\Phi_t)\left[\overline{x}_{t,m}+r\left(\hat{\mu}_{t-1}-\overline{x}_{t-1,m}\right)\right]$ bzw. $\Phi_t\overline{x}_{t,u}+(1-\Phi_t)\left[\overline{x}_{t,m}+\rho\left(\hat{\mu}_{t-1}-\overline{x}_{t-1,m}\right)\right]$	$\frac{-(1-r^2)+\sqrt{(1-r^2)\{1-r^2(1-4PQ)\}}}{2PQr^2}$ bzw. $\frac{-(1-\rho^2)+\sqrt{(1-\rho^2)\{1-\rho^2(1-4PQ)\}}}{2PQ\rho^2}$
Eckler (Zwei-Ebenen)	$\overline{x}_{t,1}-\Phi_t\overline{x}_{t-1,1}+\Phi_t\hat{\mu}_{t-1}$	$\sqrt{1-\rho^2}$
Eckler (Drei-Ebenen)	$\overline{x}_{t,1}-a_t\overline{x}_{t-1,1}+a_t\hat{\mu}_{t-1}-b_i\overline{x}_{t-2,1}-(c_t+f_t)\overline{x}_{t-2,2}+$ $+(b_i+c_i)\overline{x}_{t-2,3}-d_t\overline{x}_{t-3,2}-e_t\overline{x}_{t-3,2}-e_t\overline{x}_{t-3,3}+$ $+(d_t+e_t)\overline{x}_{t-3,4}+f_t\hat{\mu}_{t-2}$	$\frac{(1-\rho^2)(4-\rho^2)}{4}+\frac{\rho^2}{4}\sqrt{(1-\rho^2)(9-\rho^2)}$
Gurney, Daly (I), Wolter (I) (Ein-Ebenen)	$\mathbf{Y\beta}+\mathbf{e}$	*unbekannt*
Rao, Graham (Mehr-Ebenen)	$\sum_{t=0}^{-u}\sum_{i=1}^{N} w_{t,i}x_{t,i}$	$1+\frac{2n_2^3K}{nn_1^2(1-K^2)(1-K\rho)^2}\left(\begin{matrix}K^2\left[r\rho^2-(r^2+1)\rho+r\right]+K\left[\begin{matrix}r(r-1)\rho^2-2(r-1)\rho+\\+r(r-1)\end{matrix}\right]\\-(r-1)^2\rho+K^r\rho^{r-1}\left[\begin{matrix}K^2\left(-(r-1)\rho^2+r(r-1)\rho\right)+\\+K\left(-(r^2-2r+2)\rho^2+2r\rho-r^2\right)\\-(r-1)\rho^2+r(r-1)\rho\end{matrix}\right]\end{matrix}\right)$
Hansen et al. (Zwei-Ebenen)	$K(\hat{\mu}_{t-1}+\overline{x}_t-\overline{x}_{t-1})+(1-K)\overline{x}_t$	$\frac{1-2K\rho+K^2}{1-K^2}$
Gurney, Daly (II) (Zwei-Ebenen)	$K(\hat{\mu}_{t-1}+\overline{x}_t-\overline{x}_{t-1})+\frac{1}{2}\left[\begin{matrix}(1-K+A)\overline{x}_{t,u}\\+(1-K-A)\overline{x}_{t,m}\end{matrix}\right]$	*unbekannt*
Wolter (II) (Zwei-Ebenen)	$(1-L)\overline{x}_{t-1}+L\hat{\mu}_{t-1}^{v}$	$(1-L)^2+\frac{L^2\mathrm{Var}(\hat{\mu}_t^v)n}{\sigma^2}+\frac{2\alpha(1-L)(1-K)f_3(L)}{K}$

Differenzenschätzer

	Schätzer	*Designeffekt*
Ein-periodischer Schätzer	$\frac{1}{n_t}\sum_{i=1}^{n_t} x_{t,i}-\frac{1}{n_{t-1}}\sum_{i=1}^{n_{t-1}} x_{t-1,i}$	$1-P_{t,s}\rho_{t,s} \quad t\neq s$

Zwei-periodische Schätzer

Jessen	$\Phi_t\left(\hat{\mu}_{t,u}-\hat{\mu}_{t-1,u}\right)+\left(1-\Phi_t\right)\left(\hat{\mu}_{t,m}-\hat{\mu}_{t-1,m}\right)$	$\frac{\Phi_t}{Q_{t,t-1}}+\rho^2\left(\Phi_t-1\right)\cdot \left[1-\rho^2\left(1-\Phi_t\right)Q_{t,t-1}\left(\left(1-\rho^2\right)\left(\frac{1}{P_{t,t-1}}\left(1-\frac{Q_{t,t-1}}{P_{t,t-1}}\right)\right)+\rho^2\right)\right]$
Hansen et al., Yates	$\Phi_t\left(\overline{x}_{t,u}-\overline{x}_{t-1,u}\right)+\left(1-\Phi_t\right)\left(\overline{x}_{t,m}-\overline{x}_{t-1,m}\right)$	$\frac{1-\rho}{1-Q_{t,t-1}\rho}$ bzw. $\frac{1-r}{1-Q_{t,t-1}r}$

Mehr-periodische Schätzer

Yates, Patterson (Ein-Ebenen)	$\left[\Phi_t\overline{x}_{t,u}+\left(1-\Phi_t\right)\left[\overline{x}_{t,m}+\rho\left(\hat{\mu}_{t-h}-\overline{x}_{t-h,m}\right)\right]\right]-$ $-\left[\Phi_{t-}\overline{x}_{t-h,u}+\left(1-\Phi_t\right)\left[\overline{x}_{t-h,m}+\rho\left(\hat{\mu}_{t-(h-1)}-\overline{x}_{t-(h-1),m}\right)\right]\right]$	$\left(\frac{-\left(1-\rho^2\right)+\sqrt{\left(1-\rho^2\right)\left\{1-\rho^2\left(1-4PQ\right)\right\}}}{2PQ\rho^2}\right)\cdot \left(1-\left(\rho+\frac{\rho\left(1-\rho^2\right)-\rho\sqrt{\left(1-\rho^2\right)\left\{1-\rho^2\left(1-4PQ\right)\right\}}}{2P\rho^2}\right)\right)$
Hansen et al. (Zwei-Ebenen)	$\left[K\left(\hat{\mu}_{t-1}+\overline{x}_t-\overline{x}_{t-1}\right)+\left(1-K\right)\overline{x}_t\right]-$ $-\left[K\left(\hat{\mu}_{t-2}+\overline{x}_{t-1}-\overline{x}_{t-2}\right)+\left(1-K\right)\overline{x}_{t-1}\right]$	$\frac{1-2K\rho+K^2}{1+K}$

Kumulationsschätzer

	Schätzer	*Designeffekt*
Ein-periodischer Schätzer	$\frac{1}{2}\left[\frac{1}{n_t}\sum_{i=1}^{n_t}x_{t,i}+\frac{1}{n_{t-1}}\sum_{i=1}^{n_{t-1}}x_{t-1,i}\right]$	$1+P_{t,s}\rho_{t,s}$ $t\neq s$

Zwei-periodische Schätzer

Jessen	$\frac{1}{2}\left[\Phi_t\left(\hat{\mu}_{t,u}+\hat{\mu}_{t-1,u}\right)+\left(1-\Phi_t\right)\left(\hat{\mu}_{t,m}+\hat{\mu}_{t-1,m}\right)\right]$	$\frac{\Phi_t}{Q_{t,t-1}}-\rho^2\left(\Phi_t-1\right)\cdot \left[1-\left(1-\Phi_t\right)\rho^2Q_{t,t-1}\left(\left(1-\rho^2\right)\left(\frac{1}{P_{t,t-1}}\left(1-\frac{Q_{t,t-1}}{P_{t,t-1}}\right)\right)+\rho^2\right)\right]$
Hansen et al., Yates	$\frac{1}{2}\left[\Phi_t\left(\overline{x}_{t,u}+\overline{x}_{t-1,u}\right)+\left(1-\Phi_t\right)\left(\overline{x}_{t,m}+\overline{x}_{t-1,m}\right)\right]$	$\frac{1+\rho}{1+Q_{t,t-1}\rho}$ bzw. $\frac{1+r}{1+Q_{t,t-1}r}$

Mehr-periodische Schätzer

Yates, Patterson (Ein-Ebenen)	$\left[\Phi_t\overline{x}_{t,u}+\left(1-\Phi_t\right)\left[\overline{x}_{t,m}+\rho\left(\hat{\mu}_{t-h}-\overline{x}_{t-h,m}\right)\right]\right]+$ $+\left[\Phi_{t-}\overline{x}_{t-h,u}+\left(1-\Phi_t\right)\left[\overline{x}_{t-h,m}+\rho\left(\hat{\mu}_{t-(h-1)}-\overline{x}_{t-(h-1),m}\right)\right]\right]$	$\left(\frac{-\left(1-\rho^2\right)+\sqrt{\left(1-\rho^2\right)\left\{1-\rho^2\left(1-4PQ\right)\right\}}}{2PQ\rho^2}\right)\cdot \left(1+\left(\rho+\frac{\rho\left(1-\rho^2\right)-\rho\sqrt{\left(1-\rho^2\right)\left\{1-\rho^2\left(1-4PQ\right)\right\}}}{2P\rho^2}\right)\right)$
Hansen et al. (Zwei-Ebenen)	$\left[K\left(\hat{\mu}_{t-1}+\overline{x}_t-\overline{x}_{t-1}\right)+\left(1-K\right)\overline{x}_t\right]+$ $+\left[K\left(\hat{\mu}_{t-2}+\overline{x}_{t-1}-\overline{x}_{t-2}\right)+\left(1-K\right)\overline{x}_{t-1}\right]$	$2\left(\frac{1+K^2-2\rho K}{\left(1-K\right)^2}\right)\left(2-\frac{2K}{1-K^2}\right)+2\frac{2K}{1-K^2}\rho_2$

Die jeweiligen Gewichte, wie Φ_t, K oder L, sind in Abhängigkeit des Schätzers unterschiedlich definiert.

Vorangestellte Tab. 3 (vgl. S. 45) gibt einen ersten Überblick darüber, welche Schätzer behandelt werden. Der Designeffekt ist dabei das Maß zur Beurteilung der Genauigkeit einer Design-Schätzer-Kombination im Vergleich zu einem Referenzdesign. Eine erste Einteilung der Schätzer erfolgt nach dem Umfang der verwendeten Daten: Werden nur Angaben aus dem aktuellen Zeitpunkt verwendet, so handelt es sich um ein-periodische Schätzer; dienen Daten der gleichen Stichprobeneinheit aus vorangegangenen Zeitpunkten, sofern vorhanden, zur Verbesserung der Schätzung, werden diese als mehr-periodische Schätzer bezeichnet, wobei die Basis mehr-periodischer Schätzer zwei-periodische Schätzer bilden. Neben dem Datenumfang sind darüber hinaus nochmals drei verschiedene Schätzergruppen bezüglich der Erfüllung der neuen Anforderungen zu unterscheiden, die sich in der Art der Verknüpfung periodischer Ergebnisse niederschlägt. So können Erwartungswertschätzer die geforderten schnellen und aktuellen Ergebnisse liefern, wobei sie sich aktueller Daten oder auch Daten aus vorangegangenen Zeitpunkten zur Schätzung bedienen. Die Ergebnisse einer Erwartungswertschätzung können unter Qualitätsgesichtspunkten dabei problemlos auf eine Totalwertschätzung übertragen werden, so dass diese nicht explizit behandelt wird. Für eine Veränderungsanalyse, deren Grundlage die geforderten vierjährigen Historien bilden, müssen Differenzenschätzer herangezogen werden, deren Daten ebenfalls aus verschiedenen Zeitpunkten stammen können. Schließlich kommen für eine tief gegliederte Datenanalyse die bereits vorgeschlagenen Kumulationsschätzer in Betracht, wobei hier ebenfalls nach dem Datenursprung differenziert werden kann.

2.2. Designdiskussion

2.2.1 Kein Overlap

Beinhalten gleich große Zufallsstichproben j vom Umfang n zu periodisch aufeinander folgenden Zeitpunkten t keine identischen Stichprobeneinheiten, ist also der Anteil P der Überlappungen null, wird dies allgemein als rollierendes Stichprobendesign bzw. totale Rotation bezeichnet. Gemäß der anfänglich eingeführten Bezeichnung des Overlaps wird jedoch die Bezeichnung „kein Overlap" eingeführt. Ein entsprechendes Design ist laut *Kish* die einzige Lösung zur Deckung eines laufenden, aktuellen und detaillierten Datenbedarfs. Weder Register, die zwar kleinräumige und aktuelle Daten, jedoch nur für eine begrenzte Zahl an Variablen liefern, noch Small Area Estimations, die ebenfalls kleinräumige und aktuelle Information bereitstellen können, aber u. U. mit nicht zu unterschätzenden Fehlern behaftet sind, seien adäquate Alternativen zu rollierenden Stichproben.[81] Insbesondere der Vorteil der Tiefengliederung resultiert aus der Möglichkeit, periodische Ergebnisse über mehrere Zeitpunkte mit im Vergleich zu anderen Overlapdesigns geringem Genauigkeitsverlust, bezogen auf die Varianz, zu

81 Vgl. *Kish, L.*: Space/Time Variations and Rolling Samples, in: Journal of Official Statistics, Vol. 14, No. 1, 1998, S. 32ff.

kumulieren. Die so hergeleiteten Schätzer basieren auf einem erhöhten Stichprobenumfang, was wiederum die Möglichkeit für repräsentative kleinräumige Schätzungen eröffnet. Daneben können aus den einzelnen Stichproben für die jeweiligen Zeitpunkte aktuelle Werte, jedoch ohne Tiefengliederung, geschätzt werden, wie Abb. 9 zeigt.

Abb. 9: Design ohne Overlap

Stichproben j

Zeit t	1	…	m-3	m-2	m-1	m
1	X					
:		·.				
l-3			X			
l-2				X		
l-1					X	
l						X

X identischer Erhebungs- und Ergebniszeitpunkt

Das Design ermöglicht, dem erhöhten aktuellen und speziellen Datenbedarf als Ergebnis der gestiegenen Staatsaufgaben und des Strukturwandels weitestgehend Rechnung zu tragen, sofern die Umfänge der Teilstichproben nicht zu hoch sind. Der einhergehende höhere Anwerbungsaufwand durch die lediglich einmalige Einbeziehung der Stichprobeneinheiten in die Erhebung kann den genannten Vorteil wiederum einschränken. Durch die Einbeziehung eines breiten Variablenspektrums ist es denkbar, andere Stichproben kompensieren zu können und somit Kosten einzusparen. Auch wäre es denkbar, die unabhängigen Erhebungen auf neue Harmonisierungsanforderungen, resultierend aus der Verrechtlichungstendenz, flexibel anzupassen. Von Nachteil ist, dass dieses Design keineswegs eine Lösung für die gestiegene Befragungsmüdigkeit darstellt, da die Stichprobenumfänge der periodischen Erhebungen stets die Anwerbung neuer Befragter erfordert. Auch würde die Einbindung möglichst vieler Variablen in die Erhebungen einer Verringerung der Auskunftsbelastung nicht entgegenkommen. Um den ökonomisch und sozialen Strukturwandel quantitativ und qualitativ zu belegen, müsste das Stichprobendesign ebenfalls eine Veränderungsanalyse erlauben. Da jedoch von Zeitpunkt zu Zeitpunkt keine identischen Stichprobeneinheiten vorliegen, kann diese Information mit Hilfe eines rollierenden Designs nicht bereitgestellt werden. Ebenso ist eine Verringerung der Kosten durch dieses Design, wie bereits erwähnt, nur bedingt möglich.

Daneben bereitet die Idee der Kumulation als solches zumeist Schwierigkeiten. *Kish* versucht diesen, wie er ihn nennt, „conceptual block" wie folgt zu durchbrechen: Erstens bereitet es keine konzeptionellen Schwierigkeiten, räumliche Einheiten, wie beispielsweise Stadtteilergebnisse zu städtischen Ergebnissen zu kumulieren. Unter diesem Gesichtspunkt muss daher auch die Kumulation von zeitlichen Ergebnissen legitim sein. So basieren die Entscheidungen an der Börse ebenfalls auf Monats- oder Jahresdurchschnitten und nicht auf dem Ergebnis eines Börsentages. Die Kumulation von Ergebnissen über die Zeit ist daher laut *Kish* unter der Annahme, dass die zeitlichen Veränderungen dem Zufall unterliegen legitim.[82] Diesem Argument ist indes ein gestiegener Informationsbedarf, u. a. beruhend auf einem zu dokumentierenden Strukturwandel, entgegenzusetzen. Er stellt keine zufälligen Veränderungen dar. Folglich besteht durch die Kumulation von periodischen Ergebnissen die Gefahr der Glättung des Strukturwandels und damit ein Absinken der Genauigkeit der Information.

Von den in Kapitel 1.3.2 (S. 27) vorgestellten Designs entspricht das Quartalspanel (1.3.2.1, S. 30) auf Quartalsebene dem beschriebenem Design. Gleiches gilt für die erweiterte LWR (1.3.2.5, S. 36) und eine eigenständige EU-SILC (1.3.2.6, S. 37) Erhebung. Da beim modularen (1.3.2.4, S. 35) bzw. integrierten Aufbau (1.3.2.3, S. 33) zur Kumulation nur jeweils eine Angabe einer Erhebungseinheit pro Jahr herangezogen werden soll, läge für diesen speziellen Fall ebenfalls ein rollierendes Design vor.

2.2.2 Partieller Overlap

Mit einem partiellen Overlapdesign wird ein Mittelweg zwischen rollierendem Design als, wie sich noch zeigen wird, optimalem Design für eine Querschnittsanalyse und einem Panel als optimalem Design einer Längsschnittanalyse beschritten. Da der stichprobentheoretische Aspekt der Genauigkeit nicht mehr das alleinige Qualitätskriterium eines Designs ist, bietet gerade ein partielles Overlapdesign, wie sich bereits bei der empirischen Designvorstellung andeutete, einen Kompromiss zwischen theoretischen und praktischen Anforderungen.

Die partielle Rotation kann in vier grundlegende Varianten unterteilt werden: die Ein-Ebenen bzw. Mehr-Ebenen Rotation sowie die Semi-Ein-Ebenen bzw. Semi-Mehr-Ebenen Rotation.[83] Allen vier Varianten ist gemein, dass ein Anteil P der insgesamt n in einem Zeitpunkt t vorliegenden Stichprobeneinheiten, entsprechend n_m Einheiten, auch im darauf folgenden Zeitpunkt $t + 1$ befragt wird.[84] Dieser Anteil wird als Overlap bezeichnet und ist einer der freien Parameter der später vorgestellten Schätzfunktionen. Je nach der Größe des Overlaps rotiert eine Stichprobeneinheit beispielsweise nach zwei, bei 50% Overlap, oder drei Befragungszeiträumen, bei zwei Dritteln Overlap, aus.

Die Unterscheidung in Ein- oder Mehr-Ebenen Rotation basiert auf dem Erhebungsumfang zu einem Zeitpunkt. Bei der Ein-Ebenen Rotation werden zu allen

82 Vgl. *ebenda*, S. 34.
83 Vgl. *Binder, D. A.; Hidiroglou, M. A.*: a. a. O., S. 188ff.
84 Der Anteil Q neuer Stichprobeneinheiten hat den Umfang n_u.

Befragungszeitpunkten nur die aktuellen Daten des interessierenden Erhebungsmerkmals bei den Stichprobeneinheiten erfasst, wobei die Art des Overlaps variieren kann. In Abb. 10 links wird dieses Design graphisch veranschaulicht, wobei Ergebnisse, die nur im aktuellen Zeitpunkt erhoben wurden, mit einem Großbuchstaben gekennzeichnet sind. Im Gegensatz dazu werden beim Mehr-Ebenen Design nicht nur die Ausprägungen des interessierenden Merkmals zum aktuellen Zeitpunkt erfragt, sondern retrospektiv ebenso die Ausprägungen vorangegangener Zeitpunkte. Bei der Zwei-Ebenen Rotation ist dies dementsprechend das Ergebnis der vorangegangenen Periode, bei der Drei-Ebenen Rotation wären es die zwei zurückliegenden Zeitpunkte. Diese retrospektiv erfragten Daten sind in Abb. 10 rechts mit Kleinbuchstaben versehen. Der Erhebungsumfang über den Zeitraum betrachtet kann indes bei beiden Designs identisch sein.

Abb. 10: Ein- und Mehr-Ebenen Rotation[85]

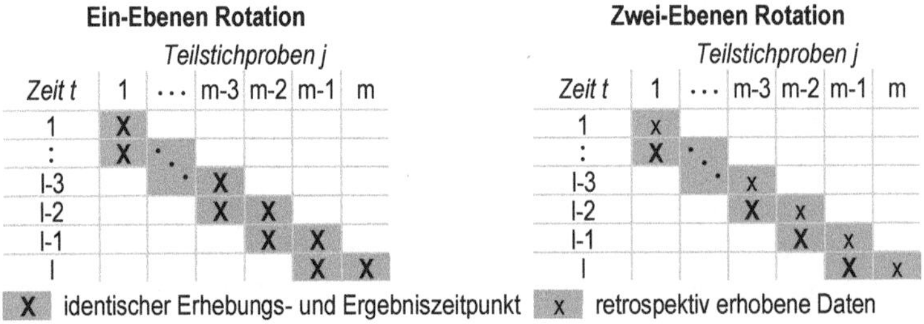

Die Vorteile des Designs sind vielfältig und berücksichtigen einige der neuen Qualitätsaspekte: Zunächst kann die Aktualität von Parameter- und Veränderungsschätzungen im Vergleich zum Non-Overlapdesign nochmals erhöht werden, da die Anwerbungsphase verkürzt wird und bereits Grunddaten einiger Stichprobeneinheiten aus vorhergehenden Befragungen bekannt sind. Der Befragungsmüdigkeit wird mittels des Overlaps entgegengewirkt, da in einem Zeitpunkt weniger Personen anzuwerben sind. Ebenso werden die Kosten der Erhebung durch den verringerten Anwerbungsumfang reduziert. Daneben ermöglicht die Mehr-Ebenen Rotation eine nochmalige Kostensenkung durch die simultane Erhebung mehrerer Zeitpunktergebnisse bei einmaliger Kontaktaufnahme. Nachteile können zunächst weitestgehend keine erkannt werden, jedoch kann noch keine Aussage zur Ergebnisgenauigkeit geliefert werden. Wie sich im späteren Verlauf aber zeigen wird, ist eine Kumulation überlappender Ergebnisse (partiel-

85 Da die Gesamtstichprobe vom Umfang n eines Zeitpunktes nach dem Eintritt der Stichprobeneinheiten in die Erhebung untergliedert wird, wird für die partiellen Overlapdesigns der Begriff der Teilstichprobe eingeführt.

ler bzw. totaler Overlap) entgegen der Kumulation nicht überlappender Ergebnisse (kein Overlap) mit Genauigkeitseinbußen verbunden. Bei der Mehr-Ebenen Rotation kommt u. U. eine Verschlechterung der Qualität der retrospektiv erfragten Daten gegenüber den aktuell erfragten hinzu. Darüber hinaus ist eine Auswertung des Datenmaterials erst in der Periode möglich wird, in der von allen Teilstichproben der relevante Sachverhalt erhoben wurde. Diesem Design kann im strengen Sinn lediglich eines der vorgeschlagenen Designs, die Jahresrotation über 15 Monate (1.3.2.2, S. 32), jedoch nur bei 12-monatigem Betrachtungszeitraum, zugeordnet werden.

Der Zusatz „Semi" bei den beschriebenen Stichprobendesigns gibt Aufschluss darüber, dass eine ausrotierte Stichprobeneinheit nach einer Erhebungspause nochmals in die Befragung einbezogen wird. Eine Wiederaufnahme der Befragung kann dabei auch mehrmalig erfolgen. Allgemein wird ein Semi-Design beschrieben mit r - o - r; r gibt die Anzahl der hintereinander liegenden Befragungsperioden an und o die Anzahl der Perioden der Befragungspausen. In dem unten abgebildeten Beispiel handelt es sich daher um ein 2 - 4 - 2 Design: In zwei aufeinander folgenden Perioden wird befragt und in vier Perioden liegt eine Befragungspause vor, um darauf folgend wiederum über zwei Perioden eine Befragung durchzuführen. Zu den bereits genannten Vorteilen der Ein- und Mehr-Ebenen Rotation kommt die Möglichkeit von Veränderungsanalysen für einen größeren Zeitraum hinzu. Die bereits in Abb. 10 (S. 50) beschriebenen Designbeispiele würden als Semi-Ein-Ebenen- bzw. Semi-Zwei-Ebenen Rotation mit vierperiodischer Pause folgende Gestalt annehmen (vgl. Abb. 11):

Abb. 11: Semi-Ein- und Semi-Mehr-Ebenen Rotation (2-4-2)

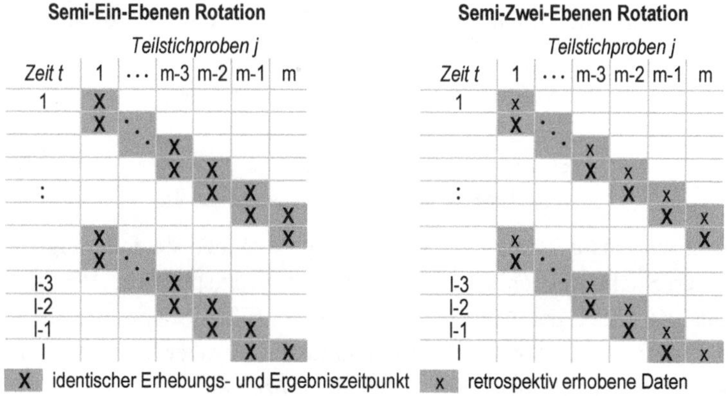

Für die Ausgestaltung der Schätzer sind die Höhe des Overlaps, Erhebungspausen und retrospektive Befragungen von großer Bedeutung. Sie können Korrelationseffekte bedingen. Die Korrelation, die die Stärke des Zusammenhangs der einzelnen Stichprobenergebnisse, die in den Schätzer einfließen, misst, beeinflusst wiederum die Varianz des Schätzers. Eben dieser Effekt sei als Korrelationseffekt definiert.

Schätzer, die sich der Ergebnisse partieller Overlapdesigns bedienen, nutzen speziell die Daten identischer Stichprobeneinheiten vorangegangener Perioden als Hilfsinformationen. Aufgrund der Korrelation der Ergebnisse kann somit die aktuelle Schätzung verbessert werden. Gerade die Korrelation ist jedoch die große Unbekannte der Schätzung. In der Theorie werden daher Annahmen über die tatsächliche Korrelationsstruktur getroffen, um die Qualität der Schätzer einordnen zu können.

Auch in diesem Fall entspricht lediglich eines der vorgestellten Designs diesem theoretischen Konstrukt, die Jahresrotation über 15 Monate bei Auswertung von mehr als 12 Perioden (1.3.2.2, S. 32). Sie wäre als 3 - 12 - 3 Design zu bezeichnen. Die theoretisch erörterten Vor- und Nachteile sind weitestgehend zu übertragen, wobei die Befragten nochmals stärker entlastet werden.

2.2.3 Totaler Overlap

Drittes Design in der Gruppe der Overlapstichproben ist das Panel. Hier liegt der Anteil P der Überlappung bei 100%, d. h. keine der Stichprobeneinheiten n rotiert streng genommen über die Zeit aus der Erhebung aus. Im Vergleich zu den bisher vorgestellten Designs, lässt sich ein Panel wie folgt graphisch darstellen: Es existiert nur eine Stichprobe, die über Zeit wiederholt befragt wird (vgl. Abb. 12).

Abb. 12: Design mit totalem Overlap

	Zeit t	1	...	I-3	I-2	I-1	I
Stichprobe j	1	X	...	X	X	X	X

X identischer Erhebungs- und Ergebniszeitpunkt

Das Design ist das bestmögliche zur Analyse zeitlicher Veränderungen, da sich 100% aller Stichprobeneinheiten im Zeitverlauf entsprechen. Bei der Längsschnittanalyse bietet sich somit auf Basis einer großen Stichprobe die Möglichkeit zur Trennung in Alters- und Kohorteneffekte. Darüber hinaus sind aber auch noch weiterhin aktuelle Schätzungen für die einzelnen Zeitpunkte möglich. Insbesondere können mögliche Schwächen, die durch eine retrospektive Befragung, beispielsweise im Rahmen einer partiellen Rotation durchgeführt werden, mittels des Panels vermieden werden. Neben diesen erst genannten Vorteilen eines Panels könnten noch weitere angeführt werden, die sich auf spezifische Längsschnittanalysen beziehen.[86]

Bezogen auf die veränderten Qualitätsansprüche liegen die Vorteile in einem optimalen Entgegenwirken der Befragungsmüdigkeit in der Bevölkerung, da nur einmal eine Stichprobe zu ziehen ist. Ebenso können die Rekrutierungskosten erheblich gesenkt werden. Jedoch entstehen durch die 100%-ige Überschneidung neue Probleme: So entstehen neue Kosten der Panelpflege, um beispielsweise die Stichprobeneinheiten über die Zeit zu verfolgen. Auch ist nicht von einem Verbleib aller Stichprobeneinheiten in der Erhebung über die Zeit auszugehen, beispielsweise entstehen durch Tod und unbekanntes Verziehen Ausfälle. Diese als Panelmortalität bezeichneten Ausfälle müssen ergänzt werden, so dass neue Anwerbungskosten entstehen. Dabei ist zu beachten, dass durch eine regelmäßige Einbeziehung vieler neuer Stichprobeneinheiten, die Qualität der Differenzenschätzung leidet, da über die Zeit sich nicht mehr alle Stichprobenelemente entsprechen. Um eine langfristige Veränderungsanalyse zu gewährleisten, ist es des Weiteren schwierig, den gesamten Erhebungskatalog flexibel auf einen veränderten Informationsbedarf und Harmonisierungsanforderungen hin anzupassen. Schließlich scheidet, so werden die folgenden Ausführungen zeigen, eine Kumulation der Ergebnisse bei einem Panel aufgrund der anzunehmenden hohen Korrelation zwischen den Stichprobenergebnissen aus.

Als Panel sind entsprechend der Definition die Panel-Komponenten für EU-SILC des Integrierten und Modularen Modells (1.3.2.3, S. 33, 1.3.2.4, S. 35) zu betrachten. Ebenso wären die jährlichen Einzelkomponenten des Integrierten Modells als Monats-, für die Ausgabenkomponente, bzw. Quartalspanel, Komponente „allgemeine Situation", interpretierbar. Schließlich liegen beim Quartalspanel (1.3.2.1, S. 30) für die drei Teilstichproben ebenfalls Quartalspanel vor, wobei dreijährige Historien wiederum für jeweils ein Drittel einer jeden Teilstichprobe möglich wären. Bei der Rotation über 15 Monate (1.3.2.2, S. 32) könnten für jede Teilstichprobe ein Jahrespanel und für ein Viertel der Teilstichproben vierjährige Historien gebildet werden.

---

86 Vgl. *Rendtel, U.*: Lebenslagen im Wandel: Panelausfälle und Panelrepräsentativität, Frankfurt a. M. 1995, S. 11ff.

2.3. Schätzer und deren Varianz[87]

2.3.1 Bewertungskriterien

Basis einer Aussage über die Verteilung bzw. einen Parameter einer unbekannten Grundgesamtheit bilden Stichprobenergebnisse. Zwei Aspekte beeinflussen dabei die Genauigkeit einer Schätzung mittels der Ergebnisse bzw. die Schätzfunktion: die Funktion selbst und das Stichprobendesign. Für die Güte der Schätzfunktion sind insbesondere vier Kriterien in Betracht zu ziehen[88], wobei der Stichprobeneinfluss in Verbindung mit der Analyse der Varianz der Schätzfunktion deutlich wird. Somit finden beide Aspekte in den nachfolgend erörterten vier Kriterien einer Schätzfunktion Berücksichtigung.

Das bedeutendste Kriterium ist die Erwartungstreue: Eine Schätzfunktion $\hat{\Omega}$ für den unbekannten Parameter der Grundgesamtheit Ω ist erwartungstreu, wenn der Erwartungswert der Schätzfunktion $\mathrm{E}(\hat{\Omega})$ dem zu schätzenden Parameter entspricht, demnach:

$$\mathrm{E}(\hat{\Omega}) = \Omega \vee n \tag{2.1}$$

Die Differenz zwischen Erwartungswert der Schätzfunktion und wahrem Wert des zu schätzenden Parameters wird als Verzerrung bzw. Bias bezeichnet. Ist die Schätzfunktion unverzerrt gilt:

$$\mathrm{E}(\hat{\Omega}) - \Omega = 0 \tag{2.2}$$

Ist die Schätzfunktion unverzerrt, entspricht darüber hinaus der mittlere quadratische Fehler[89] bzw. Mean Square Error (MSE) der Varianz der Schätzfunktion, da gilt:

$$\mathrm{MSE} = \mathrm{E}\left(\left(\hat{\Omega} - \Omega\right)^2\right) = \mathrm{Var}(\hat{\Omega}) + \left[\mathrm{E}(\hat{\Omega}) - \Omega\right]^2 \tag{2.3}$$

---

87 Es sei darauf hingewiesen, dass das folgende Kapitel im Wesentlichen auf der traditionellen Darlegungsweise wie sie u. a. von *Hansen, M. H.; Hurwitz, W. N.; Madow, W. G.*: Sample Survey Methods and Theory, Vol. II: Theory, New York 1953 als auch *Cochran, W. G.*: Sampling Techniques, New York 1977, vertreten wird, beruht. Eine Differenzierung im Sinne von *Särndal, C.-E.*; *Swensson, B.*; *Wretman, J. H.*: Model Assisted Survey sampling, New York 1993, wird nicht vorgenommen, da die dieser Arbeit zu Grunde liegende Fragestellung die Analyse von Designvorschlägen zum Gegenstand hat, wobei kein neuer Schätzer entwickelt werden soll.

88 Vgl. *Bleymüller, J.; Gehlert, G.; Gülicher, H.*: Statistik für Wirtschaftswissenschaftler, München 1996, S. 96ff.; *Cochran, W. G.*: a. a. O., S. 21f.; *Hartung, J., Elpelt, B.; Klösener, K.-H.*: Statistik. Lehr- und Handbuch der angewandten Statistik, München 1999, S. 125ff.; *Rinne, H.*: Taschenbuch der Statistik, Frankfurt a. M. 1997, S. 489ff.

89 Zu den Möglichkeiten der Bias-Ermittlung auf Basis von Simulationsergebnissen vgl. Kapitel 3.2, S. 114ff.

Zweites Kriterium ist die Effizienz, die für eine erwartungstreue Schätzfunktion $\hat{\Omega}^*$ erfüllt ist, sofern sie im Vergleich zu allen anderen Schätzfunktionen die geringste Varianz aufweist, d. h. es gilt:

$$\mathrm{Var}\left(\hat{\Omega}\right) < \mathrm{Var}\left(\hat{\Omega}^*\right) \tag{2.4}$$

Als relative Effizienz bzw. Designeffektfaktor wird dabei folgendes Verhältnis definiert:

$$\eta = \frac{\mathrm{Var}\left(\hat{\Omega}\right)}{\mathrm{Var}\left(\hat{\Omega}^*\right)} \leftrightarrow \frac{1}{\eta} = \frac{\mathrm{Var}\left(\hat{\Omega}^*\right)}{\mathrm{Var}\left(\hat{\Omega}\right)} \tag{2.5}$$

Dabei entspricht $1/\eta$ genau dem Faktor, um den der Stichprobenumfang n* der nicht effizienten Schätzfunktion c. p. erhöht werden muss, damit sich die Varianzen der beiden Schätzfunktionen entsprechen. Dieser Faktor wird auch als relativer Genauigkeitsgewinn bezeichnet. Er wird ein Vergleichspunkt zur Beurteilung der erörterten Schätzfunktionen sein, wobei als Referenz die jeweilige Varianz eines Designs ohne Überlappung dient. Aus diesem Verhältnis kann des Weiteren geschlossen werden, dass der Stichprobenumfang der effizienten Schätzfunktion um $(1 - \eta)n^*$ kleiner als der Stichprobenumfang bzw. die Varianz dieser Schätzfunktion um $(1 - \eta)$ kleiner als die Varianz der nicht effizienten Schätzfunktion ist. Maßgeblichen Einfluss auf die Effizienz und damit die Varianz der Schätzfunktion hat dabei die Generierung der Stichprobe, d. h. die Ausgestaltung des Overlaps der Stichprobeneinheiten. Um diese Stichprobenunterschiede zu verdeutlichen, wird zusätzlich zur Analyse des relativen Genauigkeitsgewinns der Schätzfunktion, der graphischen Erörterung des Designeffektes η des Schätzers der Vorzug gegeben. Dieses Instrument verdeutlicht, welche Stichprobeneigenschaft bzw. welcher Overlap für die betrachtete Schätzfunktion die geringste Varianz erwarten lässt, d. h. welches Stichprobedesign die effizienteste Schätzung liefert.

Als drittes ist die Konsistenz anzuführen. Sie besagt, dass mit steigendem Stichprobenumfang die Schätzfunktion gegen den wahren Wert des zu schätzenden Parameters konvergieren muss, d. h.:

$$\lim_{\substack{n \to N \\ n \to \infty}} W\left(\left|\hat{\Omega} - \Omega\right| > \varepsilon\right) = 0 \tag{2.6}$$

Nicht anhand der Wahrscheinlichkeit P sondern des Mean Square Errors ausgedrückt, gilt:

$$\lim_{\substack{n \to N \\ n \to \infty}} \mathrm{MSE}\left(\hat{\Omega}\right) = 0 \tag{2.7}$$

Als schließlich letzte Anforderung ist die Linearität anzuführen. Sie ist erfüllt, wenn für die Funktion gilt:

$$\hat{\Omega} = a_0 + \sum_{i=1}^{n} a_i X_i \qquad \text{mit} \quad a_0, a_i \in \Re \tag{2.8}$$

Aus diesen vier Kriterien kann nun eine zu erfüllende Gesamteigenschaft einer Schätzfunktion formuliert werden: Eine Schätzfunktion wird als Minimum Variance Linear Unbiased (MVLU) Schätzfunktion bezeichnet, wenn die Funktion erwartungstreu, effizient und linear ist. [90]

Die Entwicklung der zu analysierenden Schätzer fand zumeist mit der Maßgabe der Erfüllung der Kriterien statt. Daher wird bei der theoretischen Diskussion der Funktionen insbesondere Wert auf den Designeffektfaktor gelegt. Er wird stets im Vergleich zum ein-periodischen Schätzer nicht überlappender Elemente ermittelt, so dass der entscheidende Einfluss des Overlaps verdeutlicht wird.

Der folgenden theoretischen Erörterung sind schließlich noch drei notwendige Annahmen voranzustellen: Die Berechnung der Varianzen der Schätzfunktionen wird unter der Annahme einer Normalverteilung, einer einfachen Zufallsauswahl sowie eines Modells „Ziehen mit Zurücklegen“ erfolgen. Die betrachteten Kumulations- bzw. Differenzenschätzungen werden weitestgehend für zwei Perioden analysiert, da die theoretische Varianzbestimmung andernfalls sehr komplex würde. Erstes Auswahlkriterium der Schätzer war das ihnen zugrunde gelegte Design, eine partielle Rotation. Es wurden demnach keine Schätzer, die lediglich für ein Panel oder ein rollierendes Design in Frage kommen, in die Analyse einbezogen, da die Möglichkeit zur Variation des Überlappungsquotienten der Designs in voller Bandweite und damit eine Anwendung des Schätzers auf alle Overlapdesigns bestehen soll.

2.3.2 Ein-periodische Schätzer

Ein-periodische Schätzer machen sich die Information, die aus einer möglichen Überlappung von Stichprobeneinheiten über die Zeit resultiert, nicht als Hilfsinformation zur Verbesserung der Schätzung zu Nutze. In die Berechnungen werden lediglich die Daten der interessierenden Variablen des jeweils aktuellen Zeitpunktes einbezogen. Sie sind die einfachsten Schätzer sowohl für den Erwartungswert, die Differenz als auch Kumulation. Die Varianzen, die sich unter Zugrundelegen eines Designs ohne Überlappung ergeben, werden dabei als Referenz zur Ermittlung des relativen Genauigkeitsgewinns und des Designeffektfaktors herangezogen.

---

90 Vgl. *Bleymüller, J.; Gehlert, G.; Gülicher, H.*: a. a. O., S. 96ff.; *Cochran, W. G.*: a. a. O., S. 21f.; *Hartung, J., Elpelt, B.; Klösener, K.-H.*: a. a. O., S. 125ff.; *Rinne, H.*: a. a. O., S. 489ff.

Zunächst ist der Schätzer für einen Erwartungswert des aktuellen Zeitpunktes vorzustellen. Hier nimmt das Design lediglich in Form des Stichprobenumfangs Einfluss auf den Schätzer, der lautet:

$$\hat{\mu}_t = \frac{1}{n_t}\sum_{i=1}^{n_t} x_{t,i} \tag{2.9}$$

Die Varianz ergibt sich als[91]:

$$\operatorname{Var}(\hat{\mu}_t) = \frac{\sigma_t^2}{n_t} \tag{2.10}$$

Bei Vorliegen eines rollierenden Designs erfüllt dieser Schätzer die MVLU-Eigenschaft. Keine zusätzlichen Informationen identischer Stichprobeneinheiten können die Schätzung verbessern. Sowohl für die partielle Rotation als auch das Panel ist es, wie später zu zeigen ist; möglich, die Schätzung mit Hilfe der Überlappung zu optimieren.

Für die Differenz von Erwartungswerten zwischen den Zeitpunkten t und t - 1 ist bei der ein-periodischen Schätzung nachfolgende Funktion zu verwenden:

$$\hat{\Delta}_{t,t-1} = \frac{1}{n_t}\sum_{i=1}^{n_t} x_{t,i} - \frac{1}{n_{t-1}}\sum_{i=1}^{n_{t-1}} x_{t-1,i} \tag{2.11}$$

Die Varianz des Differenzenschätzers wird allgemein, sofern identische Stichprobenumfänge über die Zeit angenommen werden, formuliert als:

$$\operatorname{Var}\left(\hat{\Delta}_{t,t-1}\right) = \frac{1}{n}\left(\sigma_t^2 + \sigma_{t-1}^2\right) - 2\frac{1}{n} P_{t,t-1}\rho_{t,t-1}\sigma_t\sigma_{t-1} \tag{2.12}$$

Es zeigt sich, dass sowohl die Höhe der Überlappung als auch die Korrelation neben dem Stichprobenumfang Einflussfaktoren für die Höhe der Varianz sind. Die Varianz des Schätzers muss unter Berücksichtigung des Erhebungsdesigns betrachtet werden, da dies die Unabhängigkeit der Elementarschätzer beeinflusst. Lediglich im Fall einer totalen Rotation sind keine Korrelationseinflüsse zu erwarten. Sofern die Stichprobenvarianzen gleichzeitig stationär sind, reduziert sich obiger Ausdruck auf:

$$\operatorname{Var}\left(\hat{\Delta}_{t,t-1}\right) = 2\frac{\sigma^2}{n}\left(1 - P_{t,t-1}\rho_{t,t-1}\right) \tag{2.13}$$

Nun kann (2.13) für zwei beliebige Zeitpunkte, bei denen die Überlappungshöhe und die Korrelationen im Zeitverlauf variieren, ausgedrückt werden als:

$$\operatorname{Var}\left(\hat{\Delta}_{t,s}\right) = 2\frac{\sigma^2}{n}\left(1 - P_{t,s}\rho_{t,s}\right) \qquad t \neq s \tag{2.14}$$

91 Zur Herleitung der Varianzen der ein-periodischen Schätzer siehe auch A.1, S. 185.

Die Varianz des Differenzenschätzers kann demnach mit steigender Korrelation gesenkt werden. Unter der Annahme[92] der Konstanz des Stichprobenumfangs und der Varianz der Grundgesamtheit verläuft der Designeffekt wie in Abb. 13 dargestellt: Liegt keine Überlappung der Stichprobeneinheiten und somit Unabhängigkeit der Elemente vor, entspricht die Varianz der bei einfacher Zufallsauswahl; der Designeffektfaktor nimmt den Wert Eins an. Mit Vorliegen einer Überlappung sinkt die Varianz und das Optimum des Designeffektfaktors wird bei 100%-iger Überschneidung der Stichprobeneinheiten erreicht. Die Minimumvarianz ergibt sich schließlich bei einem Panel, dessen Stichprobeneinheiten alle korreliert sind.

Abb. 13: Verlauf des Designeffektfaktors des ein-periodischen Differenzenschätzers[93]

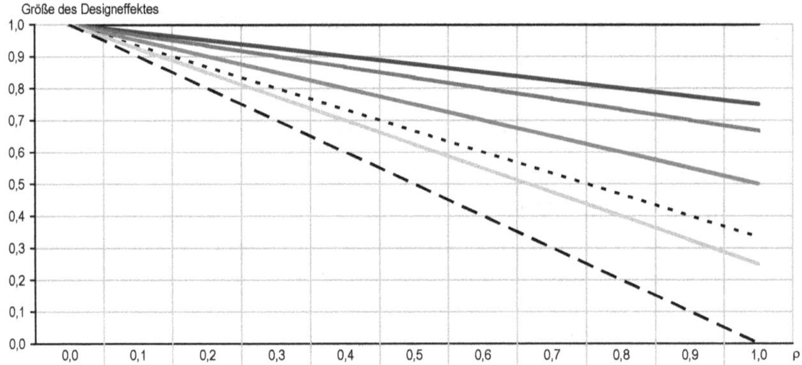

Anteil P	0,0	0,1	0,2	0,3	0,4	0,5	0,6	0,7	0,8	0,9	1,0 ρ
0	1,00	1,00	1,00	1,00	1,00	1,00	1,00	1,00	1,00	1,00	1,00
1/4	1,00	0,98	0,95	0,93	0,90	0,88	0,85	0,83	0,80	0,78	0,75
1/3	1,00	0,97	0,93	0,90	0,87	0,83	0,80	0,77	0,73	0,70	0,67
1/2	1,00	0,95	0,90	0,85	0,80	0,75	0,70	0,65	0,60	0,55	0,50
2/3	1,00	0,93	0,87	0,80	0,73	0,67	0,60	0,53	0,47	0,40	0,33
3/4	1,00	0,93	0,85	0,78	0,70	0,63	0,55	0,48	0,40	0,33	0,25
1	1,00	0,90	0,80	0,70	0,60	0,50	0,40	0,30	0,20	0,10	0,00

Dritter Schätzer ist eine Kumulation der Erwartungswerte über zwei Zeitpunkte t und t - 1. In der Literatur wird der Schätzer als basiskumulierter Schätzer bezeichnet. Auf ihn möchte die amtliche Statistik bei Verwendung der vorgestellten Modelle aus Kapitel 1.3.2 (S. 27) Bezug nehmen.

$$\hat{\Sigma}_{t,t-1} = \frac{1}{2}\left[\frac{1}{n_t}\sum_{i=1}^{n_t} x_{t,i} + \frac{1}{n_{t-1}}\sum_{i=1}^{n_{t-1}} x_{t-1,i}\right] \tag{2.15}$$

92 Die Annahme gilt auch für alle folgenden Darstellungen von Designeffektfaktorverläufen.

93 Übersichtlichere, farbige Ausfertigungen aller folgenden Grafiken können angefordert werden unter ernst@uni-trier.de.

Unter der Annahme gleicher Stichprobenumfänge über die Zeit berechnet sich die Varianz als:

$$\mathrm{Var}\left(\hat{\Sigma}_{t,t-1}\right)=\frac{1}{4n}\left(\sigma_t^2+\sigma_{t-1}^2+2P_{t,t-1}\rho_{t,t-1}\sigma_t\sigma_{t-1}\right) \tag{2.16}$$

Sofern auch die Stichprobenvarianzen über die Zeit konstant sind und zwei beliebige Zeitpunkte kumuliert werden, ergibt sich:

$$\mathrm{Var}\left(\hat{\Sigma}_{t,t-1}\right)=\frac{1}{2}\frac{\sigma^2}{n}\left(1+P_{t,s}\rho_{t,s}\right) \qquad t\neq s \tag{2.17}$$

Die Varianz variiert auch bei diesem Schätzer in Abhängigkeit der Überlappung, der Korrelation und des Stichprobenumfangs. Ist die Überlappung null, so entspricht die Varianz des kumulierten Schätzers der bei einfacher Zufallsauswahl, der Designeffektfaktor ist also eins. Hier kann die Varianz des Schätzers nur mittels des Stichprobenumfangs beeinflusst werden. Der Korrelationskoeffizient zwischen identischen Stichprobeneinheiten scheidet als Parameter der Varianz aus. Im Gegensatz zum Differenzenschätzer steigt der Designeffektfaktor sowohl mit steigender Überlappung als auch steigender Korrelation beim betrachteten Schätzer an, bzw. der relative Genauigkeitsgewinn sinkt. Das Panel ist somit das ungeeigneste Design für eine Kumulation. Die Minimumvarianz und somit die effizienteste Schätzung resultiert bei einem rollierenden Design (vgl. Abb. 14).

Abb. 14: Verlauf des Designeffektfaktors des ein-periodischen Kumulationsschätzers

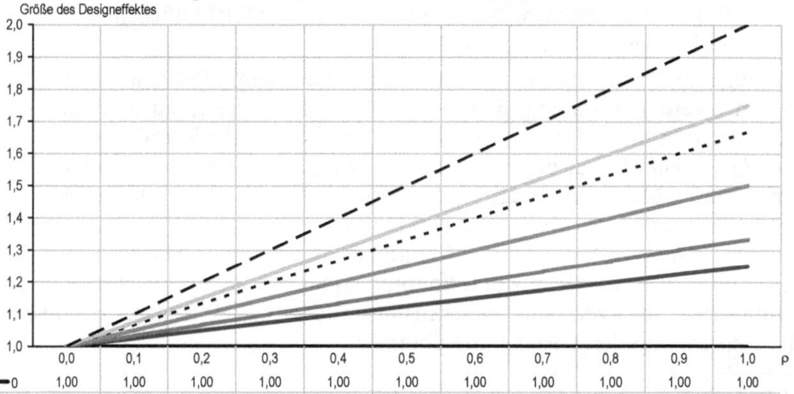

Anteil P	0,0	0,1	0,2	0,3	0,4	0,5	0,6	0,7	0,8	0,9	1,0
0	1,00	1,00	1,00	1,00	1,00	1,00	1,00	1,00	1,00	1,00	1,00
1/4	1,00	1,03	1,05	1,08	1,10	1,13	1,15	1,18	1,20	1,23	1,25
1/3	1,00	1,03	1,07	1,10	1,13	1,17	1,20	1,23	1,27	1,30	1,33
1/2	1,00	1,05	1,10	1,15	1,20	1,25	1,30	1,35	1,40	1,45	1,50
2/3	1,00	1,07	1,13	1,20	1,27	1,33	1,40	1,47	1,53	1,60	1,67
3/4	1,00	1,08	1,15	1,23	1,30	1,38	1,45	1,53	1,60	1,68	1,75
1	1,00	1,10	1,20	1,30	1,40	1,50	1,60	1,70	1,80	1,90	2,00

Der Vorschlag der amtlichen Statistik eine Basiskumulation zu verwenden, geht nicht von einer Kumulation über zwei Zeitpunkte aus, vielmehr sollen Werte über 48 Perioden kumuliert werden. Ein allgemeiner Kumulationsschätzer über eine beliebige Periodenzahl und dessen Varianz lautet:[94]

$$\hat{\Sigma}_{1,\dots,l} = \frac{1}{l}\left[\frac{1}{n_1}\sum_{i=1}^{n_1} x_{1,i} + \frac{1}{n_2}\sum_{i=1}^{n_2} x_{2,i} + \dots + \frac{1}{n_l}\sum_{i=1}^{n_l} x_{l,i}\right] \tag{2.18}$$

$$\operatorname{Var}\left(\hat{\Sigma}_{1,\dots,l}\right) = \frac{1}{l}\frac{\sigma^2}{n}\left[1 + \left(\sum_{t/s=1}^{l} P_{t,s}\rho_{t,s} \Big/ l\right)\right] \qquad t \neq s \tag{2.19}$$

Auch hier ist der Designeffekt abhängig von der Höhe der Überlappung und der Korrelation. Der Anteil variiert jedoch bei der Berechnung der Varianz trotz Konstanz der Überlappung P zwischen dem aktuellen und jeweils vorangegangenen Zeitpunkt, da unter Umständen identische Stichprobeneinheiten länger als zwei Perioden in einer Stichprobe verbleiben können: So liegt beispielsweise bei einer Überlappung von zwei Dritteln der Stichprobeneinheiten von einem zum vorangegangenen Zeitpunkt die Überlappung von t - 1 zu t - 2 noch bei einem Drittel. Dieser sinkende Anteil muss innerhalb der Kovarianzberechnung berücksichtigt werden. Gleiches gilt für die Korrelation über die Zeit. Es kann davon ausgegangen werden, dass die Korrelation zwischen aktuellem und dem vorletzten Zeitpunkt von der mit dem letzten Zeitpunkt abweicht.

2.3.3 Exkurs: Kalibrierter Regressionsschätzer

In der Anwendungsdiskussion möglicher Schätzer wurde neben einem basiskumulierten Schätzer zwischenzeitlich u. a. auch ein kalibrierter Regressionsschätzer in Betracht gezogen, was eine kurze Auseinandersetzung innerhalb eines Exkurses notwendig erscheinen lässt.[95]

Grundgedanke ist, mittels einer mit der interessierenden Variablen hoch korrelierten zweiten Variablen, den Schätzer des Totalwertes zu verbessern. Ein Ansatz, der diesen Gedanken verfolgt, ist der kalibrierte Regressionsschätzer nach *Deville, Särndal*. Bei der Kalibrierung wird zusätzlich zum Erhebungsmerkmal ein weiteres Merkmal als Hilfsinformation erhoben, wobei der tatsächliche Wert der Hilfsinformation, hier des Totalwertes, bekannt sein muss. Grundlage des Kalibrierungsverfahrens ist das Rakingverfahren von *Deming*. *Deville* und *Särndal* führten dies weiter aus und konnten dabei die asymptotische Äquivalenz des kalibrierten Schätzers zum generalisierten Regressionsschätzer nachweisen, was die Berechnung der Varianz erleichtert.[96]

---

94 Vgl. *Kish, L.*: Sampling ..., a. a. O., S.191f.

95 Vgl. *Statistisches Bundesamt*: Überlegungen ..., a. a. O., S. 6. Es wird darauf verzichtet, die Ausführungen explizit für einen Erwartungswertschätzer zu formulieren, sondern es werden die allgemeinen Erläuterungen für einen Totalwertschätzer herangezogen.

96 Vgl. *Cassel, C., M.; Granström, F.; Lundquist, P.; Selén, J.*: Cumulating Data From Household Budget Survey, Stockholm, Luxemburg 1997, S. 5ff.; *Deville; J.-C.; Särndal, C.-E.*: Calibration Estimators in Survey Sampling, in: Journal of the American Statistical Association, Vol. 87, No. 418, 1992, S. 376ff.

Zur Bildung des kalibrierten Schätzers wird zunächst ein generalisierter Regressionsschätzer des Totalwertes $\hat{X}_{gR}$ herangezogen. Als $\hat{X}_{HT}$ wird der *Horvitz-Thompson* Schätzer (HT-Schätzer) des Totalwertes des interessierenden Merkmals bezeichnet, der mit Hilfe von Zusatzinformationen verbessert wird. Das Gewicht d_i als Komponente des HT-Schätzers entspricht dabei der Inklusionswahrscheinlichkeit π_i der Merkmalsausprägung. Der bekannte tatsächliche Totalwert der Hilfsinformation lautet:

$$Y = \sum_{i=1}^{N} y_i \tag{2.20}$$

und $\hat{Y}_{HT}$ ist der HT-Schätzer des Totalwertes der Hilfsinformation. Der generalisierte Regressionsschätzer ist demnach wie folgt zu formulieren:

$$\begin{aligned}\hat{X}_{gR} &= \hat{X}_{HT} + \hat{\beta}\left(Y - \hat{Y}_{HT}\right)\\ &= \left(\sum_{i=1}^{n} d_i x_i\right) + \hat{\beta}\left[Y - \left(\sum_{i=1}^{n} d_i y_i\right)\right]\\ &= \left(\sum_{i=1}^{n} \frac{1}{\pi_i} x_i\right) + \hat{\beta}\left[Y - \left(\sum_{i=1}^{n} \frac{1}{\pi_i} y_i\right)\right]\end{aligned} \tag{2.21}$$

Der Regressionskoeffizient $\hat{\beta}$ wird ermittelt über:

$$\hat{\beta} = \frac{\sum_{i=1}^{n} \frac{N}{n} x_i y_i}{\sum_{i=1}^{n} \frac{N}{n} y_i^2} \tag{2.22}$$

Die Kalibrierung besteht aus der Herleitung neuer Gewichte auf Basis der Auswahlwahrscheinlichkeiten des HT-Schätzers. Mit ihnen sind die Stichprobenergebnisse des interessierenden Merkmals zu gewichten. Zu beachten ist, dass die neuen Gewichte zwei zu erfüllenden Restriktionen unterliegen:

1. Die Summe, der mit den neuen Gewichten w versehenen Ausprägungen der Hilfsinformation, muss dem tatsächlichen Totalwert der Hilfsinformation entsprechen, d. h. es gilt:

$$\sum_{i=1}^{n} w_i y_i = Y \tag{2.23}$$

2. Die Abweichung der neuen Gewichte von den alten hat gering zu sein. Um diese Bedingung zu sichern, wird das folgende Abstandsmaß

$$\sum_{i=1}^{n} \frac{(w_i - d_i)^2}{d_i} \tag{2.24}$$

unter Berücksichtigung der Erfüllung der ersten Bedingung so gering wie möglich gehalten.

Mittels des Aufstellens einer Lagrangegleichung, kann schließlich für die neuen Gewichte nachstehendes Ergebnis hergeleitet werden:

$$w_i = d_i \left(1 + \frac{Y - \hat{Y}_{HT}}{\sum_{i=1}^{n} d_i y_i^2} y_i\right) \tag{2.25}$$

Die so ermittelten neuen Gewichte, verknüpft mit den interessierenden Merkmalsausprägungen, ergeben den kalibrierten Schätzer $\hat{X}_k$:

$$\begin{aligned} \hat{X}_k &= \sum_{i=1}^{n} w_i x_i \\ &= \sum_{i=1}^{n} d_i \left(1 + \frac{Y - \hat{Y}_{HT}}{\sum_{i=1}^{n} d_i y_i^2} y_i\right) x_i = \sum_{i=1}^{n} d_i x_i + \left(\frac{\sum_{i=1}^{n} d_i x_i y_i}{\sum_{i=1}^{n} d_i y_i^2}\right)\left(Y - \hat{Y}_{HT}\right) \\ &= \hat{X}_{HT} + \hat{\beta}\left(Y - \hat{Y}_{HT}\right) \end{aligned} \tag{2.26}$$

Durch Auflösung des neuen Gewichtes stellt sich heraus, dass sich die kalibrierte Schätzfunktion und der generalisierte Regressionsschätzer entsprechen. Damit ist der Aufwand der Ermittlung eines neuen Gewichts in Frage zu stellen. In der Literatur konnte darüber hinaus nachgewiesen werden, dass sich auch unter der Verwendung eines anderen Abstandmaßes ein asymptotisch identisches Ergebnis ergibt. Für die Varianz des Schätzers ergibt sich[97]:

$$\begin{aligned} \mathrm{Var}\left(\hat{X}_k\right) &= \sum_{i=1}^{N}\sum_{j=1}^{N}\left(\pi_{ij} - \pi_i \pi_j\right)\left(\frac{x_i - y_i'\beta}{\pi_i}\right)\left(\frac{x_j - y_j'\beta}{\pi_j}\right) \\ \text{mit } \pi_{ij} &= W\left(i \wedge j \in n\right) = \begin{cases} \dfrac{n(n-1)}{N(N-1)}, \text{falls } i \neq j \\ \pi_i = \dfrac{n}{N} \quad \text{, sonst} \end{cases} \end{aligned} \tag{2.27}$$

97 Vgl. *Särndal, C.-E.*; *Swensson, B.*; *Wretman, J. H.*: The Weighted Residual Technique for Estimating the Variance of the General Regression Estimator of the Finite Population Total, in: Biometrika, Vol. 78, 3, 1989, S. 532; *Statistisches Bundesamt*: Das Stichprobenverfahren der Einkommens- und Verbrauchsstichprobe 1998, Methodenberichte, H. 1, 2001, S. 29f.

Geschätzt werden kann die obige Varianz wie folgt:

$$\mathrm{Var}\left(\hat{X}_k\right)=\sum_{i=1}^{n}\sum_{j=1}^{n}\left(\pi_{ij}-\pi_i\pi_j\right)\left(\frac{x_i-y_i'\hat{\beta}}{\pi_i}\right)\left(\frac{x_j-y_j'\hat{\beta}}{\pi_j}\right) \tag{2.28}$$

Für die Schätzung mit Hilfe eines kalibrierten bzw. generalisierten Regressionsschätzers ist es notwendig, entsprechend dem Umfang des interessierenden Merkmals ein zweites, hoch korreliertes Merkmal zu erheben und zusätzlich dessen tatsächlichen Wert zu kennen. Die Erhebung dieses Merk-mals kann u. U. noch mit geringem Mehraufwand und -kosten erhoben werden. Es erscheint jedoch problematisch, den wahren Wert der Hilfsinformation zu erhalten. Denkbar wäre beispielsweise, zur Schätzung des Einkommens eine korrelierte Ausgabenvariable als Hilfsinformation zu verwenden. Die Kenntnis der realen Größenordnung letzterer erscheint jedoch fraglich. Hinzu kommt, dass es mit bedeutend weniger Aufwand verbunden ist, als Hilfsinformation die in der Überlappung liegende Information zu verwenden, als zusätzlich eine weitere Variable zu erheben. Lediglich bei einer totalen Rotation, die keine Hilfsinformation bietet, wäre es denkbar, einen kalibrierten Regressionsschätzer zu verwenden, wobei die Problematik der unbekannten Gesamtgrößenordnung der Hilfsinformation bestehen bleibt.

Ein weiterer Aspekt ist das dem HT-Schätzer zugrunde gelegte Ziehungsmodell, eine Ziehung ohne Zurücklegen. Allgemein kann jedoch von einer Ziehung mit Zurücklegen ausgegangen werden, so dass ein einfacher Regressionsschätzer Anwendung finden könnte, der als Erwartungswertschätzer wie folgt formuliert werden kann:[98]

$$\hat{\mu}=\frac{1}{n}\sum_{i=1}^{n}x_i+\hat{\beta}\left(\mu_y-\frac{1}{n}\sum_{i=1}^{n}y_i\right) \tag{2.29}$$

dessen Varianz sich bestimmt als:

$$\mathrm{Var}\left(\hat{\mu}\right)=\frac{\sigma_x^2}{n}\left(1-\rho^2\right) \tag{2.30}$$

Auch in diesem Fall gelten die oben erwähnten Einschränkungen, dass dieses Vorgehen insbesondere bei Zugrundelegen einer totalen Rotation gerechtfertigt ist, da keine anderweitigen Hilfsinformationen vorliegen, die einen Beitrag zur Verbesserung der Schätzung liefern können.

98 Vgl. *Krug, W.; Nourney, M.; Schmidt, J.*: Wirtschafts- und Sozialstatistik, München 2001, S. 196f.

2.3.4 Einordnung mehr-periodischer Schätzer und Begriffserläuterungen

Im Gegensatz zu ein-periodischen Schätzern beziehen mehr-periodische Schätzer Daten identischer Stichprobeneinheiten aus vorangegangenen Zeitpunkten als Hilfsinformation zur Verbesserung der Schätzung ein. Zunächst sind sie in zwei Gruppen zu untergliedern[99]: Die einen beruhen auf der Annahme, dass der zu schätzende Parameter eine feste unbekannte Größe ist und die einzelnen Realisationen i über die Zeit t als variable Werte betrachtet werden können. Dies sind die allgemein als klassische Ansätze bezeichneten Schätzfunktionen, mit den aus den genannten Annahmen resultierenden und für die Schätztheorie bekannten Forderungen an die Eigenschaften dieser Funktionen, wie u. a. Erwartungstreue. Darüber hinaus gibt es Zeitreihenansätze, die den gesuchten Parameter nicht als feste, unbekannte Größe betrachten, sondern als zufällige Größe, die sich aus einem Zeitreihenprozess ergibt. Auf diese Ansätze wird nicht näher eingegangen, da sie für die spätere praktische Anwendung nicht in Frage kommen.

Neben dieser ersten Unterteilung in klassische und zeitreihenbezogene Ansätze müssen erstere darüber hinaus danach unterschieden werden, welche Daten sie in die Schätzung einbeziehen. Aufgrund möglicher Overlaps stehen für eine Stichprobeneinheit nicht nur die Daten aus dem aktuellen Zeitpunkt, sondern auch aus einem oder mehreren vorangegangenen Zeitpunkten, je nach Größe des Overlaps, für eine Verbesserung der Schätzung zur Verfügung. Bei den nun folgenden Ausführungen wird, wie bereits erläutert, auf diese Unterscheidung Bezug genommen. Es erfolgt eine nochmalige Einteilung nach Schätzern, basierend auf Daten aus „zwei aufeinander folgenden Zeitpunkten", so genannte zwei-periodische Schätzer, und aus „mehr als zwei aufeinander folgenden Zeitpunkten", bezeichnet als mehr-periodische Schätzer. Insbesondere bei mehr-periodischen Schätzern können nachträglich Schätzer aus zurückliegenden Zeitpunkten mit Hilfe aktueller Werte regressionsanalytisch verbessert werden.[100]

Der Erläuterung der Schätzer muss noch der Hinweis auf ein Definitionsproblem vorangestellt werden: *Jessen* oder auch *Hansen et al.* leiten u. a. Schätzer für den aktuellen Zeitpunkt her, die die Daten von überlappenden Stichprobeneinheiten mit der vorangegangenen Periode zur Verbesserung der aktuellen Schätzung nutzen. In diesem Zwei-Perioden-Modell werden die aktuellen Ergebnisse der Elemente, die mit dem vorangegangenen Zeitpunkt t - 1 überlappen, mit $x_{t,m}$ bezeichnet. Demgegenüber werden mit $x_{t-1,m}$ jene Ergebnisse der überlappenden Elemente der vergangenen Periode definiert. In jedem Fall gilt als Bezeichnung für die Ergebnisse neu hinzugekommener Elemente im jeweiligen Zeitpunkt $x_{t,u}$.

99 Vgl. *Binder, D. A.; Hidiroglou, M. A.*: a. a. O., S. 187f.
100 Vgl. *Cochran, W.* G.: a. a. O., S. 348ff.

Praktisch sieht es jedoch zumeist so aus, dass ein Mehr-Perioden-Modell vorliegt, bzw. vorliegen muss, um beispielsweise eine Differenzenschätzung durchzuführen.[101] In diesen Fällen ändern sich die Teilergebnisbezeichnungen, bzw. die Anordnung der Teilstichprobeneinheiten ändert sich. In Abb. 15 wird dieses Definitionsproblem verdeutlicht: Im Zwei-Perioden-Modell entsprechen sich 100% der mit $x_{t,m}$ und $x_{t-1,m}$ bezeichneten überlappenden Teilstichprobenergebnisse. Im Mehr-Perioden-Fall ändert sich dies: Dort entspricht ein Teil der Ergebnisse, die als $x_{t,m}$ bezeichnet werden, neuen Einheiten aus der vorangegangenen Periode ($x_{t-1,u}$) und ein Teil entspricht Einheiten, die bereits in t - 1 in der Stichprobe waren ($x_{t-1,m}$). Wird nun beispielsweise bei *Jessen* ein Differenzenschätzer $\hat{\Delta}_{t,t-1} = \hat{\mu}_t - \hat{\mu}_{t-1}$ gebildet, so werden die Bezeichnungen in den beiden Konvexkombinationen $\hat{\mu}_t$ und $\hat{\mu}_{t-1}$ entsprechend einem Zwei-Perioden-Modell verwendet, da innerhalb der beiden Konvexkombinationen nur die Ergebnisse der Elemente aus zwei Perioden berücksichtigt werden. Tatsächlich werden für die Gesamtheit des Schätzers aber die Angaben aus drei Perioden benötigt, so dass sich die tatsächliche Überlappung der Ergebnisse gemäß einem Mehr-Perioden-Modell darstellt. Diese Tatsache muss insbesondere bei der in die Varianzberechnung einfließenden Ermittlung der Korrelationsstruktur berücksichtigt werden. Im Folgenden werden die Bezeichnungen entsprechend einem Zwei-Perioden-Modell verwand, was speziell bei der Berechnung der Varianz des Differenzen- und Kumulationsschätzers i. A. a. *Jessen* mit Blick auf die Kovarianz zu beachten ist.

Abb. 15: Begriffsunterschiede zwischen Zwei- und Mehr-Perioden-Modellen

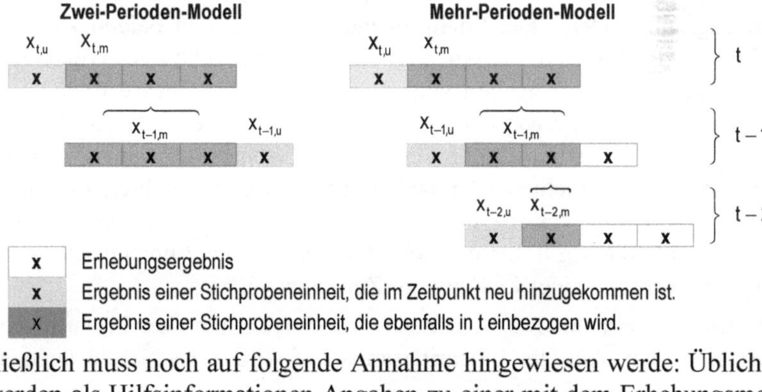

Schließlich muss noch auf folgende Annahme hingewiesen werde: Üblicherweise werden als Hilfsinformationen Angaben zu einer mit dem Erhebungsmerkmal

101 Wird die Differenz $\mu_t - \mu_{t-1}$ gebildet, so gehen bei einer unterstellten regressionsanalytischen Verbesserung von μ_t als auch μ_{t-1} nicht nur Werte aus t und t - 1 in die Schätzung ein, sondern auch aus t - 2, da mit diesem Wert μ_{t-1} ermittelt wurde.

hoch korrelierten Variablen verwendet. Bei den nun zu beschreibenden Ansätzen werden jedoch die Angaben der gleichen Variablen von den überlappenden Elementen aus dem vorangegangenen Zeitpunkt als Hilfsinformation verwendet. Der Anteil der überlappenden Einheiten wird dabei in allen nun beschriebenen Modellen von einem zum darauf folgenden Zeitpunkt als konstant angenommen.

Schließlich ist für die kommenden Herleitungen auf die Geltung folgender Beziehung hinzuweisen:

$$\left.\begin{aligned}\rho &= \frac{\operatorname{Cov}(x_t, x_{t-1})}{\sigma_t \sigma_{t-1}} \\ \beta &= \frac{\operatorname{Cov}(x_t, x_{t-1})}{\sigma_t^2}\end{aligned}\right\} \rightarrow \text{ wenn } \sigma_t = \sigma_{t-1} \rightarrow \rho = \beta \qquad (2.31)$$

Wird davon ausgegangen, dass Varianzstationarität vorliegt, entsprechen sich der Korrelationskoeffizient und der Regressionskoeffizient. Der angeführte Zusammenhang gilt entsprechend bei einer Stichprobe unter der Annahme der Varianzstationarität innerhalb der Stichproben, so dass $r = b$ gilt.

2.3.5 Zwei-periodische Schätzer

2.3.5.1 Regressionsansatz nach Jessen

Jessens Regressionsansatz basiert auf Überlegungen über zweiphasige Stichproben, die u. a. von *Cochran*[102] dargestellt wurden. Folgende Modellannahmen wurden zugrunde gelegt: Die Stichprobenumfänge sind in beiden Zeitpunkten identisch, so dass gilt: $n = n_t = n_{t-1}$, wobei die Beobachtungen verschiedener Stichprobeneinheiten unkorreliert sind. Ferner wird eine lineare Beziehung der Gestalt $x_{t,m} = a + bx_{t-1,m}$ zwischen den überlappenden Elementen angenommen. Bezüglich der Varianzberechnung entsprechen seine Annahmen denen von *Cochran*, dass die betrachteten Variablen zufällig und normalverteilt sind. Darüber hinaus wird die Varianz im Zeitverlauf als stationär angenommen, d. h. $\sigma_{t-1}^2 = \sigma_t^2$. Schließlich gilt für die Grundgesamtheit die Annahme $N \rightarrow \infty$ und somit die Betrachtung einer Ziehung mit Zurücklegen.[103]

In dem Modell wird in drei Schritten vorgegangen, um den Erwartungswertschätzer zu bilden. Aus der Linearitätsannahme wird zunächst ein angepasster

102 Vgl. *Cochran, W. G*: a. a. O., S. 338ff.

103 Vgl. *Binder, D. A.; Hidiroglou, M. A.*: a. a. O., S. 190; *Cochran, W. G.*: a. a. O., S. 346; *Jessen, R. J.*: Statistical Investigation of a Farm Survey for Obtaining Farm Facts, in: Iowa Agricultural Station Research Bulletin, H. 304, 1942, S. 57.

elementarer Schätzer[104] für den Erwartungswert im aktuellen Zeitpunkt t der identischen Stichprobeneinheiten hergeleitet:

$$\hat{\mu}_{t,m} = \overline{x}_{t,m} + b\left(\overline{x}_{t-1} - \overline{x}_{t-1,m}\right) \tag{2.32}$$

Der empirische Regressionskoeffizient b berechnet sich ausschließlich anhand der identischen Teilstichprobeneinheiten. Für die Varianz ergibt sich unter der zusätzlichen Annahme, dass die Stichprobenumfänge sehr groß sind und somit der Ausdruck $1/n$ vernachlässigt werden kann:[105]

$$\operatorname{Var}\left(\hat{\mu}_{t,m}\right) = \frac{\sigma^2}{n_m}\left(1-\rho^2\right) + \rho^2\frac{\sigma^2}{n} = \frac{1}{W_m} \tag{2.33}$$

Der zweite elementare Erwartungswertschätzer für die nicht identischen Stichprobeneinheiten des aktuellen Zeitpunkts wird berechnet als:

$$\hat{\mu}_{t,u} = \overline{x}_{t,u} \tag{2.34}$$

mit der Varianz:

$$\operatorname{Var}\left(\hat{\mu}_{t,u}\right) = \frac{\sigma^2}{n_u} = \frac{1}{W_u} \tag{2.35}$$

Aus diesen beiden, voneinander unabhängigen elementaren Schätzern wird im dritten Schritt ein gewichteter linearer unverzerrter Erwartungswertschätzer für den aktuellen Zeitpunkt gebildet. Dabei werden die unabhängigen Schätzwerte der Teilstichproben im aktuellen Zeitpunkt mit den Kehrwerten ihrer Varianzen gewichtet und zusammengefasst. Die hieraus resultierende Konvexkombination lautet:

$$\begin{aligned}\hat{\mu}_t &= \Phi_t\hat{\mu}_{t,u} + \left(1-\Phi_t\right)\hat{\mu}_{t,m} \\ &= \Phi_t\overline{x}_{t,u} + \left(1-\Phi_t\right)\left[\overline{x}_{t,m} + b\left(\overline{x}_{t-1} - \overline{x}_{t-1,m}\right)\right]\end{aligned} \tag{2.36}$$

Das Gewicht Φ_t als Kehrwert der Varianzen der Elementarschätzer berechnet sich wie folgt, wobei Q der Anteil der nicht überlappenden Einheiten zwischen zwei Zeitpunkten ist:

$$\Phi_t = \frac{W_u}{W_u + W_m} = \frac{Q_{t,t-1}\left(1-Q_{t,t-1}\rho^2\right)}{1-Q_{t,t-1}^2\rho^2} \tag{2.37}$$

---

104 Zur Definition eines Elementarschätzers vgl. *Gurney, M.*; *Daly, J. F.*: A Multivariate Approach to Estimation in Periodic Sample Surveys, in: *American Statistical Association - Section on Survey Research Methods*: Proceedings of the Section on Survey Research Methods, Alexandria 1965, S. 242.

105 Vgl. *Cochran, W. G*: Stichprobenverfahren, Berlin 1972, S. 393; *Jessen, R. J.*: a. a. O., S. 54 und Anhang A.2, S. 187.

Die Varianz des gewichteten Erwartungswertschätzers berechnet sich schließlich wie folgt:[106]

$$
\begin{aligned}
\operatorname{Var}(\hat{\mu}_t) &= \frac{1}{W_u + W_m} \\
&= \frac{\sigma^2}{n}\left[\frac{1-Q_{t,t-1}\rho^2}{1-Q_{t,t-1}^2\rho^2}\right] \qquad (2.38)\\
&= \frac{\sigma^2}{n}\frac{\Phi_t}{Q_{t,t-1}}
\end{aligned}
$$

Abb. 16: Verlauf des Designeffektfaktors des Erwartungswertschätzers von Jessen

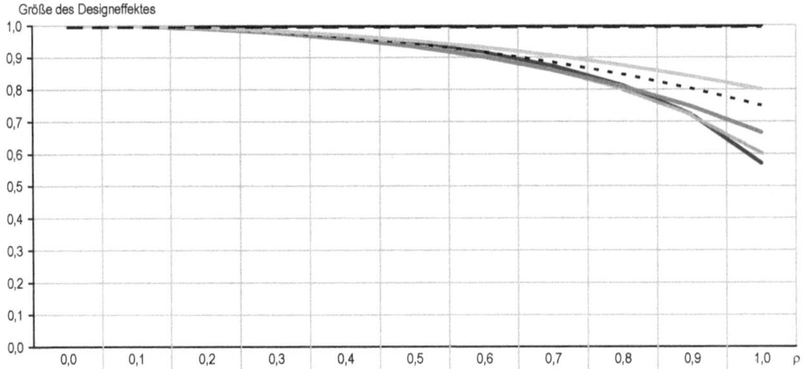

Anteil P	0,0	0,1	0,2	0,3	0,4	0,5	0,6	0,7	0,8	0,9	1,0 ρ
0	1,00	1,00	1,00	1,00	1,00	1,00	1,00	1,00	1,00	1,00	1,00
1/4	1,00	1,00	0,99	0,98	0,97	0,95	0,92	0,87	0,81	0,72	0,57
1/3	1,00	1,00	0,99	0,98	0,96	0,94	0,90	0,86	0,80	0,72	0,60
1/2	1,00	1,00	0,99	0,98	0,96	0,93	0,90	0,86	0,81	0,75	0,67
2/3	1,00	1,00	0,99	0,98	0,96	0,94	0,92	0,88	0,85	0,80	0,75
3/4	1,00	1,00	0,99	0,98	0,97	0,95	0,93	0,91	0,88	0,84	0,80
1	1,00	1,00	1,00	1,00	1,00	1,00	1,00	1,00	1,00	1,00	1,00

Die Varianz eines ein-periodischen Schätzers resultiert sowohl in dem Fall, dass die Zahl der nicht identischen Stichprobeneinheiten n_u null ist, d. h. $P_{t,t-1} = 1$, als auch bei keinem Overlap, demnach $P_{t,t-1} = 0$ und $n_u = n$ sind. Lediglich bei einer Korrelation von eins und $P_{t,t-1} = 0$ ist die Varianz mathematisch betrachtet undefiniert. Tatsächlich ergibt sich jedoch die Varianz entsprechend einer ein-periodischen Erwartungswertschätzung, so dass der Designeffekt eins ist. Überlappen und korrelieren identische Stichprobeneinheiten, ist die Varianz der Schätzfunktion stets geringer als beim ein-periodischen Erwartungswertschätzer. Der relative Genauigkeitsgewinn, als Faktor, um den die Varianz einer ein-

106 Vgl. *Cochran, W. G*: a. a. O., S. 347; *Jessen, R. J.*: a. a. O., S. 55 sowie im Anhang A.2, S. 186.

periodischen Erwartungswertschätzung größer ist, als die des neuen Schätzers, liegt bei $1-Q_{t,t-1}^2\rho^2/\left(1-Q_{t,t-1}\rho^2\right)$. Dies gilt indes nur, wenn die Annahme der Identität der Stichprobenumfänge in den Zeitpunkten erfüllt ist. Graphisch verläuft der Designeffekt wie in Abb. 16 (S. 68) veranschaulicht.

Zur Bestimmung der optimalen Teilstichprobenanteile Q und P muss die Varianz aus Gleichung (2.38) nach n_u bzw. n_m abgeleitet werden und für die optimalen Anteile ergibt sich:[107]

$$Q_{opt} = 1-\sqrt{\left(1-\rho^2\right)}/\rho^2 \tag{2.39}$$

$$P_{opt} = \rho^2 - 1 + \sqrt{\left(1-\rho^2\right)}/\rho^2 \tag{2.40}$$

Diese optimalen Anteile, als auch die Varianz, hängen somit ausschließlich von der Korrelation zwischen den identischen Stichprobeneinheiten ab. Im Fall steigender Korrelation nimmt der optimale Anteil identischer Stichprobeneinheiten ab. Im Fall einer Korrelation von Eins sollten 100% aller Stichprobeneinheiten ausgetauscht werden. So kann die Varianz um die Hälfte gesenkt werden, bzw. der relative Genauigkeitsgewinn liegt bei 100% (vgl. Abb. 17). Konvergiert die Korrelation gegen null, liegt der optimale Anteil identischer Stichprobeneinheiten bei 50% und die Varianz erreicht die Präzision eines einperiodischen Schätzers, bzw. der relative Genauigkeitsgewinn liegt bei 0%.

Abb. 17: Verlauf des Designeffektfaktors des Erwartungswertschätzers von Jessen mit P_{opt}

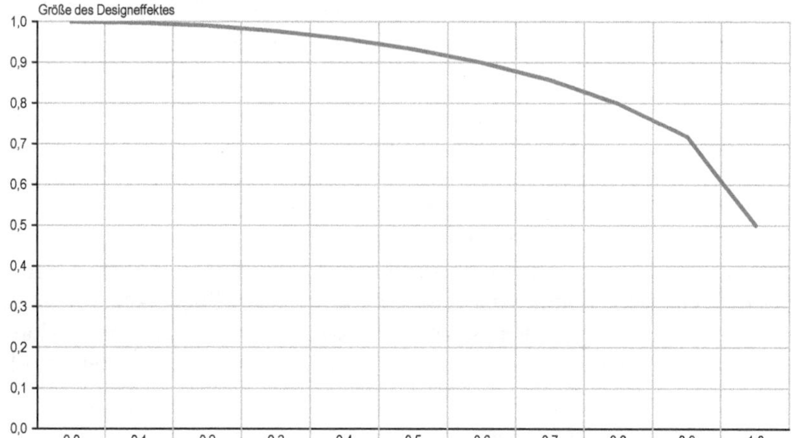

ρ	0,0	0,1	0,2	0,3	0,4	0,5	0,6	0,7	0,8	0,9	1,0
P_{opt}	1,000	0,997	0,990	0,977	0,958	0,933	0,900	0,857	0,800	0,718	0,500

107 Vgl. *Cochran, W. G*: a. a. O. S. 347.

Für das approximierte, optimale Verhältnis identischer und nicht-identischer Stichprobeneinheiten, sofern n > 3 ist, gilt: $n_u/n_m = 1/(1-\rho^2)^{0,5}$, so dass die optimale Varianz zu schreiben ist als: [108]

$$\mathrm{Var}\left(\hat{\mu}_{t,opt}\right) = \frac{\sigma^2}{n}\left[\frac{1+\sqrt{1-\rho^2}}{2}\right] \tag{2.41}$$

Der relative Genauigkeitsgewinn als Verhältnis der Varianz des ein-periodischen Erwartungswertschätzers zur optimalen Varianz des *Jessenschen* Schätzers berechnet sich als $2/[1+(1-\rho^2)^{0,5}]$ und der Designeffekt bei optimaler Austauschpolitik verläuft wie folgt:

Tikkiwal kritisiert, dass dadurch, dass die Gewichte selbst Funktionen der aus der Stichprobe zu schätzenden Parameter sind, dieses Vorgehen nicht zu einem MVLU-Schätzer führen könne.[109] Auf diese Kritik wird später nochmals Bezug genommen.[110]

Als Nächstes wäre die Bildung eines Differenzen- und Kumulationsschätzers auf Basis von *Jessens* Erwartungswertschätzer zu diskutieren. In die Differenz bzw. Kumulation zweier Erwartungswertschätzer aus t und t - 1 gehen dabei nicht nur die Werte aus zwei, sondern aus drei Zeitpunkten ein. Der Erwartungswertschätzer $\hat{\mu}_t$ wird anhand von Werten aus t und t - 1 ermittelt, der zweite Schätzer $\hat{\mu}_{t-1}$ berechnet sich aus Werten der Zeitpunkte t - 1 und t - 2. Aufgrund dessen müssten die Differenzen- bzw. Kumulationsschätzer streng genommen erst im Rahmen der Diskussion von Schätzern, die Daten aus mehr als zwei Zeitpunkten einbeziehen, behandelt werden. Da jedoch in die einzelnen Schätzer $\hat{\mu}_t$ und $\hat{\mu}_{t-1}$ lediglich Daten aus zwei Zeitpunkten eingehen, werden diese bereits im Folgenden erörtert.

Bei *Jessen* finden sich zu den interessierenden Schätzern keine Überlegungen. Erst *Yates* hat die Ausführungen zu seinem Erwartungswertschätzer, der dem von *Jessen* weitestgehend entspricht, ausgedehnt auf Differenzen- und Kumulationsschätzer.[111] Ungeachtet dessen werden nun mögliche Differenzen- und Kumulationsschätzer - ausgehend von *Jessens* Ansatz - erörtert: Erste Überlegungen führen zu der Frage, ob die Schätzer durch die gewichtete Addition der jeweiligen Differenz bzw. Summe der Elementarschätzer zu bilden sind. Denkbar wäre ebenfalls, anstatt $\overline{x}_{t-1}$ in den Schätzer $\hat{\mu}_t$ einzubeziehen, den regressionsanalytisch verbesserten Schätzer $\hat{\mu}_{t-1}$ zu verwenden. Da der Schätzer keinesfalls mehr

108 Vgl. *Jessen, R. J.*: a. a. O., S. 56f.

109 Vgl. *Tikkiwal, B. D.*: Successive Sampling - A Review, in: Proceedings of the 42nd Session of the International Statistical Institute held in Manila, Book 2, 1979, S. 367.

110 Vgl. hierzu S. 75.

111 Vgl. Abschnitt 2.3.5.3, S. 80ff.

als zwei-periodischer sondern als mehr-periodischer zu definieren wäre, wird dieser Ansatz verworfen.[112] Gelten die Annahmen weiterhin, könnten die Schätzer ebenso als mit den bekannten Gewichten Φ_t[113] versehene Differenz bzw. Summe der beiden Konvexkombinationen aus den interessierenden Zeitpunkten gebildet werden. Der Differenzenschätzer ergäbe sich als:

$$\begin{aligned}\hat{\Delta}_{t,t-1} &= \Phi_t\left(\hat{\mu}_{t,u} - \hat{\mu}_{t-1,u}\right) + \left(1-\Phi_t\right)\left(\hat{\mu}_{t,m} - \hat{\mu}_{t-1,m}\right) \\ &= \hat{\mu}_t - \hat{\mu}_{t-1}\end{aligned} \tag{2.42}$$

Dieser Ansatz wird weiterverfolgt, da die Verläufe der Designeffektfaktoren zu interessanten Ergebnissen führen.

Bei der Varianzberechnung muss, wie angeführt[114], auf die Unterschiede in den Bezeichnungen der Ergebnisse der Teilgesamtheiten geachtet werden. Folglich sind unterschiedliche Anteilswerte für die Kovarianzberechnung zu berücksichtigen. Beispielsweise umfasst der Mittelwert der überlappenden Teilgesamtheiten $\overline{x}_{t-1,m}$ im Schätzer $\hat{\mu}_t$ nicht die identischen Elemente, wie der ebenso bezeichnete Mittelwert im Schätzer $\hat{\mu}_{t-1}$. Von diesen beiden Mittelwerten entsprechen sich tatsächlich nur $n(P_{t,t-1} - Q_{t,t-1})$[115] Einheiten; $nQ_{t,t-1}$ Teilstichprobeneinheiten stimmen mit den in t - 1 neu hinzugekommenen Einheiten überein. Nachfolgende Abbildung veranschaulicht dies (vgl. Abb. 18):

Abb. 18: Beziehung zwischen den überlappenden Teilstichprobeneinheiten

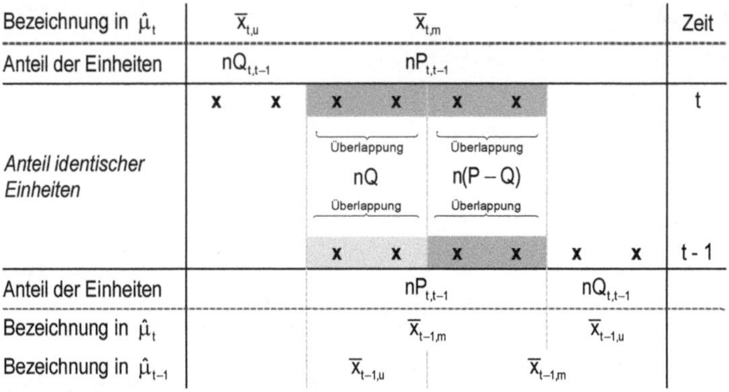

---

112 Vgl. *Cochran, W.*: a. a. O., S. 351ff.

113 Es wurde ebenfalls untersucht, neue Gewichte zu berechnen, indem zunächst die Varianzen der Differenzen der Elementarschätzer $\left(\hat{\mu}_{t,m} - \hat{\mu}_{t-1,m}\right)$ bzw. $\left(\hat{\mu}_{t,u} - \hat{\mu}_{t-1,u}\right)$ berechnet wurden und das neue Gewicht als Kehrwert der beiden Varianzen formuliert wurde. Es zeigte sich jedoch, dass der Verlauf des Designeffektes (u. a. negative Werte) den Schluss zulässt, dass der Schätzer ebenfalls keine annehmbaren Ergebnisse liefert.

114 Vgl. Abschnitt 2.3.4, S. 64 und Abb. 15, S. 65.

115 Bei Annahme der Konstanz des Stichprobenumfangs im Zeitverlauf.

Für die Varianz des Differenzenschätzers ergibt sich folgender Ausdruck, sofern die Korrelationen zwischen den drei, in die Schätzung eingehenden Zeiträume, als konstant angenommen werden[116]:

$$\operatorname{Var}\left(\hat{\Delta}_{t,t-1}\right)=2\frac{\sigma^2}{n}\left[\frac{\Phi_t}{Q_{t,t-1}}+\rho\left(\Phi_t-1\right)\left[\begin{array}{l}1-\left(1-\Phi_t\right)\rho Q_{t,t-1}\cdot\\ \left(\left(1-\rho\right)\left(\frac{1}{P_{t,t-1}}\left(1-\frac{Q_{t,t-1}}{P_{t,t-1}}\right)\right)+\rho\right)\end{array}\right]\right] \tag{2.43}$$

Die Analyse des Designeffektes zeigt (vgl. Abb. 19), dass mit steigender Korrelation die Varianz sinkt. Darüber hinaus begünstigt ein hoher Anteil überlappender Werte das Sinken der Varianz, so dass bei einem Anteil identischer Stichprobeneinheiten von annähernd 100% die Varianz am geringsten ist und im Fall einer Korrelation von eins null ergibt. Im Vergleich zur ein-periodischen Differenzenschätzung resultiert nur im Fall einer totalen Überlappung bzw. einer totalen Rotation ein mit diesem Schätzer identisches Ergebnis.[117] Für partielle Rotationen ergibt sich hingegen ein höherer Designeffekt gegenüber der einperiodischen Schätzung; der *Jessensche* Differenzenschätzer erscheint sinnvoll.

Abb. 19: Verlauf des Designeffektfaktors des Differenzenschätzers auf Basis von Jessen

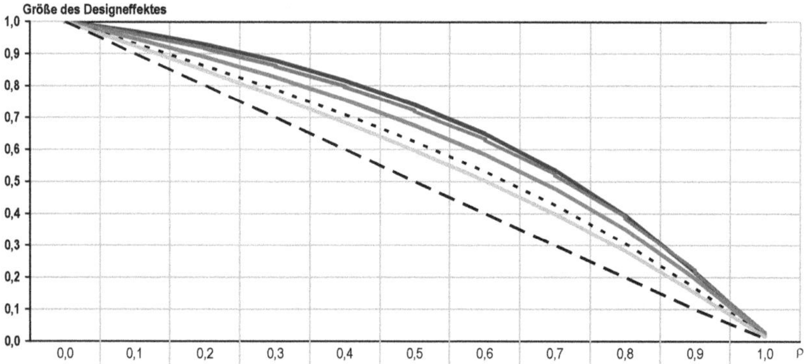

Anteil P	0,0	0,1	0,2	0,3	0,4	0,5	0,6	0,7	0,8	0,9	1,0 ρ
0	1,00	1,00	1,00	1,00	1,00	1,00	1,00	1,00	1,00	1,00	1,00
1/4	1,00	0,97	0,93	0,88	0,82	0,74	0,65	0,54	0,39	0,22	0,02
1/3	1,00	0,96	0,92	0,86	0,80	0,72	0,63	0,52	0,39	0,22	0,02
1/2	1,00	0,95	0,89	0,83	0,76	0,68	0,58	0,48	0,35	0,20	0,02
2/3	1,00	0,93	0,86	0,79	0,71	0,62	0,53	0,43	0,31	0,17	0,02
3/4	1,00	0,92	0,85	0,77	0,68	0,60	0,50	0,40	0,28	0,15	0,02
1	1,00	0,90	0,80	0,70	0,60	0,50	0,40	0,30	0,20	0,10	0,01

116 Bei der Bildung eines Differenzenschätzers, z. B. zwischen zwei kurz aufeinander folgenden Perioden, kann diese Annahme als erfüllt angesehen werden. Zur Herleitung der Varianz vgl. Anhang A.2, S. 186.

117 Vgl. S. 58.

Entsprechend dem Differenzenschätzer können auch die Konvexkombinationen aus zwei Zeitpunkten kumuliert werden. Die Weiterentwicklung des *Jessenschen* Ansatzes zu einem kumulierten Erwartungswertschätzer könnte wie folgt formuliert werden:

$$\begin{aligned}\hat{\Sigma}_{t,t-1} &= \frac{1}{2}\left[\Phi_t\left(\hat{\mu}_{t,u}+\hat{\mu}_{t-1,u}\right)+\left(1-\Phi_t\right)\left(\hat{\mu}_{t,m}+\hat{\mu}_{t-1,m}\right)\right] \\ &= \frac{1}{2}\left(\hat{\mu}_t+\hat{\mu}_{t-1}\right)\end{aligned} \tag{2.44}$$

Die Varianzberechnung unterscheidet sich lediglich durch ein umgekehrtes Vorzeichen hinter dem ersten Term in der großen eckigen Klammer von der des Differenzenschätzers:

$$\operatorname{Var}\left(\hat{\Sigma}_{t,t-1}\right)=\frac{1}{2}\frac{\sigma^2}{n}\left[\frac{\Phi_t}{Q_{t,t-1}}-\rho\left(\Phi_t-1\right)\left[\begin{array}{l}1-\left(1-\Phi_t\right)\rho Q_{t,t-1}\cdot \\ \left(\left(1-\rho\right)\left(\frac{1}{P_{t,t-1}}\left(1-\frac{Q_{t,t-1}}{P_{t,t-1}}\right)\right)+\rho\right)\end{array}\right]\right] \tag{2.45}$$

Sollte mittels dieses Schätzers eine Kumulation im Fall einer partiellen Rotation durchgeführt werden, empfiehlt diese sich im Vergleich zur einfachen Basiskumulation, wenn die Überlappung mindestens ein Drittel, bei einer Korrelation von mindestens 0,5 beträgt, bzw. bei 50% Überlappung mindestens eine Korrelation von 0,2 vorliegt (vgl. Abb. 20).

Abb. 20: Verlauf des Designeffektfaktors des Kumulationsschätzers auf Basis von Jessen

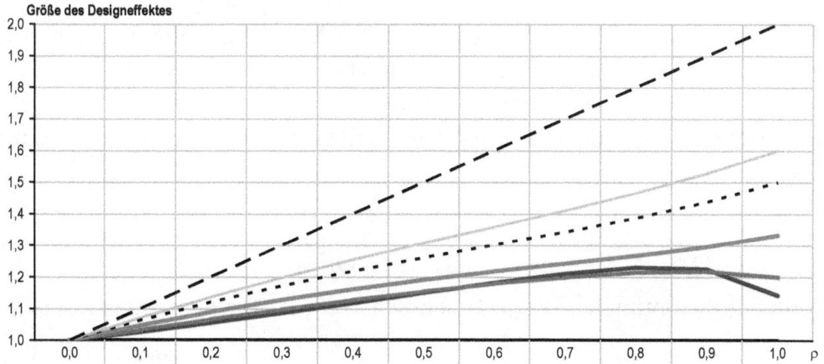

Anteil P	0,0	0,1	0,2	0,3	0,4	0,5	0,6	0,7	0,8	0,9	1,0
0	1,00	1,00	1,00	1,00	1,00	1,00	1,00	1,00	1,00	1,00	1,00
1/4	1,00	1,03	1,06	1,09	1,12	1,15	1,18	1,21	1,23	1,23	1,14
1/3	1,00	1,03	1,07	1,10	1,13	1,15	1,18	1,20	1,21	1,22	1,20
1/2	1,00	1,05	1,09	1,13	1,16	1,19	1,22	1,24	1,27	1,30	1,33
2/3	1,00	1,06	1,12	1,17	1,22	1,26	1,30	1,34	1,39	1,44	1,50
3/4	1,00	1,07	1,14	1,20	1,25	1,31	1,36	1,41	1,47	1,53	1,60
1	1,00	1,10	1,20	1,30	1,40	1,50	1,60	1,70	1,80	1,90	2,00

2.3.5.2 MVLU-Schätzer nach Hansen, Hurwitz, Madow

Entgegen der Annahme von *Jessen*, gehen *Hansen, Hurwitz, Madow* bei der Herleitung des Schätzers zunächst nicht von einer Varianz- und Korrelationsstationarität aus, machen jedoch keine Angaben über deren Struktur. Bezüglich des Grundgesamtheits- und Stichprobenumfangs entsprechen sich dagegen die Annahmen. Damit für den Schätzer (2.50) die Minimumvarianzforderung und Unverzerrtheit gilt, muss dieser mit jeder Null-Funktion unkorreliert sein. Das Ziel ist es, den Erwartungswert zum aktuellen Zeitpunkt t mit Hilfe eines linearen Schätzers folgender Gestalt zu ermitteln:[118]

$$\hat{\mu}_t = a\overline{x}_{t-1,u} + b\overline{x}_{t-1,m} + c\overline{x}_{t,m} + d\overline{x}_{t,u} \tag{2.46}$$

Da angenommen werden kann, dass für die Erwartungswerte der Elementarschätzer

$$E\left(\overline{x}_{t-1,u}\right) = E\left(\overline{x}_{t-1,m}\right) = E\left(\overline{x}_{t-1}\right) \quad \wedge \quad E\left(\overline{x}_{t,u}\right) = E\left(\overline{x}_{t,m}\right) = E\left(\overline{x}_{t}\right) \tag{2.47}$$

gilt, lautet der Erwartungswert der Schätzfunktion:

$$E\left(\hat{\mu}_t\right) = \left(a+b\right)\overline{x}_{t-1} + \left(c+d\right)\overline{x}_t \tag{2.48}$$

Wenn des Weiteren die Erwartungstreue erfüllt sein soll, muss für die Konstanten gelten:

$$\left(a+b\right) = 0 \quad \wedge \quad \left(c+d\right) = 1 \tag{2.49}$$

und als erwartungstreuer linearer Schätzer resultiert:[119]

$$\hat{\mu}_t = a\left(\overline{x}_{t-1,u} - \overline{x}_{t-1,m}\right) + c\overline{x}_{t,m} + \left(1-c\right)\overline{x}_{t,u} \tag{2.50}$$

Als Nächstes sind die varianzminimierenden Konstanten a und c zu bestimmen, so dass die MVLU-Eigenschaft erfüllt ist. Hierfür wird die Varianz des Schätzers (2.50) partiell nach den beiden Koeffizienten abgeleitet, die Ableitungen gleich null gesetzt und die Gleichungssysteme gelöst. Die Lösungen für die optimalen Werte von a und c sind:

$$a = \frac{\rho_{t,t-1}\left(1-Q\right)_{t,t-1} Q_{t,t-1}}{1-Q_{t,t-1}^2\rho_{t,t-1}^2}\frac{\sigma_t}{\sigma_{t-1}} \quad \wedge \quad c = \frac{\left(1-Q\right)_{t,t-1}}{1-Q_{t,t-1}^2\rho_{t,t-1}^2} \tag{2.51}$$

Werden diese optimalen Werte in den Schätzer (2.50) eingesetzt ergibt sich:

118 Vgl. *Hansen, M. H.; Hurwitz, W. N.; Madow, W. G.*: Sample Survey Methods and Theory, Vol. II: Theory, New York 1953, S. 268 ff.; *Rao, C. R.*: Linear Statistical Inference and its Applications, New York 1973, S. 317.

119 $Var\left(\hat{\mu}_t\right) = a^2\left(Q_{t,t-1} + P_{t,t-1}\right)\left(\sigma_{t-1}^2/n\right) + \left(\sigma_t^2/n\right)\left(P_{t-1,t}c^2 + Q_{t,t-1}\left(1-c\right)^2\right) - Q_{t,t-1}2ac\left(\rho_{t,t-1}\sigma_{t-1}\sigma_t/n\right)$ ist die sich ergebende Varianz.

$$\hat{\mu}_t = \frac{Q_{t,t-1}\left(1-Q_{t,t-1}\rho_{t,t-1}^2\right)}{1-Q_{t,t-1}^2\rho_{t,t-1}^2}\overline{x}_{t,u} + \frac{\rho_{t,t-1}\left(1-Q\right)_{t,t-1}Q_{t,t-1}}{1-Q_{t,t-1}^2\rho_{t,t-1}^2}\frac{\sigma_t}{\sigma_{t-1}}\left(\overline{x}_{t-1,u}-\overline{x}_{t-1,m}\right)$$
$$+\frac{\left(1-Q\right)_{t,t-1}}{1-Q_{t,t-1}^2\rho_{t,t-1}^2}\overline{x}_{t,m} \quad (2.52)$$

bzw. wenn von der Stationarität der Varianzen und folglich von der Geltung der Beziehung (2.31) ausgegangen werden kann, ergibt sich:

$$\hat{\mu}_t = \frac{Q_{t,t-1}\left(1-Q_{t,t-1}\rho^2\right)}{\left(1-Q_{t,t-1}^2\rho^2\right)}\overline{x}_{t,u} + \frac{1-Q_{t,t-1}}{\left(1-Q_{t,t-1}^2\rho^2\right)}\left[\overline{x}_{t,m}+Q_{t,t-1}\rho\left(\overline{x}_{t-1,u}-\overline{x}_{t-1,m}\right)\right]$$
$$= \Phi_t\overline{x}_{t,u} + \left(1-\Phi_t\right)\left[\overline{x}_{t,m}+Q_{t,t-1}\beta\left(\overline{x}_{t-1,u}-\overline{x}_{t-1,m}\right)\right] \quad (2.53)$$

Der Schätzer unterscheidet sich durch den Term $Q_{t,t-1}\beta$ vom *Jessenschen* Ansatz, der lediglich den empirischen Regressionskoeffizienten b verwendet. Die Varianz des Schätzers berechnet sich unter den obigen Annahmen und entspricht demnach der des Schätzers aus (2.38)[120]:

$$\operatorname{Var}\left(\hat{\mu}_t\right) = \frac{\sigma_t^2}{n}\left[\frac{1-Q_{t,t-1}\rho^2}{1-Q_{t,t-1}^2\rho^2}\right]$$
$$= \frac{\sigma^2}{n}\frac{\Phi_t}{Q_{t,t-1}} \quad (2.54)$$

Durch die Varianzidentität mit dem *Jessenschen* Schätzer entsprechen sich ebenso die optimalen, varianzminimierenden Werte für Q und P (vgl. (2.39) und (2.40)). Die Kritik von *Tikkiwal*[121] an *Jessens* Schätzer, dass dieser kein MVLU-Schätzer sein kann, ist somit nicht gerechtfertigt.

Als naheliegenste Form eines Differenzenschätzers erscheint, so *Hansen et al.* die gewichtete Addition der Differenzen beider Elementarschätzer:

$$\hat{\Delta}_{t,t-1} = P_{t,t-1}\left(\overline{x}_{t,m}-\overline{x}_{t-1,m}\right)+Q_{t,t-1}\left(\overline{x}_{t,u}-\overline{x}_{t-1,u}\right) \quad (2.55)$$

wobei sich für die Varianz dieses Schätzers Gleichung (2.12) ergäbe. Wird allerdings für die Bildung von einem allgemeineren linearen Differenzenschätzer, entsprechend dem Modell in (2.46), ausgegangen und werden die Bedingungen (a + b) = -1 und (c + d) = 1 für die Herleitung eines unverzerrten Differenzenschätzers erfüllt, lautet der varianzminimierende Schätzer:

120 Zur Herleitung der Varianz vgl. Anhang A.2, S. 187.

121 Vgl. S. 70.

$$\hat{\Delta}_{t,t-1} = \frac{Q_{t,t-1}\left(1-Q_{t,t-1}\rho^2\right)}{1-Q_{t,t-1}^2\rho_{t,t-1}^2}\left(\overline{x}_{t,u}-\overline{x}_{t-1,u}\right)+\frac{1-Q_{t,t-1}}{1-Q_{t,t-1}^2\rho_{t,t-1}^2}\left(\overline{x}_{t,m}-\overline{x}_{t-1,m}\right)$$
$$+\frac{\rho P_{t,t-1}Q_{t,t-1}}{1-Q_{t,t-1}^2\rho_{t,t-1}^2}\left[\left(\overline{x}_{t-1,u}-\overline{x}_{t-1,m}\right)\frac{\sigma_t}{\sigma_{t-1}}-\left(\overline{x}_{t,u}-\overline{x}_{t,m}\right)\frac{\sigma_{t-1}}{\sigma_t}\right] \quad (2.56)$$

Er ergäbe sich ebenfalls, wenn $\hat{\mu}_t$ und $\hat{\mu}_{t-1}$ mit (2.52) geschätzt würden und deren Differenz gebildet würde. Sollte auch die Varianz stationär sein, so verkürzt sich der Ausdruck auf:

$$\hat{\Delta}_{t,t-1} = \frac{Q_{t,t-1}(1-\rho)}{1-Q_{t,t-1}\rho}\left(\overline{x}_{t,u}-\overline{x}_{t-1,u}\right)+\frac{1-Q_{t,t-1}}{1-Q_{t,t-1}\rho}\left(\overline{x}_{t,m}-\overline{x}_{t-1,m}\right)$$
$$=\Phi_t\left(\overline{x}_{t,u}-\overline{x}_{t-1,u}\right)+\left(1-\Phi_t\right)\left(\overline{x}_{t,m}-\overline{x}_{t-1,m}\right) \quad (2.57)$$

Die Varianz des verkürzten Ausdrucks ergibt sich dann laut *Hansen et al.* als:[122]

$$\operatorname{Var}\left(\hat{\Delta}_{t,t-1}\right) = 2\frac{\sigma^2}{n}\left[\frac{1-\rho}{1-Q_{t,t-1}\rho}\right]$$
$$=\frac{1}{2}\frac{\sigma^2}{n}\frac{\Phi_t}{Q_{t,t-1}} \quad (2.58)$$

Abb. 21: Verlauf des Designeffektfaktors des Differenzenschätzers von Hansen et al.

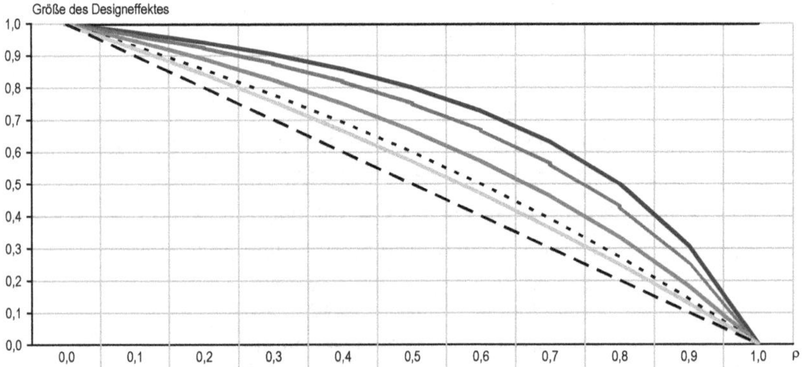

Anteil P	0,0	0,1	0,2	0,3	0,4	0,5	0,6	0,7	0,8	0,9	1,0 ρ
0	1,00	1,00	1,00	1,00	1,00	1,00	1,00	1,00	1,00	1,00	1,00
1/4	1,00	0,97	0,94	0,90	0,86	0,80	0,73	0,63	0,50	0,31	0,00
1/3	1,00	0,96	0,92	0,88	0,82	0,75	0,67	0,56	0,43	0,25	0,00
1/2	1,00	0,95	0,89	0,82	0,75	0,67	0,57	0,46	0,33	0,18	0,00
2/3	1,00	0,93	0,86	0,78	0,69	0,60	0,50	0,39	0,27	0,14	0,00
3/4	1,00	0,92	0,84	0,76	0,67	0,57	0,47	0,36	0,25	0,13	0,00
1	1,00	0,90	0,80	0,70	0,60	0,50	0,40	0,30	0,20	0,10	0,00

122 Zur Herleitung der Varianz vgl. Anhang A.2, S. 187.

Damit sinkt mit steigender Korrelation wie auch steigendem Anteil identischer Einheiten die Varianz und erreicht schließlich für jegliche Größe der Überlappung und Korrelation von eins das Varianzminimum null (vgl. Abb. 21, S. 76).

Im Fall P = 1 bzw. P = 0 entspricht der Designeffekt dem des Differenzenschätzers auf Basis von *Jessen* bzw. dem eines ein-periodischen Schätzers. In den übrigen Überlappungsfällen liegt er allerdings ($\rho = 0{,}1$ ausgeschlossen) geringfügig über dem des Schätzers auf Basis von *Jessen*, jedoch noch immer unterhalb des Designeffektes des ein-periodischen Schätzers.

Entsprechend schlagen *Hansen et al.* einen Kumulationsschätzer vor, der auf dem Modell (2.46) basiert. Als Bedingungen für die Erwartungstreue des Kumulationsschätzers müssen diesmal folgende Beziehungen erfüllt sein: $(a + b) = 1 \wedge (c + d) = 1$, so dass der Schätzer lautet:[123]

$$\begin{aligned}\hat{\Sigma}_{t,t-1} &= \frac{1}{2}(\hat{\mu}_t + \hat{\mu}_{t-1}) \\ &= \frac{1}{2}\left(\begin{array}{l}\frac{Q_{t,t-1}(1-Q_{t,t-1}\rho^2)}{1-Q^2_{t,t-1}\rho^2_{t,t-1}}(\bar{x}_{t-1,u}+\bar{x}_{t,u})+\frac{(1-Q_{t,t-1})}{1-Q^2_{t,t-1}\rho^2_{t,t-1}}(\bar{x}_{t-1,m}+\bar{x}_{t,m})+ \\ \frac{\rho(1-Q)_{t,t-1}Q_{t,t-1}}{1-Q^2_{t,t-1}\rho^2_{t,t.1}}\left[(\bar{x}_{t-1,u}-\bar{x}_{t-1,m})\frac{\sigma_t}{\sigma_{t-1}}+(\bar{x}_{t,u}-\bar{x}_{t,m})\frac{\sigma_{t-1}}{\sigma_t}\right]\end{array}\right)\end{aligned} \tag{2.59}$$

Auch hier verkürzt sich der Ausdruck für den Fall der Annahme einer stationären Varianz auf:

$$\begin{aligned}\hat{\Sigma}_{t,t-1} &= \frac{1}{2}\left[\frac{Q_{t,t-1}(1+\rho)}{1+Q_{t,t-1}\rho}(\bar{x}_{t,u}+\bar{x}_{t-1,u})+\frac{(1-Q_{t,t-1})}{1+Q_{t,t-1}\rho}(\bar{x}_{t,m}+\bar{x}_{t-1,m})\right] \\ &= \frac{1}{2}\left[\Phi_t(\bar{x}_{t,u}+\bar{x}_{t-1,u})+(1-\Phi_t)(\bar{x}_{t,m}+\bar{x}_{t-1,m})\right]\end{aligned} \tag{2.60}$$

Wie beim Differenzenschätzer kann auch dieser Schätzer über die Addition der Mittelwertschätzer aus Gleichung (2.52) für die interessierenden Zeitpunkte hergeleitet werden und die Varianz lautet:

$$\mathrm{Var}(\hat{\Sigma}_{t,t-1}) = \frac{1}{2}\frac{\sigma^2}{n}\left[\frac{1+\rho}{1+Q_{t,t-1}\rho}\right] = \frac{1}{2}\frac{\sigma^2}{n}\frac{\Phi_t}{Q_{t,t-1}} \tag{2.61}$$

Für den Fall einer totalen Überlappung der Stichprobeneinheiten über die beiden Zeitpunkte ist der Anstieg des Designeffektfaktors am höchsten (vgl. Abb. 22, S. 78), da der Korrelationseinfluss in diesem Fall am stärksten ist. Liegt keine

123 Vgl. *Hansen et al.*, a. a. O., S. 275f.

Überlappung der Einheiten vor, so ist der Designeffekt eins und die Schätzung entspricht der einer ein-periodischen Kumulation. In allen anderen Konstellationen ist die Kumulationsschätzung mittels *Hansen et al.* besser, als mittels einer ein-periodischen Kumulation. Allgemein zeigt sich auch hier, dass eine Kumulationsschätzung unter Genauigkeitsgesichtspunkten nur sinnvoll ist, wenn eine totale Rotation vorliegt und damit eine Unabhängigkeit der Stichprobeneinheiten gewährleistet ist.

Abb. 22: Verlauf des Designeffektfaktors des kumulierten Schätzers von Hansen et al.

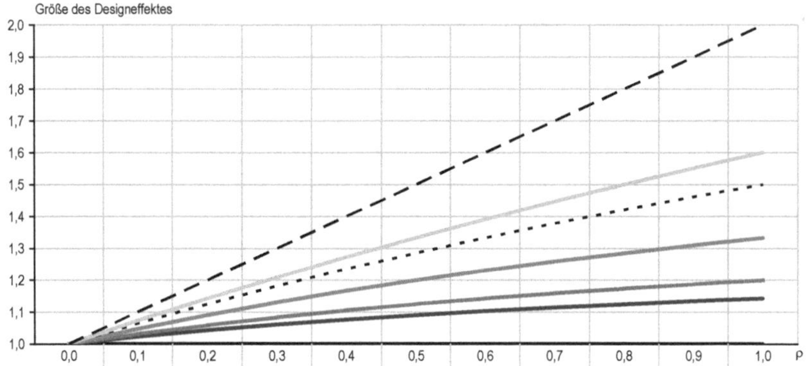

Anteil P	0,0	0,1	0,2	0,3	0,4	0,5	0,6	0,7	0,8	0,9	1,0 P
0	1,00	1,00	1,00	1,00	1,00	1,00	1,00	1,00	1,00	1,00	1,00
1/4	1,00	1,02	1,04	1,06	1,08	1,09	1,10	1,11	1,13	1,13	1,14
1/3	1,00	1,03	1,06	1,08	1,11	1,13	1,14	1,16	1,17	1,19	1,20
1/2	1,00	1,05	1,09	1,13	1,17	1,20	1,23	1,26	1,29	1,31	1,33
2/3	1,00	1,06	1,13	1,18	1,24	1,29	1,33	1,38	1,42	1,46	1,50
3/4	1,00	1,07	1,14	1,21	1,27	1,33	1,39	1,45	1,50	1,55	1,60
1	1,00	1,10	1,20	1,30	1,40	1,50	1,60	1,70	1,80	1,90	2,00

Der Vergleich der Designeffekte der Differenzen- bzw. Kumulationsschätzer von *Jessen* und *Hansen et al.* zeigt, dass sich die Effekte der beiden Schätzer lediglich durch das Vorzeichen unterscheiden. Daher wird nur der Vergleich der Kumulationsschätzer vertieft. Der Schätzer von *Hansen et al.* führt im Fall einer Überlappung unterhalb von 50% zu einer niedrigeren Varianz als der des *Jessenschen* Schätzers, die Differenz ist somit positiv. Sollte der Overlap bei null oder eins liegen, entsprechen sich die Effekte, d. h. die Schätzer kommen zu identischen Ergebnissen. Ist der Overlap schließlich größer oder gleich 50%, ist die Varianz des *hansenschen* Schätzers größer und die Differenz negativ (vgl. Abb. 23, S. 79). Die Entscheidung für die Anwendung des Differenzen- bzw. Kumulationsschätzers von *Jessen* oder *Hansen et al.* ist somit an der Höhe des Overlaps des zugrunde liegenden Designs, bzw. an der anzunehmenden Korrelation, festzumachen.

Abb. 23: Designeffektunterschiede zwischen den kumulierten Schätzern von Jessen und Hansen et al.

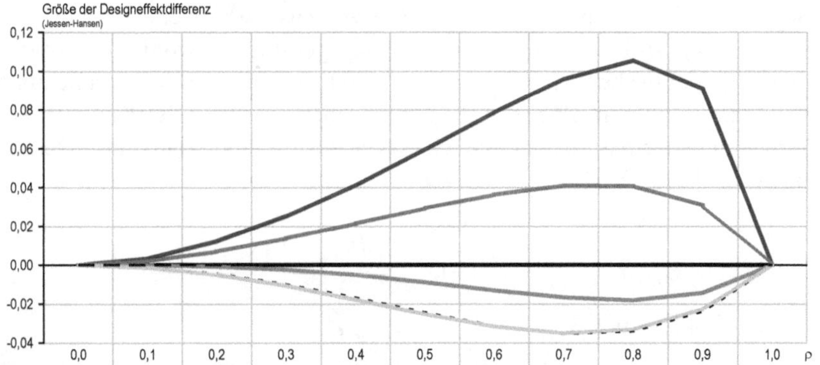

Anteil P	0,0	0,1	0,2	0,3	0,4	0,5	0,6	0,7	0,8	0,9	1,0 ρ
0	0,00	0,00	0,00	0,00	0,00	0,00	0,00	0,00	0,00	0,00	0,00
1/4	0,00	0,00	0,01	0,03	0,04	0,06	0,08	0,10	0,11	0,09	0,00
1/3	0,00	0,00	0,01	0,01	0,02	0,03	0,04	0,04	0,04	0,03	0,00
1/2	0,00	0,00	0,00	0,00	-0,01	-0,01	-0,01	-0,02	-0,02	-0,01	0,00
2/3	0,00	0,00	0,00	-0,01	-0,02	-0,02	-0,03	-0,04	-0,03	-0,02	0,00
3/4	0,00	0,00	0,00	-0,01	-0,02	-0,03	-0,03	-0,03	-0,03	-0,02	0,00
1	0,00	0,00	0,00	0,00	0,00	0,00	0,00	0,00	0,00	0,00	0,00

Eine mögliche Ursache des dargestellten Unterschiedes mag daher rühren, dass beim *Jessenschen* Differenzen- bzw. Kumulationsschätzer aufgrund des Regressionsansatzes Daten aus drei Perioden zur Bildung der Schätzer und bei *Hansen et al.* nur Daten aus den zwei Zeitpunkten herangezogen werden. Die Korrelationseffekte mögen sich so unterschiedlich auswirken. Bei *Jessen* ist davon auszugehen, dass sich die Korrelationseffekte auf die Schätzung stärker auswirken, da Daten aus drei Perioden herangezogen werden. Ein Beleg dafür kann wiederum eine niedrigere Varianz des Kumulationsschätzers von *Jessen* bei einer Überlappung von $P \geq 50\%$ gegenüber dem Schätzer von *Hansen et al.* sein. Ab diesem Overlap verbleiben Daten länger als zwei Perioden in der Stichprobe, so dass sich Korrelationseffekte über drei Perioden erstrecken, die offensichtlich bei diesem Schätzer positive Auswirkungen auf die Varianz haben.

Abschließend sei noch angemerkt, dass das eingangs zugrunde gelegte Modell in (2.46) bei Bildung eines Differenzen- bzw. Kumulationsschätzers über mehr als zwei Perioden, folglich $t > 2$, zu erweitern ist und allgemein formuliert werden kann als:

$$\hat{\mu}_t = \sum_{i=1}^{t} a_{t-i}\overline{x}_{t-i,u} + \left(1 - a_{t-i}\right)\overline{x}_{t-i,m} \qquad \text{mit}\left(1 - a_{t-i}\right) = b_{t-1} \tag{2.62}$$

Für variierende Betrachtungszeiträume sind demnach stets neue Gewichte zu ermitteln.

2.3.5.3 Regressionsschätzer nach Yates

Der dritte und letzte Ansatz der zwei-periodischen Schätzer ist von *Yates*. Die Vorgehensweise entspricht der von *Jessen*: Aus zwei elementaren Schätzern (2.32), (2.34) wird eine Konvexkombination gebildet. Sowohl die Unkorreliertheit nicht identischer Elemente sowie die Konstanz der Stichprobenumfänge werden angenommen. Ebenso geht er von einer Konstanz der Korrelation unter Zugrundelegen eines exponentiellen Schemas im Zeitverlauf aus. Der Erwartungswertschätzer lautet wie folgt: [124]

$$\begin{aligned}\hat{\mu}_t &= \left(\frac{Q_{t,t-1}\left(1-Q_{t,t-1}\right)r^2}{1-Q_{t,t-1}^2 r^2}\right)\overline{x}_{t,u} + \frac{1-Q_{t,t-1}}{1-Q_{t,t-1}^2 r^2}\left(\overline{x}_{t,m} + b\left(\overline{x}_{t-1,u} - \overline{x}_{t-1,m}\right)\right) \\ &= \Phi_t \overline{x}_{t,u} + \left(1-\Phi_t\right)\left[\overline{x}_{t,m} + b\left(\overline{x}_{t-1,u} - \overline{x}_{t-1,m}\right)\right]\end{aligned} \tag{2.63}$$

Über die Herleitung der Gewichte macht *Yates* keine Angaben, jedoch kann gezeigt werden, dass seine Gewichte entsprechend den Gewichten bei *Jessen*, als Kehrwert der Varianzen der beiden Elementarschätzer gebildet wurden. *Yates* weist darauf hin, dass auch im Fall einer lediglich annähernden Varianzidentität zu beiden Zeitpunkten b durch r ersetzt werden sollte, da letzterer geringeren Schätzfehlern unterliegt.[125] Der wesentliche Unterschied zum Ansatz von *Jessen* bzw. *Hansen et al.* liegt in der Verwendung der empirischen Stichprobenkorrelation und nicht der tatsächlichen Korrelation. Es ist daher fraglich, ob dieser Schätzer die MVLU-Eigenschaft erfüllt, da für die Varianzhöhe dieses Schätzers der empirische Korrelationskoeffizient einen entscheidenden Einfluss hat:[126]

$$\operatorname{Var}\left(\hat{\mu}_t\right) = \frac{\sigma_t^2}{n}\left[\frac{1-Q_{t,t-1}r^2}{1-Q_{t,t-1}^2 r^2}\right] = \frac{\sigma^2}{n}\frac{\Phi_t}{Q_{t,t-1}} \tag{2.64}$$

Die optimale Varianz kann unter Verwendung der optimalen Gewichte aus (2.39) und (2.40), jedoch wiederum unter Austausch der Korrelationskoeffizienten, hergeleitet werden und lautet:

$$\operatorname{Var}\left(\hat{\mu}_{t,opt}\right) = \frac{\sigma^2}{n}\left[\frac{1+\sqrt{1-r^2}}{2}\right] \tag{2.65}$$

Somit entspricht auch bei *Yate*s der relative Genauigkeitsgewinn seines Schätzers annähernd den Ergebnissen von *Jessen* und *Hansen et al.*, bis auf die Verwendung der empirischen anstatt der wahren Korrelation.

---

124 Vgl. *Yates, F.*: Sampling Methods for Censuses and Surveys, London 1971, S. 175ff.

125 Vgl. *ebenda*, S. 176f.

126 Vgl. *ebenda*, S. 234. Zur Herleitung der Varianz vgl. Anhang A.2, S. 187.

Als Differenzenschätzer formuliert *Yates* die addierten, gewichteten Differenzen der beiden Mittelwerte der identischen bzw. nicht-identischen Stichprobeneinheiten der Zeitpunkte. Demnach entspricht der Differenzenschätzer nur annähernd der Differenz zwischen den beiden Erwartungswertschätzern zu den beiden Zeitpunkten entsprechend (2.63). [127] Zunächst werden die beiden Varianzen der Differenz der beiden Elementarschätzer der identischen bzw. nicht-identischen Stichprobeneinheiten gebildet:

$$\operatorname{Var}\left(\overline{x}_{t,m}-\overline{x}_{t-1,m}\right)=2\frac{\sigma^2}{n_m}(1-r)=\frac{1}{W_m} \tag{2.66}$$

$$\operatorname{Var}\left(\overline{x}_{t,u}-\overline{x}_{t-1,u}\right)=2\frac{\sigma^2}{n_u}=\frac{1}{W_u} \tag{2.67}$$

Das Gewicht des Differenzenschätzers ergibt sich somit als:

$$\Phi_t=\frac{W_u}{W_u+W_m}=\frac{Q_{t,t-1}(1-r)}{1-Q_{t,t-1}r} \tag{2.68}$$

Und der Differenzenschätzer von *Yates* lautet:

$$\begin{aligned}\hat{\Delta}_{t,t-1}&=\left(\frac{Q_{t,t-1}(1-r)}{1-Q_{t,t-1}r}\right)\left(\overline{x}_{t,u}-\overline{x}_{t-1,u}\right)+\frac{1-Q_{t,t-1}}{1-Q_{t,t-1}r}\left(\overline{x}_{t,m}-\overline{x}_{t-1,m}\right)\\&=\Phi_t\left(\overline{x}_{t,u}-\overline{x}_{t-1,u}\right)+\left(1-\Phi_t\right)\left(\overline{x}_{t,m}-\overline{x}_{t-1,m}\right)\end{aligned} \tag{2.69}$$

mit der Varianz, unter Annahme der Varianzstationarität:

$$\begin{aligned}\operatorname{Var}\left(\hat{\Delta}_{t,t-1}\right)&=2\frac{\sigma^2}{n}\left[\frac{1-r}{1-Q_{t,t-1}r}\right]\\&=2\frac{\sigma^2}{n}\frac{\Phi_t}{Q_{t,t-1}}\end{aligned} \tag{2.70}$$

Die Geltung der MVLU-Eigenschaft ist auch hier in Frage zu stellen. Auch der kumulierte Schätzer wird entsprechend (2.69) gebildet, nachdem die Gewichte ermittelt wurden. Die Schätzer unterscheiden sich wiederum lediglich durch den Korrelationskoeffizienten vom Ansatz von *Hansen et al.*:

$$\begin{aligned}\hat{\Sigma}_{t,t-1}&=\frac{1}{2}\left[\left(\frac{Q_{t,t-1}(1+r)}{1+Q_{t,t-1}r}\right)\left(\overline{x}_{t,u}+\overline{x}_{t-1,u}\right)+\frac{1+Q_{t,t-1}}{1+Q_{t,t-1}r}\left(\overline{x}_{t,m}+\overline{x}_{t-1,m}\right)\right]\\&=\frac{1}{2}\left[\Phi_t\left(\overline{x}_{t,u}+\overline{x}_{t-1,u}\right)+\left(1-\Phi_t\right)\left(\overline{x}_{t,m}+\overline{x}_{t-1,m}\right)\right]\end{aligned} \tag{2.71}$$

---

127 Vgl. *ebenda*, S. 175ff.

Die Varianz lautet:

$$\begin{aligned}\operatorname{Var}\left(\hat{\Sigma}_{t,t-1}\right) &= \frac{1}{2}\frac{\sigma^2}{n}\left[\frac{1+r}{1+Q_{t,t-1}r}\right] \\ &= \frac{1}{2}\frac{\sigma^2}{n}\frac{\Phi_t}{Q_{t,t-1}}\end{aligned} \tag{2.72}$$

In der theoretischen Erörterung der Designeffekte ergibt sich ein identisches Bild des Verlaufs wie bei *Hansen et al.*, da zunächst eine Identität der Korrelationskoeffizienten angenommen werden muss. Auch die Schlussfolgerungen des Vergleichs zwischen den Schätzern von *Hansen et al.* und *Jessen* können übertragen werden. Empirisch sind jedoch in beiden Fällen Unterschiede zu vermuten.

2.3.6 Mehr-periodische Schätzer

2.3.6.1 Ansatz von Yates und dessen Weiterführung

Grundlage des Ansatzes von *Yates* ist eine Erweiterung der Überlegungen von *Jessen*[128] zur zwei-periodischen Schätzung, ebenfalls auf Basis einer Ein-Ebenen Rotation[129]. In den Schätzer fließen sowohl aktuelle Teilstichprobenergebnisse als auch Ergebnisse aus den zurückliegenden Zeitpunkten ein. Die entscheidende Abweichung zu den bisherigen Schätzern liegt in der Verwendung des regressionsanalytisch verbesserten Schätzers $\hat{\mu}_{t-1}$ anstatt $\overline{x}_{t-1}$ für die aktuelle Schätzung $\hat{\mu}_t$. Ebenso wird in die Schätzung von $\hat{\mu}_{t-1}$ wiederum der regressionsanalytisch angepasste Schätzer $\hat{\mu}_{t-2}$ eingebunden. Demnach basiert der Schätzer des aktuellen Zeitpunktes schlussendlich auf einer Folge von Regressionsschätzern aus den vorangegangenen Zeitpunkten, mit Ursprung im Ausgangszeitpunkt. Diese Form eines Schätzers, der auf allen vorangegangenen Schätzern basiert, wird als Composite Schätzer[130] bezeichnet. *Yates* stellte bezüglich dieser Art von Schätzer folgende Problematik fest: „Allgemeine Lösungen sind nicht mehr möglich, sondern approximierte Lösungen müssen gefunden werden, die denen für zwei Zeitpunkte ähneln und die für den praktischen Gebrauch ausreichen“[131].

Der Ansatz von *Yates* wird im Folgenden nicht für sich allein vorgestellt, sondern es wird ferner auf die Überlegungen von *Patterson* und *Eckler* eingegangen, deren Schätzer dem Ansatz von *Yates* entsprechen bzw. diesen weiterführen. Alle vorgestellten Modelle von *Yates*, *Patterson* und *Eckler*, beruhen auf der An-

128 Vgl. Formel (2.36), S. 67.

129 Vgl. Abschnitt 2.2.2, S. 49ff.

130 Zur Definition eines Composite Schätzers vgl. *Gurnay, M.; Daly, J. F.*: a. a. O, S. 248 sowie Abschnitt 2.3.6.2, S. 94f.

131 Vgl. *Yates, F.*: a. a. O., S. 179.

nahme unendlicher Grundgesamtheiten $N \rightarrow \infty$.[132] Diese Festlegung der Grundgesamtheitsgestalt ist bei mehr-periodischen Ansätzen entscheidend, da alle Schätzer linear sind und aufgrund der Composite-Gestalt Reihen implizieren. Darüber hinaus geht *Yates* von einem festen Anteil Q der Stichprobeneinheiten aus, der in jedem Zeitpunkt ersetzt wird. Für die Varianz der Grundgesamt σ^2 und die bekannte empirische Korrelation r zwischen gleichen Stichprobeneinheiten aufeinander folgender Zeitpunkte werden sowohl für den Elementarschätzer als auch den zusammengesetzten Schätzer Stationarität angenommen. Bezüglich der Korrelation identischer Stichprobeneinheiten zwischen einem weiter auseinander liegenden Zeitpunkt t-2, t-3, t-4... und dem aktuellen Zeitpunkt t wird ein konstantes exponentielles Schema der Art $r, r^2, r^3 \ldots$ unterstellt. Dementsprechend gilt $\mathrm{Cov}\left(x_{i,t}; x_{i,t-s}\right) = r^s \sigma^2_{t,t-s}$ und $r^s \sigma^2_{t-1,t-(s+1)} = \mathrm{Cov}\left(x_{i,t-1}; x_{i,t-(s+1)}\right)$ für die Kovarianzen. Diese Annahme ist zu treffen, wenn Teilstichprobeneinheiten länger als zwei Zeitpunkte in der Stichprobe verbleiben und folglich der Anteil identischer Stichprobeneinheiten höher als 50% ist. Unter „normalen" Umständen, so *Yates*, wird es jedoch keine größeren Genauigkeitsverluste geben, falls die Annahme nicht exakt erfüllt ist.[133]

Yates nimmt an, dass $\hat{\mu}_t$ der effizienteste Schätzer zum Zeitpunkt t unter Berücksichtigung aller Ergebnisse bis zu diesem und inklusive diesem Zeitpunkt ist und $\hat{\mu}_{t-1}$ entsprechend der genaueste Schätzer für t - 1. Unter den gegebenen Annahmen formuliert er folgende Beziehung zwischen den Werten der beiden Zeitpunkte:

$$\hat{\mu}_t = \Phi_t \overline{x}_{t,u} + \left(1 - \Phi_t\right)\left[\overline{x}_{t,m} + r\left(\hat{\mu}_{t-1} - \overline{x}_{t-1,m}\right)\right] \tag{2.73}$$

Das optimale Gewicht Φ_t, das in diesen Composite Schätzer eingeht, ist eine Funktion, die von r, P und t, der Anzahl der Zeitpunkte, abhängt. Dabei konvergiert dieses Gewicht mit steigendem t sehr schnell zu dem von *Patterson* formulierten Grenzwert, der lediglich von den über die Zeit hinweg konstanten Werten r und P abhängt.[134]

$$\Phi := \lim_{t \to \infty}\left(\Phi_t\left(r, P\right)\right) = \frac{-\left(1 - r^2\right) + \sqrt{\left(1 - r^2\right)\left\{1 - r^2\left(1 - 4PQ\right)\right\}}}{2Pr^2} \tag{2.74}$$

Für zwei Zeitpunkte ergibt sich das bereits bekannte Gewicht aus (2.63):

$$\Phi_2\left(r, P\right) = \frac{Q\left(1 - Qr^2\right)}{1 - Q^2 r^2} \tag{2.75}$$

---

132 Vgl. *Eckler, A. R.*: a. a. O., S. 665; *Tikkiwal, B. D.*: a. a. O., S. 368.

133 Vgl. *Yates, F.*: a. a. O., S. 179.

134 Vgl. *ebenda*, S. 179; *Patterson, H. D.*: Sampling on Successive Occasions with Partial Replacement of Units, in: Journal of the Royal Statistical Association, Vol. 50, 1950, S. 244.

und für mehr als zwei Zeitpunkte schlägt *Yates* bereits den Grenzwert als optimales Gewicht vor:

$$\Phi_{t>2}(r,P) = \Phi \tag{2.76}$$

Als Grenzwert der Varianz für den Fall $t \to \infty$ und den Fall, dass stets die identische Austauschpolitik Anwendung findet, gibt *Yates* an:[135]

$$\lim_{t\to\infty} \operatorname{Var}(\hat{\mu}_t) = \frac{\sigma^2}{n}\frac{\Phi}{Q} \tag{2.77}$$

Im Grenzfall liegt der relative Genauigkeitsgewinn demnach bei Q/Φ und dementsprechend verläuft der Designeffekt mit steigender Korrelation sinkend. Darüber hinaus entsprechen sich die jeweiligen Effekte für die Fälle P und (1 - P) (vgl. Abb. 24). Strebt der Korrelationskoeffizient gegen null, konvergiert der Designeffekt gegen Eins. Schließlich, bei einer Korrelation von null wie auch bei einer Überlappung von null oder eins, bleiben die Gewichte undefiniert, so dass auch die Varianz unbestimmt ist. Des Weiteren kann gezeigt werden, dass sich der Mehraufwand für die Entwicklung des mehrperiodischen Schätzers nur dann lohnt, wenn der Korrelationskoeffizient größer als 0,8 ist. In diesen Fällen können, wie die folgende Abbildung zeigt, wesentlich höhere Genauigkeitsgewinne durch den mehr-periodischen Schätzer resultieren, als durch den zwei-periodischen mit optimaler Überlappung (vgl. (2.41) und Abb. 17, S. 69).

Abb. 24: Verlauf des Designeffektfaktors des Erwartungswertschätzers von Yates für den Grenzfall im Vergleich zum Zwei-Perioden Fall mit P_{opt}

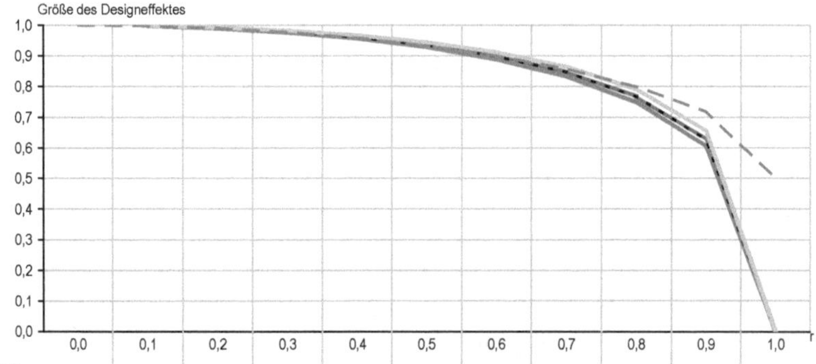

Anteil P	0,0	0,1	0,2	0,3	0,4	0,5	0,6	0,7	0,8	0,9	1,0
0											
1/4		1,00	0,99	0,98	0,97	0,94	0,91	0,87	0,79	0,66	0,00
1/3		1,00	0,99	0,98	0,96	0,94	0,90	0,85	0,77	0,63	0,00
1/2		1,00	0,99	0,98	0,96	0,93	0,89	0,83	0,75	0,61	0,00
2/3		1,00	0,99	0,98	0,96	0,94	0,90	0,85	0,77	0,63	0,00
3/4		1,00	0,99	0,98	0,97	0,94	0,91	0,87	0,79	0,66	0,00
1											
P_{opt}	1,000	0,997	0,990	0,977	0,958	0,933	0,900	0,857	0,800	0,718	0,500

135 Vgl. *Yates, F.*: a. a. O., S. 234.

Patterson leitet mit seinen Überlegungen zunächst eine allgemeine Theorie für Erwartungswertschätzer bei überlappenden Stichproben her.[136] Seine Weiterführung der Ergebnisse von *Yates* bestand darin, eine notwendige und hinreichende Bedingung zu finden, die aus einer Klasse linearer unverzerrter effizienter Schätzer den Minimumvarianzschätzer ermittelt.[137] Diese Bedingung auf einen iterativ aufgebauten effizienten Erwartungswertschätzer angewandt, führt zum Schätzer von *Yates*. Des Weiteren ermittelte *Patterson* Schätzer für die Differenz von Mittelwerten und behandelte die Frage des optimalen Stichprobenumfangs.

Um die gesuchte Bedingung herzuleiten, werden folgende Modellannahmen zugrunde gelegt: Für eine Grundgesamtheit vom Umfang N existieren für eine Reihe von t Zeitpunkten und die Elemente i jeweils Beobachtungen der Variablen X. Ein zugrunde gelegtes Ziehungsmodell gewinnt zu den Zeitpunkten $1, 2, \ldots, t$ aus der Grundgesamtheit Werte. Die gemeinsame Verteilungsfunktion $X_1, X_2, \ldots, X_t$ hat endliche Momente erster und zweiter Ordnung.[138] Als Konstanten, die nicht alle gleich null sind, werden w_{lj} mit $i = 1, \ldots, n_l$ und $l = 1, \ldots, t$ definiert, wobei n_l der Stichprobenumfang im Zeitpunkt l ist. Schließlich ist $\hat{\mu}_t$ ein linearer unverzerrter effizienter Erwartungswertschätzer der Art:

$$\hat{\mu}_t = \sum_{l=1}^{t} \sum_{i=1}^{n_l} w_{li} x_{li} \qquad (2.78)$$

wobei im Fall der Unverzerrtheit des Schätzers gelten muss:

$$\sum_{i=1}^{n_l} w_{li} = \begin{cases} 1 \; ; \; l = t \\ 0 \; ; \; l \neq t \end{cases} \qquad (2.79)$$

Der Minimumvarianz Schätzer ist dann über die Lösung folgender Langrangefunktion zu bestimmen:

$$L\left(w, \lambda(l)\right) = \operatorname{Var}\left(\hat{\mu}_t\right) - 2\sum_{l=1}^{t}\left(\lambda_t(l)\sum_{i=1}^{n_l} w_{li}\right) \qquad (2.80)$$

Die Minimierung dieser Funktion führt zu einem Gleichungssystem, das die allgemeine Bedingung für einen MVLU-Schätzer darstellt, wobei weder eine Unendlichkeit der Grundgesamtheit, noch eine Stationarität der Varianz oder ein exponentielles Korrelationsschema gegeben sein müssen:[139]

$$\operatorname{Cov}\left(x_{li}; \hat{\mu}_t\right) = \lambda_t(l) \text{ für alle } i \text{ und } l \qquad (2.81)$$

136 Vgl. *Binder, D. A.; Hidiroglou, M. A.*: a. a. O., S. 192.
137 Vgl. *Eckler, A. R.*: a. a. O., S. 665.
138 Vgl. *ebenda*, S. 666; *Patterson, H. D.*: a. a. O., S. 241.
139 Vgl. *Eckler, A. R.*: a. a. O., S. 666.

Mittels eines komplexen Lösungsweges kann obiges Gleichungssystem gemeinsam mit den l Gleichungen, die die Restriktionen w_{li} beschreiben, für w_{li} und $\lambda_t(l)$ gelöst werden, so dass sich ein Ergebnis für den Erwartungswertschätzer (2.78) findet, welches alle $w_{li} \cdot x_{li}$ beinhaltet.[140]

Auf Basis dieser Herleitung der Bedingung für einen MVLU-Schätzer leitet *Patterson* nun einen MVLU-Schätzer für den Erwartungswert im Zeitpunkt t her. Die getroffenen Annahmen entsprechen soweit denen von *Yates*, jedoch wird nochmals explizit darauf hingewiesen, dass nicht identische Elemente unkorreliert sind. Darüber hinaus verwendet er nicht die empirische, sondern die tatsächliche Korrelation ρ zwischen identischen Elementen zwischen zwei Zeitpunkten, die als bekannt vorausgesetzt wird.[141] *Patterson* stellt folgenden iterativen Erwartungswertschätzer für den aktuellen Zeitpunkt auf:

$$\hat{\mu}_t = \varphi\hat{\mu}_{t-1} + \theta\overline{x}_{u,t-1} - (\varphi + \theta)\overline{x}_{m,t-1} + (1 - \varphi)\overline{x}_{m,t} + \varphi\overline{x}_{u,t} \tag{2.82}$$

wobei $\hat{\mu}_{t-1}$ der oben beschriebene effiziente Schätzer für den vorangegangenen Zeitpunkt unter der Bedingung (2.81) ist.[142] In diesem Fall und dem Zugrundelegen des angenommenen exponentiellen Korrelationssystems leitet *Patterson* einem MVLU-Schätzer her, der dem von *Yates* (2.73) entspricht. Aufgrund der Identität der beiden Gleichungen (2.82) und (2.73) sind auch beide Schätzer effizient. Die Gewichte Φ_l, die die Varianz des Schätzers von *Yates* und *Patterson* minimieren, können aufgrund der Herleitungen von *Patterson* nun explizit berechnet werden. Es gilt die Rekursionsformel mit Startwert: $\Phi_l = 1 - P$, so dass für den zweiten Zeitpunkt (2.75) und für die weiteren Zeitpunkte gilt:[143]

$$\Phi_t = 1 - \frac{P}{1 - (P - Q)\rho^2 - P\rho^2(1 - \Phi_{t-1})} \tag{2.83}$$

bzw. allgemein, für den Fall variierender Stichprobenumfänge oder Varianzen zu den Zeitpunkten:[144]

$$\Phi_t = 1 - \frac{n_{t,m} n_{t-1,u}}{n_t n_{t-1,u} - \rho^2 n_{t,u}(n_{t-1,u} - \Phi_{t-1} n_{t,m})} \quad \text{für } n_{t,u} \neq 0 \tag{2.84}$$

Das Ergebnis deckt sich mit dem in (2.74) beschriebenem Konvergenzgewicht von *Yates*, abgesehen von der Verwendung der tatsächlichen Korrelation. Die explizit formulierte Varianz lautet[145]:

140 Vgl. *Patterson, H. D.*: a. a. O., S. 242.
141 Vgl. *ebenda*, S. 242.
142 Vgl. *Eckler, A. R.*: a. a. O., S. 667.
143 Vgl. *Patterson, H. D.*: a. a. O., S. 244.
144 Vgl. *ebenda*, S. 249.
145 Vgl. *ebenda*, S. 249.

$$\mathrm{Var}(\hat{\mu}_t) = \frac{\sigma^2}{n}\frac{\Phi_t}{Q} \tag{2.85}$$

bzw. allgemeiner für unterschiedliche Stichprobenumfänge und Überlappungen:

$$\begin{aligned}\mathrm{Var}(\hat{\mu}_t) &= \frac{\sigma^2}{n_t}\frac{\Phi_t}{Q_t} && \text{wenn } n_{t,u} \neq 0, n_{t-1,u} \neq 0 \\ &= \sigma^2\left(\frac{(1-\rho^2)}{n_t} + \frac{\rho^2\Phi_{t-1}}{n_{t-1,u}}\right) && \text{wenn } n_{t,u} = 0, n_{t-1,u} \neq 0\end{aligned} \tag{2.86}$$

Bezüglich der optimalen Teilstichprobenumfänge und der Überlappungshöhe empfiehlt *Patterson* folgende Vorgehensweise, sofern die Bedingung der Varianzstationarität weiterhin erfüllt ist: Im ersten Zeitpunkt sollten n Stichprobeneinheiten gewählt werden, im zweiten nur noch $n((1 - \rho^2)^{0,5} - ((1 - \rho^2)/\rho^2))$ neue Elemente hinzukommen und ab allen folgenden ist die optimale Austauschpolitik, jeweils 50% der Stichprobenelemente zu ersetzen, falls der Korrelationskoeffizient kleiner als eins ist. Sollte er gleich eins sein, so sollte der Anteil gleicher Einheiten ebenfalls eins sein.[146]

Vier Aspekte sind bei dem genannten Schätzer noch zu erwähnen. Zunächst kritisiert *Tikkiwal*[147] und zeigt, dass die MVLU-Eigenschaft bei unendlicher Grundgesamtheit nur gilt, falls Φ_t und ρ, wie auch σ^2 bekannt sind. Müssen diese Koeffizienten jedoch aus der Stichprobe geschätzt werden, kann der Schätzer nur noch unter gewissen Normalverteilungsannahmen Anwendung finden, womit der Schätzer für die praktische Anwendung an Nutzen einbußt. Des Weiteren weitet *Tikkiwal* den Ansatz von *Yates* und *Patterson* auf den Fall einer endlichen Grundgesamtheit aus. Ist der Umfang der Grundgesamtheit N, gilt für die Varianz des MVLU-Schätzers bei bekanntem Gewicht und Korrelation:[148]

$$\mathrm{Var}(\hat{\mu}_t) = \frac{\sigma_t^2}{n_t}\left(\frac{\Phi_t}{Q_t} - \frac{1}{N}\right) = \left(\frac{\sum_{i=2}^{N}(x_{it} - \bar{x}_t)^2}{N-1}\right)\left(\frac{\Phi_t}{n_{t,u}} - \frac{1}{N}\right) \tag{2.87}$$

Es zeigt sich jedoch, dass die Varianz dieses Schätzers mit steigendem Grundgesamtheitsumfang gegen die des Schätzers für unendliche Grundgesamtheiten konvergiert. Bereits ab einem Stichprobenumfang von mehr als 2.000 Einheiten entsprechen sich die Varianzen bis auf drei Stellen hinter dem Komma.

146 Vgl. *Eckler, A. R.*: a. a. O., S. 676; *Patterson, H. D.*: a. a. O., S. 252.

147 Vgl. *Tikkiwal, B. D.*: a. a. O., S. 370ff.

148 Vgl. *ebenda*, S. 371. Damit geht in seinen Schätzer nicht der tatsächliche Korrelationskoeffizient r wie in Gleichung (2.73) ein, sondern $\beta_t = \rho_{t-1,t}\sigma_t/\sigma_{t-t}$.

Sollten auch die Korrelationskoeffizienten geschätzt werden, so ist unter den Annahmen eines Superpopulationsmodells und das $n_{t,m}$ eine Unterstichprobe von n_{t-1} ist, der Schätzer unverzerrt. Als konsistenter und annähernd unverzerrter Schätzer der Varianz ergibt sich:[149]

$$\operatorname{Var}(\hat{\mu}_t) = \frac{\hat{\sigma}_t^2}{n_t}\left(\frac{\hat{\Phi}_t}{Q_t} - \frac{1}{N}\right) = \left(\frac{\sum_{i=1}^{n_t}(x_{it} - \overline{x}_t)^2}{n_t - 1}\right)\left(\frac{\hat{\Phi}_t}{n_{t,u}} - \frac{1}{N}\right) \tag{2.88}$$

Einen weiteren zu diskutierenden Aspekt stellt die Annahme bezüglich des Korrelationsmusters dar. *Tikkiwal* und *Prabhu-Ajgaonkar* führten diese Ergebnisse bezüglich unterschiedlicher Korrelationsmuster zwischen den Zeitpunkten weiter aus[150], so dass sie für die Varianz im allgemeinen Fall mit jedwedem Korrelationsmuster nachfolgende Gleichung herleiteten:[151]

$$\operatorname{Var}(\hat{\mu}_h) = \frac{\sigma_t^2}{n_t}\frac{\hat{\Phi}_t}{Q_t} + \sum_{t=1}^{1}\left(\rho'_{t-1,t} - \rho_{t-1,t}\right)\frac{\partial \operatorname{Var}_t\left(\rho''_{t-1,t}\right)}{\partial \rho''_{t-1,t}} \tag{2.89}$$

wobei gilt:

$$\rho''_{t-1,t} = \rho_{t-1,t} + \theta_{t-1,t}\left(\rho'_{t-1,t} - \rho_{t-1,t}\right) \qquad 0 < \theta_{t-1,t} < 1 \tag{2.90}$$

So konnte gezeigt werden, dass der allgemeine MVLU-Schätzer bei beliebigem Korrelationsschema:

$$\hat{\mu}_t = \Phi_t \overline{x}_{t,u} + (1 - \Phi_t)\left(\overline{x}_{t,m} + \beta_t\left(\hat{\mu}_{t-1} - \overline{x}_{t-1,m}\right)\right) \tag{2.91}$$

lautet[152], wobei die überlappenden Stichprobeneinheiten zwischen den Zeitpunkten eine Unterstichprobe der neuen Einheiten vorangegangener Zeitpunkte sein müssen. Sollte diese Forderung nicht erfüllt sein, kann der Schätzer trotz allem ohne größere Effizienzverluste angewandt werden.[153] Für den Regressionskoeffizienten gilt: $\beta_t = \rho_{t,t-1}\sigma_t/\sigma_{t-1}$.[154]

Einen letzten Aspekt stellen variierende Überlappungsanteile über die Zeit dar, die u. a. von *Eckler* näher diskutiert wurden. Als optimalen Anteil P bei einer Ein-Ebenen Rotation schlägt er vor:

---

149 Vgl. *ebenda*, S. 373.
150 Vgl. *ebenda*, S. 374.
151 Vgl. *ebenda*, S. 377.
152 Vgl. *Binder, D. A.; Hidiroglou, M. A.*: a. a. O., S. 194.
153 Vgl. *Tikkiwal, B. D.*: a. a. O., S. 375, Theorem 3.2.
154 Sowohl im infiniten als auch finiten Fall, vgl. *ebenda*, S. 375.

$$P_t = 1 + \left(1-\rho^2\right) - \frac{\sqrt{1-\rho^2}}{\rho^2 G_{t-1}} \qquad \text{mit } G_t = \frac{\rho^2 G_{t-1}}{\rho^2 G_{t-1} + \left(1+\sqrt{1+\rho^2}\right)^2} \tag{2.92}$$

Als Startwert wählt er $G_1 = 1$, wobei dieser optimale Anteil ab dem vierten Zeitpunkt gegen 50% konvergiert. Als Varianz ergibt sich im optimalen Fall als:[155]

$$\operatorname{Var}\left(\hat{\mu}_t\right) = \frac{\sigma^2}{n}\left[\frac{\rho^2 G_{i-1}}{\left(\rho^2 G_{i-1}\right)} + \left(1+\sqrt{1-\rho^2}\right)^2\right] \tag{2.93}$$

Soweit zu den Ausführungen bezüglich des Erwartungswertschätzers von *Yates* mit den Weiterführungen von *Patterson* und *Eckler*.

Patterson leitet mit entsprechender Methode zur Ermittlung des Erwartungswertschätzers, einen MVLU-Schätzer für die Differenz zweier beliebiger Erwartungswerte her, der abermals dem Differenzenschätzer von *Yates* entspricht. Der Schätzer lautet[156]:

$$\begin{aligned}\hat{\Delta}_{t,t-h} = &\left[\Phi_t \overline{x}_{t,u} + \left(1-\Phi_t\right)\left[\overline{x}_{t,m} + \rho\left(\hat{\mu}_{t-h} - \overline{x}_{t-h,m}\right)\right]\right] - \\ &\left[\Phi_{t-}\overline{x}_{t-h,u} + \left(1-\Phi_t\right)\left[\overline{x}_{t-h,m} + \rho\left(\hat{\mu}_{t-(h-1)} - \overline{x}_{t-(h-1),m}\right)\right]\right]\end{aligned} \tag{2.94}$$

Den Grenzwert der Varianz geben *Patterson* - *Yates* für aufeinander folgende Zeitpunkte an mit[157]:

$$\operatorname{Var}\left(\hat{\Delta}_{t,t-1}\right) = 2\frac{\sigma^2}{n}\left[\frac{\Phi_t}{Q}\left(1-\rho\left(1-\Phi_t\right)\right)\right] \tag{2.95}$$

Wie beim Erwartungswertschätzer konvergiert der Designeffekt gegen Eins, sofern die Korrelation gegen null konvergiert (vgl. Abb. 25, S. 90, gestrichelte Linie). Im Grenzfall einer Korrelation von null, ist er abermals mathematisch undefiniert, da Gewicht und Varianz unbestimmt sind. Gleiches gilt für eine 0%-ige bzw. 100%-ige Überlappung. Entgegen dem Designeffekt des Erwartungswertschätzers von *Patterson* - *Yates* decken sich die Effekte für Überlappungen von P und (P - 1) nicht.

Der Vergleich mit dem Designeffekt des Differenzenschätzers von *Yates* im zwei-periodischen Modell zeigt, dass mittels der mehr-periodischen Schätzung, zumindest im Grenzfall, keine Verbesserung bzw. ein Genauigkeitsgewinn generiert werden kann (vgl. Abb. 25, S. 90). Die ermittelten Designeffekte liegen für alle Korrelationen und Überlappungsvarianten stets über denen der zwei-perio-

---

155 Vgl. *Eckler, A. R.*: a. a. O., S. 677f.

156 Vgl. *Patterson, H. D.*: a. a. O., S. 245, *Yates, F.*: a. a. O., S. 180.

157 *Yates* bezieht den empirischen Korrelationskoeffizienten ein.

dischen Schätzung. Somit erscheint der Mehraufwand einer solchen Schätzung zumindest für die Differenzenschätzung nicht gerechtfertigt. Einzig im Vergleich zum Differenzenschätzer auf Basis von *Jessen* resultiert für den mehr-periodischen Schätzer bei einer Überlappung von $]50\%;100\%[$ ein höherer Genauigkeitsgewinn, der aber nicht explizit dargestellt wird.

Abb. 25: Vergleich der Designeffektfaktoren des Differenzenschätzers im zwei-periodischen Fall (Yates) mit dem im mehr-periodischen Fall (Patterson - Yates)

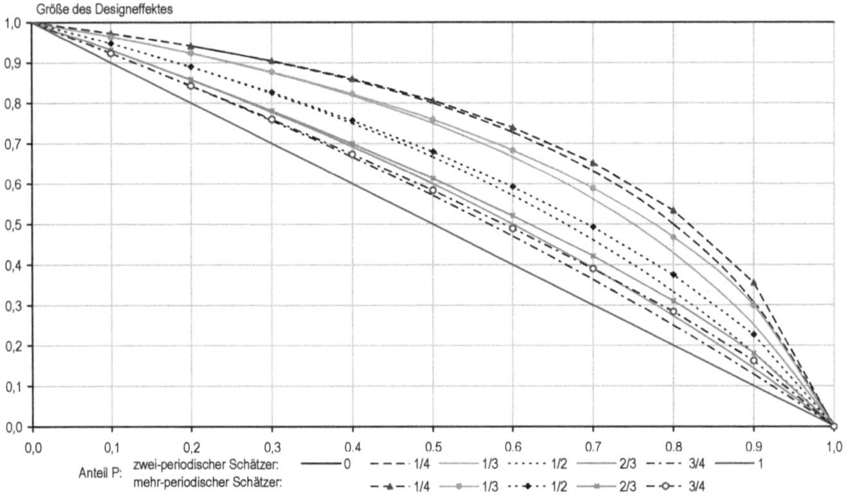

Im Fall des Vorliegens von Informationen aus t zur Verbesserung des Erwartungswertschätzers des vorangegangenen Zeitpunktes ${}_{t}\hat{\mu}_{t-1}$, lautet der effiziente Schätzer der Veränderung:

$$ {}_{t}\hat{\Delta}_{t,t-1} = \left(1+\rho\Phi_{t-1}\right)\hat{\mu}_{t} - \rho\Phi_{t-1}\overline{x}_{t,u} - \hat{\mu}_{t-1} \tag{2.96}$$

und die Varianz verringert sich geringfügig zu:

$$ \mathrm{Var}\left({}_{t}\hat{\Delta}_{t,t-1}\right) = \frac{\sigma^2}{n}\left[\frac{\Phi_t}{Q} + \frac{\Phi_{t-1}}{Q}\left(1-\rho^2\Phi_{t-1}\left(1-\Phi_t\right) - 2\rho\left(1-\Phi_t\right)\right)\right] \tag{2.97}$$

Sollte die Zeitspanne „groß“ sein, dann kann die Varianz auch wie folgt geschrieben werden:

$$ \mathrm{Var}\left({}_{t}\hat{\Delta}_{t,t-1}\right) = 2\frac{\sigma^2}{n}\left[\frac{\Phi}{Q}\left(1-\frac{\rho}{2}\left(1-\Phi\right)\left(2+\rho\Phi\right)\right)\right] \tag{2.98}$$

Entsprechend (2.94) kann nun auch ein kumulierter Erwartungswertschätzer gebildet werden als:

$$\begin{aligned}\hat{\Sigma}_{t,t-h} = &\left[\Phi_t \overline{x}_{t,u} + (1-\Phi_t)\left[\overline{x}_{t,m} + \rho\left(\hat{\mu}_{t-h} - \overline{x}_{t-h,m}\right)\right]\right] + \\ &\left[\Phi_{t-} \overline{x}_{t-h,u} + (1-\Phi_t)\left[\overline{x}_{t-h,m} + \rho\left(\hat{\mu}_{t-(h-1)} - \overline{x}_{t-(h-1),m}\right)\right]\right]\end{aligned} \tag{2.99}$$

jedoch wird über den Verlauf der Varianz keine Angabe gemacht. Es ist zu erwarten, dass diese mit der Zahl der zur Verfügung stehenden Zeitpunkte und der damit verbundenen steigenden Zahl der regressionsanalytisch verbesserten Erwartungswertschätzer $\hat{\mu}_{t-(h-1)}$, die wiederum die einhergehenden Korrelationseffekte verstärken, stetig steigen wird.

Die bisherigen Schätzer bezogen sich auf Modelle einer Ein-Ebenen Rotation. *Eckler* überträgt die Ergebnisse nun auf eine Mehr-Ebenen Rotationen, die in einem Zeitpunkt nicht nur aktuelle Daten, sondern auch solche aus vorangegangenen Zeitpunkten erhebt. Speziell bei der Zwei-Ebenen Rotation werden demnach in t ebenso Ergebnisse der interessierenden Variablen aus t - 1 ermittelt. Die Designdifferenzierung ist für die iterative Bildung eines MVLU-Schätzers, die beeinflusst wird von der Datenerhebung im Zeitverlauf, bedeutend.[158] *Eckler* nimmt zusätzlich zu den bisherigen Annahmen eine Stationarität des Stichprobenumfangs an.[159] Der Erwartungswertschätzer ist wie folgt formuliert:

$$\hat{\mu}_t = \overline{x}_{t,1} - \Phi_t \overline{x}_{t-1,1} + \Phi_t \hat{\mu}_{t-1} \tag{2.100}$$

Die Konstante Φ_t hat, bei Geltung der MVLU-Bedingung von *Patterson* nach *Eckler*, folgende Lösung:[160]

$$\Phi_t = \frac{\rho}{2 - \Phi_{t-1}\rho} \quad \text{mit} \quad \Phi_1 = 0 \tag{2.101}$$

so dass sich für die Varianz des Schätzers ergibt:

$$\operatorname{Var}(\hat{\mu}_t) = \frac{\sigma^2}{n}(1 - \Phi_t \rho) \tag{2.102}$$

Sowohl die Konstante als auch die Varianz konvergieren gegen:

$$\lim_{i\to\infty} \Phi_t = \Phi = \frac{1-\sqrt{1-\rho^2}}{\rho} \quad \text{und} \quad \lim_{i\to\infty} \operatorname{Var}(\hat{\mu}_t) = \frac{\sigma^2}{n}\sqrt{1-\rho^2} \tag{2.103}$$

158 Vgl. *Eckler, A. R.*: a. a. O., S. 669 sowie Abschnitt 2.2.2, S. 49 und Abb. 10, S. 50.

159 Unter Nachweis, dass $\Phi_{t(\text{Ein-Ebenen})} = 1\text{-}\Phi_{t(\text{Zwei-Ebenen})}\rho/2\text{-}\Phi_{t(\text{Zwei-Ebenen})}\rho$ bzw. $\Phi_{t(\text{Zwei-Ebenen})} = 1\text{-}\Phi_{t(\text{Ein-Ebenen})}\rho/2\text{-}\Phi_{t(\text{Ein-Ebenen})}\rho$ für die Gewichte gilt, leitet *Eckler* den Schätzer einer Ein-Ebenen Rotation aus einer gegebenen Zwei-Ebenen Rotation für den Fall einer endlichen Grundgesamtheit her. Damit ist das Gewicht der Ein-Ebenen Rotation ausgedrückt als Funktion der Zwei-Ebenen Rotation, wobei die Annahmen für die Ein-Ebenen Rotation gelten. Vgl. *ebenda*, S. 671.

160 Vgl. *ebenda*, S. 670.

Durch die Zwei-Ebenen Rotation kann, wie Abb. 26 zeigt, ein weiterer Effizienzgewinn gegenüber der Ein-Ebenen Rotation erreicht werden. Im Vergleich zur Varianz des Erwartungswertschätzers von *Yates* im Konvergenzfall einer Ein-Ebenen Rotation (2.77), ergibt sich bei der Mehr-Ebenen Rotation offensichtlich durch eine Verbesserung der zurückliegenden Schätzer ein zusätzlicher Effizienzgewinn.

Abb. 26: Vergleich der Designeffektfaktoren des Erwartungswertschätzers im Konvergenzfall von Eckler mit dem Ein-Ebenen-Schätzer von Yates und dem zwei-periodischen Fall mit P_{opt}

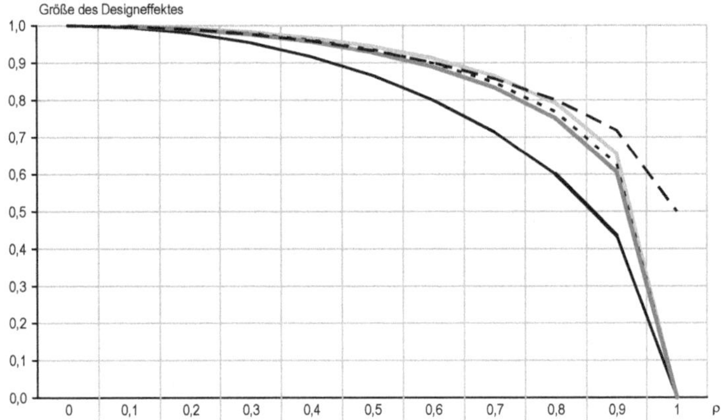

Anteil P	0	0,1	0,2	0,3	0,4	0,5	0,6	0,7	0,8	0,9	1 ρ
Konvergenzfall Eckler	1,00	0,99	0,98	0,95	0,92	0,87	0,80	0,71	0,60	0,44	0,00
Yates für P von 1/4 & 3/4		1,00	0,99	0,98	0,97	0,94	0,91	0,87	0,79	0,66	0,00
Yates für P von 1/3 & 2/3		1,00	0,99	0,98	0,96	0,94	0,90	0,85	0,77	0,63	0,00
Yates für P von 1/2		1,00	0,99	0,98	0,96	0,93	0,89	0,83	0,75	0,61	0,00
Zwei-periodisch mit P_{opt}	1,00	1,00	0,99	0,98	0,96	0,93	0,90	0,86	0,80	0,72	0,50

Die Drei-Ebenen Rotation beinhaltet schließlich Informationen sowohl zu aktuellen als auch zu zwei vorangegangenen Merkmalsausprägungen. Als MVLU-Schätzer leitet *Eckler* folgende Gleichung her:

$$\begin{aligned}\hat{\mu}_t &= \bar{x}_{t,1} - a_t\bar{x}_{t-1,1} + a_t\hat{\mu}_{t-1} - b_i\bar{x}_{t-2,1} - \left(c_t + f_t\right)\bar{x}_{t-2,2} + \left(b_i + c_i\right)\bar{x}_{t-2,3} \\ &\quad - d_t\bar{x}_{t-3,2} - e_t\bar{x}_{t-3,2} - e_t\bar{x}_{t-3,3} + \left(d_t + e_t\right)\bar{x}_{t-3,4} + f_t\hat{\mu}_{t-2}\end{aligned} \tag{2.104}$$

Nach der Aufstellung der Kovarianzbedingungen auf Basis von *Pattersons* Überlegungen kann *Eckler* zunächst zwei Unbekannte bestimmen:[161]

$$a_t = \frac{\rho}{2} \wedge d_t = -e_t \tag{2.105}$$

Die weiteren vier Konstanten löst er ebenfalls mit Hilfe der Kovarianzbedingungen, so dass der Schätzer nur noch mit den Koeffizienten b_t gewichtet wird:

161 Vgl. *ebenda*, S. 673.

$$b_t = \left[\frac{\rho^2\left(\left(3+\rho^2\right)-2b_{t-2}\left(1-\rho^2\right)\right)}{2\left(\left(9-\rho^2\right)-2b_{t-2}\left(3+\rho^2\right)\right)} \right] \tag{2.106}$$

Der Schätzer lautet folglich:

$$\begin{aligned}\hat{\mu}_t &= \overline{x}_{t,1} + \overline{x}_{t-3,4} - \frac{\rho}{2}\left(\overline{x}_{t-1,1} - \hat{\mu}_{t-1}\right) \\ &+ b_t\left(\overline{x}_{t-2,1} - \overline{x}_{t-2,3} - \rho\left(\overline{x}_{t-3,2} - \overline{x}_{t-3,2} - 1\right)\right) \\ &- b_t\left[\frac{\left(1+\rho^2\right)}{\left(1-\rho^2\right)}\right]\left(\overline{x}_{t-2,2} - \overline{x}_{t-2,2} - \rho\left(\overline{x}_{t-3,2} - \overline{x}_{t-3,3} - 1\right)\right) \\ &+ \frac{\rho^2 + 2b_t}{\left(3-2b_{t-2}\right)\left(1-\rho^2\right)}\left(\overline{x}_{t-2,2} - \overline{x}_{t-2,2} - \rho\left(\overline{x}_{t-3,2} - \overline{x}_{t-3,3} - 1\right)\right) \\ &- \frac{\rho^2 - 2b_t}{\left(3-2b_{t-2}\right)}\left(\overline{x}_{t-2,2} - \hat{\mu}_{t-2}\right)\end{aligned} \tag{2.107}$$

Als Varianz ergibt sich:

$$\operatorname{Var}\left(\hat{\mu}_t\right) = \frac{\sigma^2}{n}\left[1 - \frac{\rho^2}{2} - b_t\rho^2\right] \tag{2.108}$$

Zur Berechnung des unbekannten Koeffizienten b_t schlägt *Eckler* die Minimierung der $\operatorname{Var}\left(\hat{\mu}_t\right)$ über $\operatorname{Var}\left(\hat{\mu}_{t-2}\right)$ vor, wobei er die ersten drei Werte vorab determiniert: $b_1 = 0$, $b_2 = 0$, $b_3 = \rho^2/6$, so dass sich als Grenzwert ergibt:

$$\lim_{t\to\infty} b_t = \frac{\left(3-\rho^2\right) - \sqrt{\left(1-\rho^2\right)\left(9-\rho^2\right)}}{4} \tag{2.109}$$

daraus resultiert auch der Grenzwert der Varianz:

$$\operatorname{Var}\left(\hat{\mu}_t\right) = \frac{\sigma^2}{n}\left[\frac{\left(1-\rho^2\right)\left(4-\rho^2\right)}{4} + \frac{\rho^2}{4}\sqrt{\left(1-\rho^2\right)\left(9-\rho^2\right)}\right] \tag{2.110}$$

Auch bei der Drei-Ebenen Rotation konvergiert erneut der Designeffekt mit steigender Korrelation ρ gegen null. Der Genauigkeitsgewinn gegenüber einer Zwei-Ebenen Rotation ist verhältnismäßig hoch (vgl. Abb. 27, S. 94), jedoch ist es fraglich, ob der Mehraufwand aufgrund der gestiegenen algebraischen Komplexität sinnvoll ist, insbesondere da auch die Aktualität fraglich ist.[162]

162 Vgl. *ebenda*, S. 674.

Abb. 27: Designeffektfaktorverlauf der Erwartungswertschätzer von Eckler im Konvergenzfall

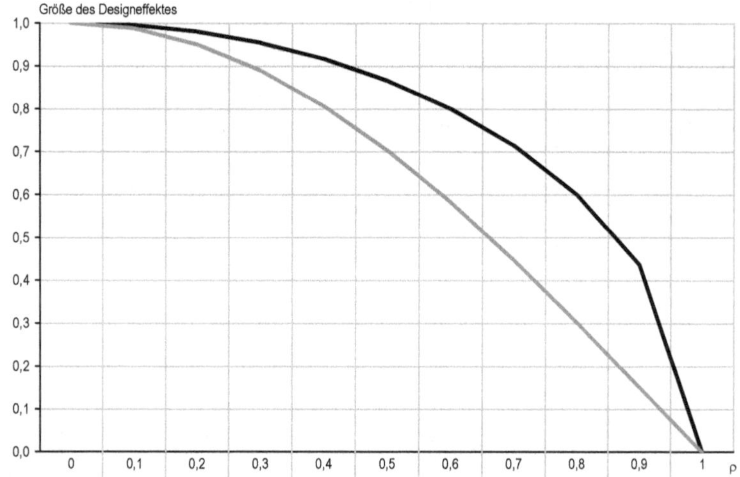

	0	0,1	0,2	0,3	0,4	0,5	0,6	0,7	0,8	0,9	1
Zwei-Ebenen Rotation	1,00	0,99	0,98	0,95	0,92	0,87	0,80	0,71	0,60	0,44	0,00
Drei-Ebenen Rotation	1,00	0,99	0,95	0,89	0,81	0,70	0,58	0,45	0,30	0,15	0,00

Zu der möglichen Gestalt der Differenzenschätzer bei einer Mehr-Ebenen Rotation macht *Eckler* keine näheren Angaben, jedoch sei hier bereits auf den noch vorzustellenden Composite Schätzer von *Hansen et al.* hingewiesen, dessen Ergebnisse mit denen von *Eckler* korrespondieren (vgl. S. 97).

2.3.6.2 MVLU-Schätzer nach Gurne, Daly

Ziel von *Gurney* und *Daly* ist es, ebenfalls einen MVLU-Schätzer zu bestimmen bzw. allgemein das MVLU-Problem zu lösen, wobei sie eine Ein-Ebenen Rotation zugrunde legen. Ausgangspunkt ist ein Elementarschätzerkonzept unter Einbeziehung der Korrelationsstruktur zwischen diesen Elementarschätzern. Mittels der Hilbert-Raum-Theorie werden die Koeffizienten des MVLU-Schätzers hergeleitet. Vorteil dieses Ansatzes ist die Unabhängigkeit vom Stichprobendesign.[163]

Für die gemeinsame Wahrscheinlichkeitsfunktion der Elementarschätzer $X_1, \ldots, X_n$ sind zunächst einige Annahmen zu erfüllen: keiner der Elementarschätzer darf eine Funktion der übrigen Elementarschätzer sein, die Kovarianzen der Elementarschätzer müssen endlich und bekannt sein und ihre Erwartungswerte haben bestimmten linear homogenen Restriktionen zu unterliegen.

163 Vgl. *Wolter, K. M.*: Composite Estimation in Finite Populations, in: Journal of the American Statistical Association, Vol. 74, No. 367, 1979, S. 605.

Das Ziel besteht darin, die Koeffizienten $\lambda_1, \ldots, \lambda_n$ des besten linearen Schätzers $\sum_{i=1}^{n} \lambda_i X_i$ einer beliebigen homogenen Linearkombination des Erwartungswertes $\sum_{i=1}^{n} c_i \mu_i$ zu finden. Als Lösung in Matrizenschreibweise für die gesuchten Koeffizienten erhalten sie: [164]

$$\boldsymbol{\lambda} = \mathbf{K}^{t} \left[\left(\mathbf{K}\mathbf{V}^{-1}\mathbf{K}^{T} \right)^{-1} \mathbf{K}\mathbf{V}^{-1} \right] \tag{2.111}$$

Der Ausdruck in der eckigen Klammer ist die Kovarianzmatrix.[165] *Wolter* leitet jedoch dieses Ergebnis vereinfacht unter der Annahme einer Zwei-Ebenen Rotation und ohne die Verwendung der Hilbert-Space-Theorie her. Als Vektor der Elementarschätzer der einzelnen Teilstichproben, die sowohl Daten für den aktuellen als auch vergangenen Zeitpunkt liefern, formuliert er:

$$\boldsymbol{\mu} = \left(\overline{x}_{t,m}, \overline{x}'_{t-1,m}, \overline{x}_{t-1,m}, \overline{x}'_{t-2,m} \right)' \tag{2.112}$$

der Vektor der unbekannten Erwartungswertschätzer zu einem Zeitpunkt sei:

$$\boldsymbol{\beta} = \left(\mu_t, \mu_{t-1}, \ldots \right)' \tag{2.113}$$

Unter allen Linearkombinationen der Elemente von $\boldsymbol{\mu}$ ist schließlich der MVLU-Schätzer für μ_t zu finden, so dass das Schätzproblem von *Wolter*, im Gegensatz zu *Gurney* und *Daly,* wie folgt als allgemeines lineares Modell formuliert wird:

$$\boldsymbol{\mu} = \mathbf{Y}\boldsymbol{\beta} + \mathbf{e} \tag{2.114}$$

mit

$$\mathbf{Y} = \begin{pmatrix} 1 & 0 & 0 & 0 & \ldots & 0 \\ 0 & 1 & 0 & 0 & \cdots & 0 \\ 0 & 1 & 0 & 0 & \cdots & 0 \\ 0 & 0 & 1 & 0 & \cdots & 0 \\ 0 & 0 & 1 & 0 & \cdots & 0 \\ \vdots & \vdots & \vdots & \vdots & \ddots & \vdots \\ 0 & 0 & 0 & 0 & \cdots & 1 \end{pmatrix} \tag{2.115}$$

der Design-Matrix, hier einer Zwei-Ebenen Rotation, und dem Fehler $\mathbf{e}$, für den gilt:

$$\begin{aligned} E(\mathbf{e}) &= 0 \\ E(\mathbf{ee}') &= \mathbf{V} \end{aligned} \tag{2.116}$$

---

164 Vgl. *Gurney, M.*; *Daly, J. F.*: a. a. O., S. 245.

165 Vgl. *ebenda*, S. 247.

$\mathbf{V}$ ist die Kovarianzmatrix. Mit Hilfe des Gauss-Markov-Theorems kann dann der MVLU-Schätzer des Vektors $\boldsymbol{\beta}$ wie folgt bestimmt werden und entspricht (2.111):

$$\begin{aligned}\hat{\boldsymbol{\beta}} &= \mathbf{P}\boldsymbol{\mu} \\ &= \left[\left(\mathbf{Y}'\mathbf{V}^{-1}\mathbf{Y}\right)^{-1}\mathbf{Y}'\mathbf{V}^{-1}\right]\boldsymbol{\mu}\end{aligned} \tag{2.117}$$

Durch Angleichen des Vektors der Elementarschätzer, der Design-Matrix und der Kovarianzmatrix kann dieser Schätzer auf jedes andere Design Anwendung finden. Es werden stets alle zu dem Schätzzeitpunkt vorliegenden Daten einbezogen; werden neue Daten erhoben, so werden diese mitintegriert und die zurückliegenden geschätzten Koeffizienten aktualisiert. Anhand eines Beispiels zeigt *Wolter* unter Verwendung zweier verschiedener Korrelationsmuster, einmal mit hoher (Muster A) und einmal mit niedriger Korrelation (Muster B), dass für beide Schemata mit steigender Zahl der Beobachtungszeitpunkte die Varianz, gegenüber der bei einer ein-periodischen Schätzung sinkt. Im Vergleich zum MVLU-Schätzer von *Yates* und *Patterson* bei einer Ein-Ebenen Rotation, ist der Designeffekt wesentlich höher im Fall einer hohen Korrelation. So liegt der Designeffekt von *Wolter* bei Korrelationsmuster A ($\rho = 0{,}98$; $\rho_3 = 0{,}9$; $\rho_6 = 0{,}85$;...) für das Vorliegen von zwei Beobachtungszeitpunkten bei 0,5198. Bei *Yates* und *Patterson* wird im Konvergenzfall, d. h. für den Fall vieler Beobachtungszeitpunkte und einer Korrelation von 0,9 ein Designeffekt von 0,66 erreicht (vgl. Abb. 26, S. 92). Nur der Schätzer von *Eckler* erreicht bei gleicher Korrelation und einer Zwei-Ebenen Rotation einen niedrigeren Designeffekt von 0,44. Das gleiche Ergebnis resultiert, wenn Korrelationsmuster B mit den bereits bekannten Schätzern verglichen wird.[166]

Problematisch ist jedoch die numerische Komplexität dieses Schätzers, da die analytische Bestimmung der Inversen der Matrizen $\mathbf{V}$ und $\left(\mathbf{Y}'\mathbf{V}^{-1}\mathbf{Y}\right)$ mit steigender Zahl der Beobachtungszeitpunkte schwieriger wird. Auch ist die stete Verbesserung der Schätzung unter Kohärenz- und Transparenzgesichtspunkten gegenüber den Datennutzern schwierig zu vermitteln. Daher schlägt *Wolter* als „Mittelweg" die Verwendung eines Composite Schätzers vor.[167] Schließlich wurden unter Verwendung einer Mehr-Ebenen Rotation nach *Eckler* bessere Resultate erzielt.

Allgemein ist ein Composite Schätzer definiert als ein gewichteter Mittelwert von zwei oder mehr linearen unverzerrten Schätzern für die gleiche Variable für einen gegebenen Zeitraum. Die Gewichte werden so bestimmt, dass die Varianz im Vergleich zur Varianz des ursprünglichen linearen unverzerrten Schätzers re-

166 Vgl. *Wolter, K. M.*: a. a. O., S. 606f.
167 Vgl. *ebenda*, S. 607.

duziert wird. Sie sind rekursiv definiert und verwenden nur eine begrenzte Zahl Elementarschätzer in Verbindung mit einem Composite Schätzer, der bereits für einen vorangegangenen Zeitpunkt berechnet wurde.[168] Im Folgenden wird jedoch nicht nur der Composite Schätzer von *Wolter* vorgestellt, sondern es wird mit dem ursprünglichen Ansatz von *Hansen, Hurwitz, Madow* begonnen.

2.3.6.3 Composite Schätzer nach Hansen, Hurwitz, Madow

Als Alternative zum numerisch sehr komplexen MVLU-Schätzer kann der von *Hansen et al.* entwickelte Composite Schätzer gesehen werden.[169] Dieser Ansatz bezieht sich im Gegensatz zum Ansatz von *Yates* und dessen Weiterführung auf eine Zwei-Ebenen Rotation, so dass die Ergebnisse lediglich mit *Ecklers* Ausführungen verglichen werden können.[170] Ebenso unterscheidet sich die Annahme hinsichtlich der Grundgesamtheit von der von *Yates*; *Hansen et al.* gehen von einer endlichen Grundgesamtheit aus, lediglich die Annahmen bezüglich Varianz und Kovarianz entsprechen denen von *Yates*. Darüber hinaus wird unterstellt, dass ein langer Zeitraum betrachtet wird. Als Erwartungswertschätzer für den Zeitpunkt t formulieren sie[171]:

$$\hat{\mu}_t = K\left(\hat{\mu}_{t-1} + \overline{x}_t - \overline{x}_{t-1}\right) + \left(1-K\right)\overline{x}_t = K\hat{\mu}_{t-1} + \left(\overline{x}_t - K\overline{x}_{t-1}\right) \tag{2.118}$$

mit $0 \leq K \leq 1$. Da eine Zwei-Ebenen Rotation zugrunde gelegt wird, ist zu beachten, dass die beiden Elementarschätzer $\overline{x}_t$ als auch $\overline{x}_{t-1}$ zu 100% überlappen, somit könnten sie ebenfalls als $\overline{x}_{t,m}$ und $\overline{x}_{t-1,m}$ bezeichnet werden. Dieser Schätzer entspricht in seinem Aufbau dem von *Eckler* vorgeschlagenen MVLU-Schätzer für eine Zwei-Ebenen Rotation (2.100). Da *Hansen et al.* jedoch zunächst keine näheren Angaben über das Gewicht K machen, können die beiden Schätzer zunächst noch nicht gleichgesetzt werden. Als approximierte Varianz 13. Ordnung wird nach einigen Umformungen und unter Vernachlässigung aller Potenzen von K, die größer oder gleich 12 sind, angegeben:[172]

$$\operatorname{Var}\left(\hat{\mu}_t\right) = \frac{\sigma_t^2}{n}\left(\frac{1-2K\rho+K^2}{1-K^2}\right) \tag{2.119}$$

Für den Spezialfall $K = 1$ ergibt Gleichung (2.119) keine Lösung, so das gilt:

$$\lim_{K\to 1}\frac{1-K^{2(t-1)}}{1-K^2} = t-1 \tag{2.120}$$

---

168 Vgl. *Gurney, M.*; *Daly, J. F.*: a. a. O., S. 248.

169 Vgl. *ebenda*, S. 228; *Wolter, K. M.*: a. a. O., S. 607.

170 Vgl. *Hansen et al.*, a. a. O., S. 272.

171 Vgl. *ebenda*, S. 272. *Hansen et al.* beziehen ihre Ausführungen auf einen Totalwertschätzer. Aus Gründen der Vergleichbarkeit mit den bereits vorgestellten Schätzern wird hier allerdings der Erwartungswertschätzer vorgestellt.

172 Vgl. *ebenda*, S. 274.

Und für die Varianz ergibt sich:

$$\operatorname{Var}(\hat{\mu}_t) = \frac{\sigma^2}{n}\left(1+2(1-\rho)(t-1)\right) \tag{2.121}$$

Sollte K = 0 gelten, so ergibt sich der einfache unverzerrte Schätzer $\overline{x}_t$ mit der Varianz einer Ein-Ebenen Rotation σ^2/n.[173] Um die Varianz zu minimieren, wird sie nach dem Gewicht K abgeleitet, so dass sich als optimales varianzminimierendes Gewicht ergibt:

$$K = \frac{1-\sqrt{1-\rho^2}}{\rho} \tag{2.122}$$

Dies entspricht nun genau dem Konvergenzgewicht von *Eckler* in (2.103), so dass sich die Minimumvarianz von *Hansen et al.* sowie die Konvergenzvarianz (2.103) von *Eckler* ebenfalls entsprechen. Mit steigender Korrelation strebt somit auch hier der Designeffekt gegen null (vgl. Abb. 26, S. 92).

Rao und *Graham* geben einen Composite Schätzer für den Erwartungswert bei Zugrundelegen eines allgemeinen Rotationsschemas der Art r - o - r an[174], wobei gilt, dass o > r ist. Ebenfalls beziehen sie sich auf eine endliche Grundgesamtheit in ihren Herleitungen.

$$\hat{\mu}_t = K\left(\hat{\mu}_{t-1} + \overline{x}_{t,m} - \overline{x}_{t-1,m}\right) + (1-K)\overline{x}_t \tag{2.123}$$

Sie formulieren diesen Ausdruck um in:

$$\hat{\mu}_t = \sum_{t=0}^{-u} K^{-t} W_t \tag{2.124}$$

mit

$$W_t = K\left(\overline{x}_{t,t-1} - \overline{x}_{t-1,t}\right) + (1-K)\overline{x}_t$$
$$\wedge\ \overline{x}_{t,t-1} = \frac{\sum_{i=1}^{n_m} x_{t,i}}{n_m} \ \wedge\ \overline{x}_{t-1,t} = \frac{\sum_{i=1}^{n_m} x_{t-,i}}{n_m} \tag{2.125}$$

Eine nochmalige Umformung ergibt:

$$\hat{\mu}_t = \sum_{t=0}^{-u}\sum_{i=1}^{N} w_{t,i} x_{t,i} \tag{2.126}$$

Rao und *Graham* haben die explizite, jedoch zunächst sehr komplexe Varianz dieses Schätzers berechnet.[175] Unter der Annahme eines exponentiellen Korrela-

173 Vgl. *ebenda*, S. 274.

174 Vgl. S. 51.

175 Vgl. *Rao, J. N. K.; Graham, J. E.*: Rotation Design for Sampling on Repeated Occasions, in: Journal of the American Statistical Association, Vol. 18, 1964, S. 507.

tionsmodels in Anlehnung an *Patterson*, können sie den Varianzausdruck zwar vereinfachen, jedoch ist er noch immer sehr komplex.[176] Unter nochmaliger Einbindung weiterer Annahmen ($o \to \infty$) und der Vernachlässigung der Endlichkeitskorrektur kommen sie schließlich zu folgender Varianz für den Erwartungswertschätzer:

$$\operatorname{Var}(\hat{\mu}_t) = \frac{\sigma^2}{n}\left[1 + \frac{2n_2^3 K}{n n_1^2 \left(1-K^2\right)\left(1-K\rho\right)^2}\left(\begin{array}{l} K^2\left[r\rho^2 - \left(r^2+1\right)\rho + r\right] \\ +K\left[r\left(r-1\right)\rho^2 - 2\left(r-1\right)\rho + r\left(r-1\right)\right] \\ -\left(r-1\right)^2\rho \\ +K^r\rho^{r-1}\left[\begin{array}{l} K^2\left(-\left(r-1\right)\rho^2 + r\left(r-1\right)\rho\right) \\ +K\left(-\left(r^2-2r+2\right)\rho^2 + 2r\rho - r^2\right) \\ -\left(r-1\right)\rho^2 + r\left(r-1\right)\rho \end{array}\right] \end{array}\right)\right] \tag{2.127}$$

Zur Darstellung des Designeffektverlaufs in Abb. 28 wurde auf (2.127) Bezug genommen, wobei das Gewicht entsprechend Gleichung (2.122) für die jeweiligen Korrelationen ermittelt wurde und für die Stichprobenumfänge gilt:

$$n_1 = n_2\left(r-1\right) \wedge n_2 = n/r \tag{2.128}$$

Abb. 28: Verlauf des Designeffektfaktors des Erwartungswertschätzers von Rao und Graham im Vergleich zu Ecklers Schätzer

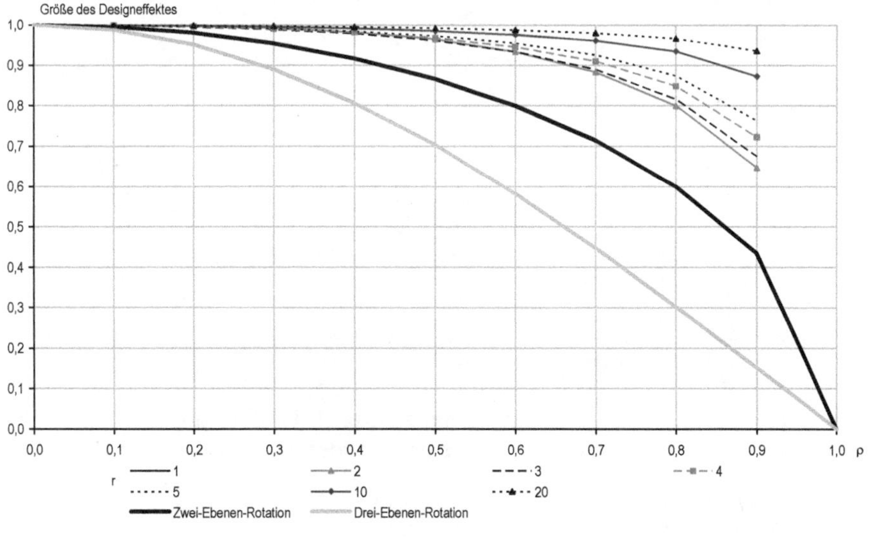

176 Vgl. *ebenda*, S. 498.

Trotz der Wahl optimaler Gewichte führt der Schätzer zu schlechteren Ergebnissen als die beiden von *Eckler* entwickelten Schätzer für eine Zwei- und Drei-Ebenen Rotation.

Ebenso wie unter Verwendung des *Pattersonschen* Korrelationsschemas, konnten sie unter Verwendung des von *Hansen et al.* angenommenen arithmetischen Korrelationsmodells den Varianzausdruck vereinfachen, der jedoch wie obige Varianz noch immer sehr komplex ist.[177]

Ebenfalls befassten sie sich mit einem Differenzenschätzer, dessen Varianz nicht an Komplexität verliert.[178] Unter anderem durch *Tikkiwal* wurden diese Ansätze für mehrstufige Auswahlverfahren erweitert.[179] Bezüglich des Differenzenschätzers formulieren *Hansen et al.* schließlich einfach die Differenz zwischen den Composite Schätzern zweier Zeitpunkte:

$$\hat{\Delta}_{t,t-1} = \hat{\mu}_t - \hat{\mu}_{t-1} \tag{2.129}$$

Abb. 29: Verlauf des Designeffektfaktors des Composite Differenzenschätzers von Hansen et al. mit K_{opt} im Vergleich zum zwei-periodischen Schätzer von Hansen et al.

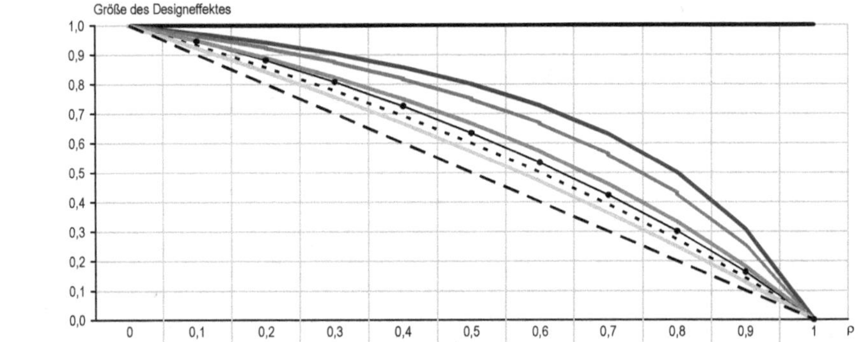

	0	0,1	0,2	0,3	0,4	0,5	0,6	0,7	0,8	0,9	1
K_{opt}		0,945	0,881	0,807	0,725	0,634	0,533	0,423	0,300	0,163	0,000
0	1,00	1,00	1,00	1,00	1,00	1,00	1,00	1,00	1,00	1,00	1,00
1/4	1,00	0,97	0,94	0,90	0,86	0,80	0,73	0,63	0,50	0,31	0,00
1/3	1,00	0,96	0,92	0,88	0,82	0,75	0,67	0,56	0,43	0,25	0,00
1/2	1,00	0,95	0,89	0,82	0,75	0,67	0,57	0,46	0,33	0,18	0,00
2/3	1,00	0,93	0,86	0,78	0,69	0,60	0,50	0,39	0,27	0,14	0,00
3/4	1,00	0,92	0,84	0,76	0,67	0,57	0,47	0,36	0,25	0,13	0,00
1	1,00	0,90	0,80	0,70	0,60	0,50	0,40	0,30	0,20	0,10	0,00

Als approximierte Varianz 13. Ordnung wird nach Umformung und unter Vernachlässigung aller Potenzen von K, die größer oder gleich 12 sind, angegeben:

177 Vgl. *ebenda*, S. 500.
178 Vgl. *ebenda*, S. 502f.
179 Vgl. *Tikkiwal, B. D.*: Theory of Multiphase Sampling from Finite or an Infinite Population on Successive Occasions 1, 2, in: Review of the International Statistical Institute, Vol. 35, 3, 1967.

$$\text{Var}\left(\hat{\Delta}_{t,t-1}\right) = 2\frac{\sigma_t^2}{n}\left(\frac{1-2K\rho+K^2}{1+K}\right) = 2(1-K)\text{Var}(\hat{\mu}_t) \tag{2.130}$$

Ein Vergleich des Designeffektes des Composite Differenzenschätzers von *Hansen et al.* unter Einbeziehung optimaler Gewichte mit dem des von *Hansen et al.* für eine Ein-Ebenen Rotation im zwei-periodischen Fall entwickelten (vgl. Abb. 21, S. 76) zeigt, dass nur bei einer Überlappung kleiner oder gleich 50% ein höherer Genauigkeitsgewinn erlangt werden kann (vgl. Abb. 29, S. 100).

Für den Fall, dass K = 1 ist, ergibt sich für die Varianz:

$$\text{Var}\left(\hat{\Delta}_{t,t-1}\right) = 2\frac{\sigma^2}{n}(1-\rho) \tag{2.131}$$

Und für den Fall K = 0 ergibt sich die Varianz bei ein-periodischer Schätzung:

$$\text{Var}\left(\hat{\Delta}_{t,t-1}\right) = 2\frac{\sigma^2}{n} \tag{2.132}$$

Abb. 30: Designeffektfaktorverlauf des kumulierten Composite Schätzers von Hansen et al.

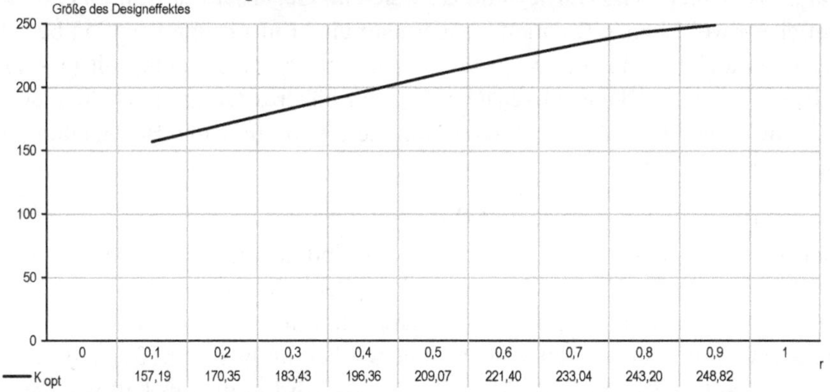

Eine Kumulation des Composite Schätzers wird von *Hansen et al.* lediglich für einen Zeitraum von 12 Perioden betrachtet. Allgemein lautet der Schätzer:[180]

$$\hat{\Sigma}_t = \sum_{i=t-1}^{t} \hat{\mu}_i \tag{2.133}$$

Unter den Annahmen der Varianzstationarität, einer hohen Zahl an Beobachtungen und der Vernachlässigung jährlicher Korrelationen mit dem Ausgangswert $\hat{\mu}_{t-11}$, resultiert nachfolgende Varianz für die 12-Perioden-Kumulation:

180 Vgl. *Hansen et al.*: a. a. O., S. 275f.

$$\mathrm{Var}\left(\hat{\Sigma}_t\right)=\frac{\sigma^2}{12}\left[12\left(\frac{1+K^2-2\rho K}{\left(1-K\right)^2}\right)\left(12-\frac{2K}{1-K^2}\right)+24\frac{K}{1-K^2}\rho_{12}\right] \tag{2.134}$$

Wie Abb. 30 (S. 101), zeigt, steigt wie bei allen anderen Kumulationsschätzern auch hier der Designeffekt mit steigender Korrelation. Da für den Kumulationsschätzer im mehr-periodischen Fall von *Yates* keine Varianzberechnung vorliegt, kann das Ergebnis nicht verglichen werden. Allgemein wird jedoch die Tatsache eines steigenden Designeffektes bei steigender Korrelation bestätigt.

2.3.6.4 Allgemeiner Composite Schätzer nach Gurne, Daly

Den als einfachen gewichteten Composite Schätzer bezeichneten Schätzer von *Hansen et al.* verbessern *Gurney* und *Daly* nochmals, in dem die Elementarschätzer von Teilstichproben der ersten Befragung ein höheres Gewicht erhalten als die Elementarschätzer der identischen Elemente aus späteren Erfassungen. Die so festgelegten Koeffizienten der Elementarschätzer sollen denen des MVLU-Schätzers somit stärker entsprechen. Beim Rotationsmodell ist nunmehr darauf zu achten, dass *Gurney* und *Daly* sich im Gegensatz zu *Hansen et al.* nicht auf eine Zwei-Ebenen Rotation, sondern auf eine Ein-Ebenen Rotation beziehen. Bezogen auf das Modell von *Hansen et al.*, muss der gesamte, mit (1 - K) gewichtete aktuelle Elementarschätzer $\overline{x}_{t,m}$ ein höheres Gewicht erhalten, so dass die Gleichung (2.118) wie folgt modifiziert wird und die Bezeichnung AK-Schätzer erhält[181]:

$$\hat{\mu}_t=K\left(\hat{\mu}_{t-1}+\overline{x}_t-\overline{x}_{t-1}\right)+\left(1-K+A\right)\overline{x}_t \tag{2.135}$$

Bei Vorliegen einer Ein-Ebenen Rotation sind die Elemente des Elementarschätzers $\overline{x}_t$ in zwei Teilstichproben aufzuteilen; einerseits ist ein Anteil Q dieser Einheiten neu im Zeitpunkt t und kann somit mit $\overline{x}_{t,u}$ bezeichnet werden, andererseits wurde ein Anteil von P Einheiten bereits in t - 1 befragt, so dass sie mit $\overline{x}_{t,m}$ zu bezeichnen sind. Der AK-Schätzer wird in diesem Fall wie folgt geschrieben:

$$\hat{\mu}_t=K\left(\hat{\mu}_{t-1}+\overline{x}_t-\overline{x}_{t-1}\right)+\frac{1}{2}\left[\left(1-K+A\right)\overline{x}_{t,u}+\left(1-K-A\right)\overline{x}_{t,m}\right] \tag{2.136}$$

Leider werden bezüglich der Varianz keine näheren Angaben gemacht, jedoch soll diese wie beim Composite Schätzer niedriger als bei einer ein-periodischen Schätzung sein.[182]

181 Vgl. *Binder, D. A.; Hidiroglou, M. A.*: a. a. O., S. 197; *Gurney, M.*; *Daly, J. F.*: a. a. O., S. 248.
182 Vgl. *Binder, D. A.; Hidiroglou, M. A.*: a. a. O., S. 197.

2.3.6.5 Composite Schätzer nach Wolter

Eine weitere Ergänzung erfährt der Ansatz von *Hansen et al.*, ebenfalls bezogen auf eine Zwei-Ebenen Rotation, durch *Wolter.* [183] Zunächst werden weitere Annahmen getroffen: Die Elementarschätzer unterschiedlicher Teilstichproben sind unkorreliert, ihre Varianzen sind gleich, d. h. für die Kovarianz ergibt sich $\mathrm{Cov}(x_{t,m}x_{t-1,m}) = \rho\sigma^2$ und die Korrelationen sind stationär. Somit gilt, mit r als ganzzahligem Vielfachen der Zahl der rotierenden Teilstichproben (> 2):

$$\begin{aligned}\mathrm{Cov}\left(x_{t,m}, x_{t-r,m}\right) &= \mathrm{Cov}\left(x_{t-1,m}, x_{t-1-r,m}\right)\\ &= \mathrm{Cov}\left(x_{t,m}, x_{t-1-r,m}\right)\\ &= \mathrm{Cov}\left(x_{t-1,m}, x_{t-r,m}\right) = \rho_r\sigma^2\end{aligned} \tag{2.137}$$

Die hergeleiteten Varianzen beziehen sich auf drei rotierende Teilstichproben, des Weiteren wird angenommen, dass t sehr groß ist und Potenzen von K, K^t, mit $t > 12$ vernachlässigt werden. Als „vorläufiger“ (v) Schätzer wird von *Wolter* der von *Hansen et al.* formulierten Schätzer (2.118) bezeichnet:

$$\hat{\mu}_t^v = (1-K)\overline{x}_t + K\left(\hat{\mu}_{t-1}^v + \overline{x}_t - \overline{x}_{t-1}\right) \tag{2.138}$$

mit $K \in (0,1)$. Dem gegenüber bezeichnet er als „endgültigen“ (e) Schätzer für t - 1:

$$\hat{\mu}_{t-1}^e = (1-L)\overline{x}_{t-1} + L\hat{\mu}_{t-1}^v \tag{2.139}$$

mit $L \in (0,1)$. Der endgültige Schätzer für t - 1 kann bei Vorliegen einer Zwei-Ebenen Rotation erst im Zeitpunkt t berechnet werden, da erst dann der Elementarschätzer $\overline{x}_{t-1}$ zur Verfügung steht. Die Varianzen für den vorläufigen monatlichen Erwartungswertschätzer gibt er an mit:

$$\begin{aligned}\mathrm{Var}\left(\hat{\mu}_t^v\right) &\approx \frac{\sigma^2}{n}\frac{\left(1-2K\rho+K^2\right)}{\left(1-K^2\right)} + 2\frac{\sigma^2}{n}\frac{(1-K)}{(1+K)}\left(K^3\rho_3 + K^6\rho_6 + K^9\rho_9 + K^{12}\rho_{12}\right)\\ &\approx \frac{\sigma^2}{n}\frac{\left(1-2K\rho+K^2\right)}{\left(1-K^2\right)} + 2\frac{\sigma^2}{n}\frac{(1-K)}{(1+K)}f_3(K)\end{aligned} \tag{2.140}$$

Die Varianz für den endgültigen monatlichen Erwartungswertschätzer lautet[184]:

$$\mathrm{Var}\left(\hat{\mu}_{t-1}^e\right) \approx (1-L)^2\frac{\sigma^2}{n} + L^2\mathrm{Var}\left(\hat{\mu}_t^v\right) + 2\alpha(1-L)\frac{\sigma^2}{n}\frac{(1-K)}{K}f_3(L) \tag{2.141}$$

Die Koeffizienten K und L, die den Schätzer in seiner Varianz minimieren, sind selbst Funktionen der Korrelationsstruktur zwischen den einzelnen Elementar-

183 Vgl. *Wolter, K. M.*: a. a. O., S. 607.
184 Vgl. *Wolter, K. M.*: a. a. O., S. 612.

schätzern, so dass zu ihrer Bestimmung eine numerische Methode zur Varianzminimierung anzuwenden ist.[185] *Wolter* gibt für eine Zwei-Ebenen Rotation mit drei rotierenden Teilstichproben und vorgegebenem Korrelationsmuster A[186] sowie diversen Koeffizientenkombinationen den resultierenden Designeffekt der Varianz an. Für den Composite Schätzer nach *Wolter* ergeben sich in diesem Beispiel Designeffekte, die zwischen 0,463 und 0,353 liegen und damit weit über dem Designeffekt der Schätzer von *Eckler* bzw. *Hansen et al.* für eine Zwei-Ebenen Rotation liegen.[187]

2.4. Bewertung der Designs und Schätzer

Basierend auf der theoretischen Einordnung der vorgeschlagenen Designs, der Designdiskussion (Kapitel 2.2, S. 47), ist das Ziel des vorangegangenen Kapitels 2.3 (S. 54) die Systematisierung der für die Neugestaltung der Wirtschaftsrechnungen privater Haushalte in Betracht zu ziehenden Schätzer und die Herleitung ihrer Varianz. Sie sollen eine erste theoretisch allumfassende Qualitätsbewertung der Designvorschläge der amtlichen Statistik ermöglichen. Gleichzeitig bildet der Abschnitt die Auswahlgrundlage der im Rahmen der sich anschließenden Simulation zu verwendenden Schätzer, die schließlich die empirische Bewertung der Designvorschläge realisiert.

Ansatzpunkt der Umsetzung neuer Qualitätsmaßstäbe im Kontext der Wirtschaftsrechnungen ist die Entwicklung alternativer Erhebungsmöglichkeiten, die sich in diversen Designvarianten (vgl. Kapitel 1.3.2, S. 27) widerspiegeln. Die theoretische Einordnung der Gesamtheit der Vorschläge, ließ zunächst eine Subsumtion unter dem Begriff der Overlapdesign nahe liegen. Overlapdesigns sind jedoch des Weiteren in drei Ansätze zu differenzieren, die totale Rotation, den partiellen Overlap sowie den totalen Overlap. Allgemein kann jedes dieser drei Designs spezifischen Anforderungen, resultierend aus dem geänderten Qualitätsverständnis, Rechnung tragen, jedoch kann keines allen Anforderungen optimal genügen. So ermöglicht die totale Rotation eine mit geringem Genauigkeitsverlust verbundene Kumulation der Daten, um tief gegliederte Analysen durchzuführen. Dagegen sind mittels dieses Designs keine Veränderungsanalysen möglich und es berücksichtigt u. a. die gestiegene Befragungsmüdigkeit nicht. Hingegen löst das Panel die Probleme der totalen Rotation, kann indes nicht zusätzlich die Vorteile der totalen Rotation einbinden. Aufgrund dessen erscheint gerade ein partieller Overlap ein geeigneter Kompromiss, um allen Anforderungen zumindest in bedingtem Maß gerecht zu werden. Mittels dieses De-

185 Vgl. *Binder, D. A.; Hidiroglou, M. A.*: a. a. O., S. 196; *Wolter, K. M.*: a. a. O., S. 608.

186 Vgl. S. 96.

187 Vgl. *Binder, D. A.; Hidiroglou, M. A.*: a. a. O., S. 608f.

signs sind denn sowohl Kumulationen, aber mit geringerem Genauigkeitsverlust als bei einem Panel, als auch Veränderungsanalysen, wiederum mit geringeren Verlusten als bei der totalen Rotation, möglich. Darüber hinaus ist insbesondere durch die semi-partiellen Designs der Befragungsmüdigkeit, wie die einleitende Analyse der Ausschöpfungsquote in Kapitel 1.3.2.7 (S. 37) bereits verdeutlicht hat, und dem Kostendruck, insbesondere bei retrospektiven Befragungskomponenten, entgegenzuwirken.

Die zur Disposition stehenden empirischen Vorschläge sind entsprechend der Differenzierung theoretisch wie folgt einzustufen: Das Integrierte wie auch Modulare Modell erscheinen auf jährlicher Betrachtungsebene zunächst als Panel. Da zur Schätzung bzw. Kumulation jedoch lediglich eine Angabe eines Jahres einer Stichprobeneinheit herangezogen wird, sind die Vorschläge unter Schätzaspekten als rollierende Designs zu definieren. Ebenfalls auf Quartalsebene würde dies für das Quartalspanel und die erweiterte LWR gelten. Aufgrund des Ziels der Fusion der bisherigen LWR und EVS im Rahmen des neuen Designs, ist indes insbesondere der Fünf-Jahres-Horizont zu berücksichtigen. In diesem Fall sind sowohl die erweiterte LWR, die eigenständige EU-SILC-Erhebung, das Quartalspanel wie auch der Vorschlag einer Rotation über 15 Monate den partiellen Overlapdesigns zuzuordnen. Dabei muss jedoch sowohl bei der erweiterten LWR als auch der eigenständigen EU-SILC-Erhebung beachtet werden, dass Teile der Daten auch über rollierende Komponenten (EVS) erhoben werden. Bei einer Qualitätsbeurteilung, die auf das gesamte System der zukünftigen Wirtschaftsrechnungen abstellt, müssen diese Aspekte berücksichtigt werden. Eine reine Panel-Variante wurde nicht diskutiert.

An die Novellierungsdiskussion des Erhebungsdesigns der Wirtschaftsrechnungen ist zusätzlich die Frage des verwendeten Schätzers zu knüpfen, um dem weiterhin bedeutenden Aspekt der Datengenauigkeit Rechnung zu tragen. Von Seiten der amtlichen Statistik wird dabei die Anwendung eines basiskumulierten Schätzers in Erwägung gezogen. Die Komplexität des Qualitäts- und Anforderungskataloges zukünftiger Wirtschaftsrechnungen, lässt jedoch die ausschließliche Fokussierung auf einen Schätzer ohne eine allgemeine Analyse der Bandweite und Systematisierung aller zur Disposition stehenden Schätzer für Overlapdesigns, als nicht sinnvoll erachten.

Eine erste Differenzierung der Schätzer erfolgt nach drei Alternativen der Verknüpfung ihrer Ergebnisse im Zeitverlauf in Erwartungswert-, Differenzen- und Kumulationsschätzer. Auch hier zeigt sich, dass ein Typus nicht allen Anforderungen optimal genüge tragen kann, insbesondere wenn einerseits Quer- und andererseits Längsschnittergebnisse gefordert sind. Eine weitere Kategorisierung der für Overlapstichproben interessierenden Schätzer erfolgt, entsprechend der

Periodizität der verwendeten Daten, in ein-periodische, zwei-periodische sowie mehr-periodische Schätzer. Die Periodizität gibt dabei Auskunft über eine Einbeziehung der Ergebnisse bereits verwendeter Stichprobeneinheiten zur Verbesserung der aktuellen Schätzungen. So beziehen ein-periodische Schätzer nur aktuell erhobene Merkmale ein, zwei-periodische Schätzer greifen zusätzlich auf Ergebnisse aus der vergangenen Periode zurück und mehr-periodische Schätzer berücksichtigen schließlich die ganze Bandbreite „alter" Daten.

Als Bewertungsgrundlage für die Varianz der Schätzfunktionen dient sowohl beim Erwartungswert-, Differenzen- als auch beim Kumulationsschätzer die Varianz des Schätzers eines Overlapmodells mit 0% Überlappung. Der Designeffekt wird somit stets aus dem Verhältnis der tatsächlichen Varianz des Schätzers zur entsprechenden Varianz bei 0% Überlappung ermittelt. Entscheidender Einflussfaktor für die Höhe der Varianz sowohl bei ein-periodischen Kumulations- bzw. Differenzenschätzern als auch zwei- bzw. mehr-periodischen Schätzern sind Korrelationen zwischen identischen Elementen.

Zur Gruppe der ein-periodischen Schätzer, so konnte gezeigt werden (vgl. 2.3.2, S. 56), ist der zur Diskussion stehende basiskumulierte Schätzer zu zählen. Die Höhe seiner Varianz hängt in entscheidendem Maß von der Korrelation, die wiederum durch die Überlappungsstruktur beeinflusst wird, ab.

Gerade bei Vorliegen einer Überlappungsstruktur bietet es sich bei der Schätzung jedoch an, die Ergebnisse identischer Stichprobeneinheiten vorangegangener Zeitpunkte als Hilfsinformation zur Verbesserung der Schätzung im aktuellen Zeitpunkt heranzuziehen. Sowohl zwei- als auch mehr-periodische Schätzer tragen dem Rechnung.

Insgesamt werden in der Theorie drei Ansätze zwei-periodischer Schätzer diskutiert, die sich bis auf die verwendeten Korrelationskoeffizienten und die Art ihrer Herleitung entsprechen. Generell kann für die zwei-periodischen Schätzer (vgl. 2.3.5, S. 66) resümiert werden, dass durch den regressionsanalytischen Aufbau eine Verbesserung, demnach eine Verringerung der Varianz der Schätzfunktion, im Vergleich zur ein-periodischen und somit auch zum basiskumulierten Schätzer für alle drei Gruppen, Erwartungs-, Kumulations- wie auch Differenzenschätzer, erreicht wurde. Die angesprochenen Unterschiede der drei Ansätze beruhen auf ihrer Herleitung, wobei *Jessen* für den Differenzenschätzer als auch den Kumulationsschätzer keine Angaben macht. Der Erwartungswertschätzer sowohl von *Jessen* als auch *Yates*, wird als gewichtete Konvexkombination der Elementarschätzer der überlappenden und nicht überlappenden Stichprobeneinheiten gebildet. Das Gewicht wird aus den Kehrwerten der Varianzen der Elementarschätzer hergeleitet. *Jessens* und *Yates* Ansätze unterscheiden sich lediglich in der verwendeten Korrelation, bei *Yates* der empirischen der Stichprobe, bei *Jessen* die tatsächliche der Grundgesamtheit. *Hansen et al.* stellen eine Modellgleichung für den Erwartungswertschätzer auf, die sich aus den einzelnen gewichteten elementaren Schätzern der überlappenden bzw. nicht überlappenden Stichprobeneinheiten der Zeitpunkte t und t - 1 zusammensetzt. Zur Geltung der MVLU-Eigenschaft und der Erwartungstreue des Schätzers leiten sie optimale Gewichte her, so dass sich ihr Schätzer schließlich lediglich im regressionsanalytisch verbesserten Elementarschätzer der überlappenden Einheiten von dem von *Yates* und *Jessen* unterscheidet. Der Regressionskoeffizient der Gleichung lautet $Q_{t,t-1}\beta_t$ anstatt b wie bei *Yates* und *Jessen*. Die resultierenden Varianzen sind demnach identisch. Für die jeweiligen Differenzen- und Kumulationsschätzer entsprechen sich die Vorgehensweisen: *Yates* bildet die Gewichte als Kehrwert der Varianzen der Differenzen bzw. Summen der Elementarschätzer; *Hansen et al.* leiten diese aus ihrem entsprechenden Modell her. Die Konsequenz dieser Vorgehensweise ist, dass stets neue Gewichte zu bilden sind. Selbst bei identischen Schätzern müssen diese u. U. für jede Schätzung erneut berechnet werden, da sich die Überlappungsstrukturen, wie beispielsweise beim Quartalspanel, im Zeitverlauf ändern und somit auch die Korrelationsstrukturen ändern. Bei komplexen Designs, wie den vorgeschlagenen, hat dies einen enormen Aufwand und Intransparenz zur Folge. Aufgrund dieser „Unhandlichkeit“ für die praktische Anwendung wurde auf Basis des *Jessenschen* Ansatzes untersucht, Differenzen- wie auch Kumulationsschätzer mit konstanten Gewichten zu verwenden. Dabei zeigt der Vergleich der Designeffektfaktoren, dass mittels dieses Vorgehens teils bessere Schätzungen (im Sinne eines geringeren Designeffektfaktors), als mit den Schätzern von *Hansen* und *Yates* erreicht werden können.

In einem weiteren Schritt werden die Ergebnisse einer mehr-periodischen Schätzung mit denen der zwei-periodischen verglichen. Ein erster Schätzer, der die MVLU-Eigenschaft erfüllt, basiert dabei auf den Überlegungen von *Yates* und *Patterson*. Für den Erwartungswertschätzer können durch die mehr-periodische Schätzung Genauigkeitsgewinne realisiert werden. Bei der Differenzenschätzung als auch für die Kumulationsschätzung ist hingegen eine Verschlechterung gegenüber dem zwei-periodischen Ansatz festzustellen. Insgesamt sind die Genauigkeitsgewinne, die die Schätzer von *Yates* und *Patterson*, erreichen jedoch so minimal, dass es fraglich erscheint, den mit der Schätzung verbundenen Mehraufwand in Kauf zunehmen. Hinzu kommt eine eingeschränkte Anwendung des Schätzers für den Fall einer Schätzung der notwendigen Gewichte bzw. des Korrelationskoeffizienten.

Daher empfiehlt es sich, bei einer Ein-Ebenen bzw. Semi-Ein-Ebenen Rotation, die allen bisher diskutierten Ansätzen zugrunde liegt, auf die effektiven und handlichen zwei-periodischen Schätzer zurückzugreifen, da sie eine Verbesserung gegenüber der ein-periodischen Schätzung bedeuten.

Auf Basis eines mehr-periodischen Ansatzes wurden über den Vorschlag von *Yates* und *Patterson* hinaus noch weitere Schätzer vorgeschlagen, die sich zumeist auf eine Zwei-Ebenen Rotation beziehen, d. h. einem Erhebungsverlauf, beim dem die Stichprobeneinheiten nach einer Pause nochmals in die Erhebung aufgenommen werden und auch für die vergangenen Zeitpunkte befragt werden. So erweiterte *Eckler* den Erwartungswertansatz der beiden auf eine Zwei-Ebenen Rotation und konnte damit deutliche Genauigkeitsgewinne gegenüber deren Schätzer erreichen. Auch *Hansen et al.* leiteten einen Composite Schätzer für eine Zwei-Ebenen Rotation her, dessen Varianz im Konvergenzfall der von *Eckler* entspricht. Problematisch ist bei einer Zwei-Ebenen Rotation, dass es den Schätzungen aufgrund der retrospektiven Befragung an Aktualität mangelt und auch die Qualität der retrospektiven Ergebnisse zumeist leidet. Auch wurden bezüglich der Zwei-Ebenen Rotation sowohl ein Differenzen- als auch Kumulationsschätzer basierend auf einem Composite Schätzer von *Hansen et al.* entwickelt. Hier bestehen jedoch abermals die genannten Probleme der Aktualität und Genauigkeit, wobei allerdings beim Kumulationsschätzer dieser auch einen geringeren Genauigkeitsgewinn als ein zwei-periodischer Kumulationsschätzer bei Ein-Ebenen Rotation aufweist. Auch für die weiteren Vorschläge, insbesondere den Composite Schätzer von *Wolter*, der zwar erhebliche Genauigkeitsgewinne ermöglicht, gelten die Kritikpunkte. Hinzu kommt, dass zur Bestimmung der Schätzer numerische Verfahren anzuwenden sind, die einen erheblichen Aufwand bedeuten.

Schließlich wurde sowohl von *Gurney* und *Daly* als auch von *Wolter* ein MVLU-Schätzer hergeleitet, jedoch verweisen die Autoren selbst, aufgrund der numerischen Komplexität der Schätzer, auf eine Verwendung von Composite Schätzern. Gerade auch bei diesem Ansatz ergeben sich auch noch zusätzliche Kritikpunkte in Bezug auf Kohärenz- und Transparenz.

Für die praktische Anwendung erscheint es daher sinnvoll, auf einen der zwei-periodischen Schätzer zurückzugreifen. Er kann zeitnah ermittelt werden, ist in seinem Aufbau transparent und aus Genauigkeitsgesichtspunkten einem ein-periodischen Schätzer vorzuziehen. Die Wahl eines Schätzers erlaubt auf Anhieb nicht, für konkrete Stichprobendesigns, die zumeist eine partielle Rotation aufweisen, die jedoch in ihrer Ausgestaltung u. U. sehr differenziert ist, die exakte Varianz der Schätzfunktion zu bestimmen. Das allgemein hin als partiell rotierendes Design charakterisierte Modell, variiert daher zusätzlich durch die Ausgestaltung der Überlappungsquotienten. Bei allen betrachteten Schätzern hat sich gezeigt, dass gerade bei partiellen Überlappungen aufgrund der temporären Abhängigkeit der Teilstichproben, Korrelationseffekte zum Tragen kommen, die theoretisch nicht näher analysiert werden können. So wäre aus theoretischen

Überlegungen zu erwarten, dass das Quartalspanel mit seiner rollierenden Quartalsgestalt bessere Schätzergebnisse liefert, als die Rotation über 15 Monate. Da jedoch die Stärke der Korrelation der zu 100% überlappenden Quartalswerte im Quartalspanel nicht ermessen werden kann, ist es nicht möglich, eine abschließende Bewertung abzugeben. Hier liegt die Berechtigung der Simulation zur finalen komparativen Qualitätsbewertung. Darüber hinaus erlaubt die theoretische Analyse lediglich eine Kumulation über zwei Perioden, um die Varianz herzuleiten. Mittels einer Simulation kann eine unbegrenzte Zahl an Ergebnissen kumuliert und deren Varianz ermittelt werden.

Aus den vorgenannten Punkten folgt für den empirischen Teil die Einbeziehung des sehr handlichen basiskumulierten Schätzers als auch des neu entwickelten Kumulationsschätzers auf Basis von *Jessen*. Da das Verhältnis der Schätzung von *Jessen* zu der von *Hansen et al.* bekannt ist, wird erhofft, auch für diesen Schätzer mögliche Rückschlüsse ziehen zu können. Ebenso wird erwartet, da die Designeffektfaktoren der Differenzenschätzer gegenläufig zu denen der Kumulationsschätzer sind, hierzu Aussagen treffen zu können. Besonderes Augenmerk wird dabei auf eine mögliche Qualitätsverbesserung durch die Anwendung eines zwei-periodischen Schätzers gegenüber einem ein-periodischen Schätzer geworfen.

Ziel des Kapitels ist nicht lediglich die Systematisierung zur Disposition stehender Schätzer bzw. die Entscheidung für im Rahmen der Simulation zu analysierender Schätzer, sondern eine erste allgemeine theoretische Bewertung der Qualitätserfüllung durch die Design-Schätzer-Kombinationen. Die in Kapitel 1.3.2.7 (S. 37) entwickelte Tab. 1 (S. 38) gibt lediglich einen komparativen Überblick über die Qualitäts- und Anforderungserfüllung auf Basis der Designpräsentation. Das Kriterium der Genauigkeit konnte noch nicht berücksichtigt werden. Die Resultate der vorangegangenen Kapitel ermöglichen es, nunmehr die theoretischen Design-Schätzer-Kombinationen, den theoretisch allgemeinen Anforderungen an Erhebungen der amtlichen Statistik gegenüberzustellen. Bewertungsmaßstab für die Genauigkeit ist der Designeffektfaktor eines Schätzers im Vergleich zu dessen Ergebnis auf Basis eines anderen Designs. Da aufgrund der Korrelationsproblematik lediglich die theoretischen Designalternativen erörtert werden konnten, wird ebenfalls darauf verzichtet, die expliziten Anforderungen an die Wirtschaftsrechnungen in die Gegenüberstellung (Tab. 4, S. 110) einzubeziehen. Eine Differenzierung der Schätzer erfolgt lediglich nach den Alternativen, die im Rahmen der Simulation aufgegriffen werden, folglich in einen einperiodischen und einen zwei-periodischen Schätzer und der Art der Verknüpfung der Ergebnisse im Zeitverlauf (Erwartungs-, Kumulations- oder Differenzenschätzer).

Tab. 4: Qualitäts- und Anforderungserfüllung auf Basis der theoretischen Design- und Schätzererörterung

Qualitätskriterien		Design: kein Overlap						Design: partieller Overlap						Design: totaler Overlap					
	Schätzer	E		K		D		E		K		D		E		K		D	
		1	2	1	2	1	2	1	2	1	2	1	2	1	2	1	2	1	2
Genauigkeit		+	-	+	+	-	-	+	+/-	+/-	+/-	+/-	+/-	+	+	-	-	+	+
Kosten		-	-	-	-	-	-	+/-	+/-	+/-	+/-	+/-	+/-	+	+	+	+	+	+
Befragtenbelastung		-	-	-	-	-	-	+/-	+/-	+/-	+/-	+/-	+/-	+	+	+	+	+	+
ESS	Aktualität	-	-	-	-	-	-	+/-	+/-	+/-	+/-	+/-	+/-	+	+	+	+	+	+
ESS	Verfügbarkeit / Transparenz	+	+/-	+	+/-	+	+/-	+/-	-	+/-	-	+/-	-	+	+/-	+	+/-	+	+/-
ESS	Vergleichbarkeit	+	+	+	+	+	+	+	+	+	+	+	+	+	+	+	+	+	+
ESS	Kohärenz	+	-	+	+	-	-	+	+/-	+/-	+/-	+/-	+/-	+	+	-	-	+	+
ESS	Relevanz	+	+	+	+	+	+	+	+	+	+	+	+	+	+	+	+	+	+

Anforderungen:

++ in Gänze erfüllt
+/- teils erfüllt
- - in Gänze nicht erfüllt
+ weitestgehend erfüllt
? noch unklar
- weitestgehend nicht erfüllt

Wie Tab. 4 zu entnehmen ist, erlaubt lediglich ein partieller Overlap die stete, jedoch nicht immer optimale, Erfüllung aller theoretischen Anforderungen. Sowohl im Fall keines als auch eines totalen Overlaps existieren Kriterien, die nicht erfüllt werden können. Dabei zeigt sich, dass der optimalen Erfüllung eines Kriteriums bei der totalen Rotation, eine gänzliche Unerfülltheit beim totalen Overlap gegenüber steht. Die partielle Rotation resultiert somit als Bindeglied zwischen beiden Designextrema.

Die Bewertung der Genauigkeit fußt auf den Erkenntnissen der vorangegangenen Abschnitte. Das Urteil zur Kosten- und Befragtenbelastungen erschließt sich aus den Ergebnissen in Kapitel 1.3.2.7 (S. 37). Die Aktualitätssteigerung mit steigender Überlappung resultiert durch die Annahme der Reduktion des Anwerbungsaufwandes und der bereits für Teile bzw. die gesamte Stichprobe vorliegenden sozio-demographischen Merkmale, die die Auswertung und Bereitstellung der Daten beschleunigt. Die Verfügbarkeit der Daten wie auch die Vergleichbarkeit und Relevanz sind design- und schätzerunabhängige Kriterien, die daher als erfüllt erachtet werden. Die Transparenz wird hingegen durch die Design- wie auch Schätzerausgestaltung beeinflusst. Je komplexer das Design und der Schätzer sind, desto mehr Erläuterungsaufwand entsteht. Demnach sind die regressionsanalytischen Schätzer schlechter bewertet, ebenso wie die partiellen Overlapdesigns. Schließlich muss die Kohärenz der Ergebnisse in direkte Beziehung zur Genauigkeit gesetzt werden. Je geringer die Varianz, desto eher ist zu erwarten, dass die Ergebnisse eines Merkmals mit entsprechenden Resultaten aus anderen Erhebungen übereinstimmen.

Da in obiger Tabelle die Anforderungserfüllung einer Design-Schätzer-Kombination lediglich im Verhältnis zu einem anderen Design, jedoch nicht zu einem anderen Schätzer gegenübergestellt wird, resultiert innerhalb eines Designs bis auf den Standarderwartungswertschätzer kein Erfüllungsunterschied. Auf Basis dieser theoretischen Erörterung ist zu schlussfolgern, dass der Gedanke der Verwendung eines partiellen Rotationsmodells durchaus diskussionswürdig erscheint, da er allen Anforderungen zumindest in Teilen genüge trägt. Da die Simulation jedoch erst die abschließende Beurteilung der Genauigkeit erlaubt, sind in der Simulation alle Designvarianten einzubeziehen. Auch ist die Frage der Verwendung eines kumulierten Schätzers erst auf Grundlage der Simulationsergebnisse abschließend zu beantworten.

3. Varianzsimulation

3.1. Verlauf

In einem ersten Schritt wurden die sechs differenzierten Designvorschläge der amtlichen Statistik vorgestellt und qualitativ gegenüber den bisherigen Designs der Wirtschaftsrechnungen privater Haushalte abgegrenzt und bewertet (Kapitel 1.3.2, S. 27). Einzig die Genauigkeitsanforderung konnte in der deskriptiven Beurteilung nicht berücksichtigt werden, da sie einer weiteren Einflussgröße, dem verwendeten Schätzer, unterliegt. Die Genauigkeit stellt jedoch weiterhin eine der maßgeblichen Qualitätsgrößen neben Kosten, Befragtenbelastung und Anforderungen des ESS dar. Ziel des zweiten Schrittes war es daher, zunächst die zur Disposition stehenden Schätzer zu systematisieren und schließlich die unter Genauigkeitsgesichtspunkten optimale Design-Schätzer-Kombination zu bestimmen (Kapitel 2.3, S. 54). Die Erörterung verdeutlichte, dass zunächst lediglich auf Basis theoretischer Grundlagen der Designs und nicht auf deren empirischer Ausgestaltung durch die amtliche Statistik, eine Design-Schätzer-Bewertung vorgenommen werden kann. Ausschlaggebende Faktoren für diese eingeschränkte Qualifizierung sind theoretisch lediglich abschätzbare Korrelationseffekte und die Komplexität einer Analyse über mehr als zwei Perioden kumulierter Schätzer. Um nun die einleitende Frage, ob Overlapstichproben in Kombination mit kumulierten Schätzern den komplexen Qualitätsanforderungen gerecht zu werden vermögen abschließend beantworten zu können, erfolgt in einem dritten und letzten Schritt die Simulation der Varianz, der im vorangegangenen Teil ausgesuchten Schätzfunktionen. Einzig die Simulation vermag, als Bindeglied zwischen praktischen Erwägungen und theoretischen Möglichkeiten genauere Anhaltspunkte über die designinduzierten Korrelationseinflüsse auf die Varianzen zu liefern. So erlaubt sie beispielsweise die Analyse von mehr als zwei Kumulationszeiträumen. Daran anschließen kann sich schließlich die Entscheidung für eine empirische Design-Schätzer-Kombination.

Der Simulation vorangestellt ist die grundlegende Frage, welchen Genauigkeitsmaßstab sie bereitstellen zu vermag, was Gegenstand des Kapitels 3.2 (S. 114) ist. Zur Umsetzung der Simulation muss des Weiteren ein Programm entwickelt werden. Es hat für alle diskutierten Designvarianten gleichzeitig, in Kombination mit einem Schätzer, mittels Iterationen die Genauigkeit der Schätzfunktion zu approximieren. Das Programm wird in Kapitel 3.3 (S. 121) vorgestellt. Die theoretisch hergeleiteten Varianzen in den vorangegangenen Kapiteln verdeutlichten die Existenz weiterer freier Parameter (Stichprobenumfang, Kumulationszeitraum, Überlappungshöhe) neben der der Korrelationen. Im Rahmen der Simulation werden daher ebenfalls die Effekte aller weiteren Einflussgrößen unter ceteris paribus Bedingungen untersucht. Darüber hinaus hat die theoretische Erörterung der Designeffektfaktorverläufe für einfache Overlapdesigns gezeigt, dass die Ergebnisse für kumulierte Schätzer gegenläufig zu denen der ferner in Betracht zu ziehenden Differenzenschätzer sind. Im Folgenden kann jedoch auf deren explizite Simulation verzichtet werden. Für die Verläufe der Differenzenschätzer werden die Ergebnisse aus denen der Kumulation abgeleitet. Im Vordergrund wird die Festlegung der qualitativen Rangfolge der betrachteten Designs stehen, da die Herleitung allgemein gültiger Niveauergebnisse aufgrund der Abhängigkeit von den verwendeten Merkmalen nicht in Betracht kommt.

3.2. Chancen der Simulation

Der Verwendung der Simulation als Bewertungsinstrument der Genauigkeit ist die Frage voranzustellen, welches Gütemaß sie liefern kann. Theoretisch war es unter Annahme der Nicht-Existenz eines Bias lediglich möglich, die Varianz der Schätzfunktion zu ermitteln. Die Tatsache sollte nicht ohne weitere Überlegungen auf die Simulation übertragen werden. Sollte die Möglichkeit zur Ermittlung des Bias bzw. des Mean Square Errors anhand einer Simulation bestehen, könnte ein weitaus exakteres Genauigkeitsmaß in die Bewertung der Design-Schätzer-Kombinationen einfließen.

Abb. 31: Fehlerentstehung in den Erhebungsphasen

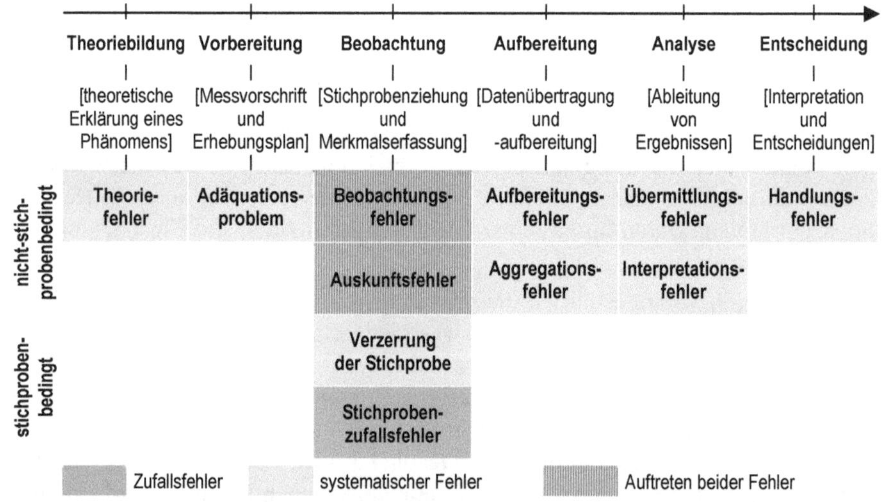

Quelle: Eigene Erstellung; vgl. *Strecker, H.*: Ein Modell zur Ermittlung von Angabefehlern in statistischen Erhebungen, in: Metrika, Bd. 17, 1971, S. 141f.; *Krug, W.*: Quantifizierung des systematischen Fehlers in wirtschafts- und sozialstatistischen Daten. Dargestellt an der Statistik der Erwerbstätigkeit, in: Volkswirtschaftliche Schriften, H. 251, Berlin 1976, S. 12ff.

Allgemein dient der Verifizierung einer Theorie, die ein Phänomen beschreibt und mögliche Einflussparameter erörtert, der empirische Beweis mittels einer Erhebung. Sie bedarf zunächst einer ausführlichen Vorbereitung, ehe die Beobachtung des Phänomens und seiner möglichen Einflussfaktoren beginnen kann. Der Verwendung der gewonnenen Ergebnisse zur Ableitung von Entscheidungen und Handlungsempfehlungen muss schließlich die Aufbereitung des Materials vorangestellt werden. Im Verlauf dieses skizzierten Erhebungsprozesses kann eine Vielzahl von Fehlern entstehen. Fehler werden in diesem Kontext allgemein definiert als die Differenz zwischen dem beobachteten Wert und dem wahren Wert.[188] Die Betrachtung der gängigsten Fehler im Zeitverlauf, entsprechend Abb. 31 (S. 114), verdeutlicht die mögliche Verstärkung von Fehlern eines Zeitpunktes der Erhebungsphase durch vorgelagerte Störungen. Tritt dieser Fall ein, wird allgemein von einer Fehlerfortpflanzung gesprochen.

Die angeführten Fehler sind zunächst in zwei Hauptgruppen, stichprobenbedingte und nicht-stichprobenbedingte Fehler, zu unterteilen. Stichprobenbedingte Fehler können, entsprechend ihrem Namen, nur in der Beobachtungsphase auftreten. Sie beruhen einerseits darauf, dass die durchgeführte Erhebung nur einen zufälligen Ausschnitt der Gesamtheit widerspiegelt - Zufallsfehler - und dass es andererseits bereits bei der Ermittlung der Stichprobe zu Fehlern kommen kann - Verzerrung. Streng genommen tritt daher bei einer Totalerhebung kein Zufallsfehler auf, sofern die Antworten nicht zufällig gegeben wurden. Die verbleibenden Fehler zählen zu den nicht-stichprobenbedingten Fehlern. Sie treten somit unabhängig von der Erhebungsart auf. Dabei ist insbesondere auf den Beobachtungsfehler hinzuweisen, der gerade bei der Erfassung nicht-naturwissenschaftlicher Phänomene auftritt. In den Naturwissenschaften werden zur quantitativen Erfassung eines Phänomens bzw. zu dessen Erklärung Experimente durchgeführt, die es erlauben, verschiedene mögliche Einflussfaktoren nacheinander zu variieren und deren Einfluss auf das Phänomen bzw. dessen Reaktion zu messen. In den Wirtschafts- und Sozialwissenschaften kann das interessierende Phänomen lediglich unter den gegebenen realen Bedingungen beobachtet werden. Folglich können mögliche Einflussgrößen nicht variiert werden. Aus der Beobachtung diverser Ausprägungen des Phänomens in kombiniertem Auftreten mit anderen Faktoren muss auf mögliche Einflussparameter geschlossen werden. Eine Vielzahl möglicher Fehlerquellen findet hier ihren Ursprung.[189]

---

188 Vgl. *Menges, G.; Skala, H. J.*: Grundriss der Statistik. Teil 2: Daten - Ihre Gewinnung und Verarbeitung, Opladen 1973, S. 271.

189 Vgl. *Krug, W.; Nourney, M.; Schmidt, J.*: a. a. O., S. 24ff. und S. 216ff.

Jeder der genannten Fehler der zwei Hauptgruppen ist des Weiteren danach zu unterscheiden, ob er zufälliger oder systematischer Art ist bzw. ob er sich aus beiden Komponenten zusammensetzt. Die Größe des ersten Fehlers, des Zufallsfehlers, ist nicht bekannt. Es kann jedoch mittels der Stichprobenergebnisse für den wahren Wert ein Konfidenzintervall mit einer gegebenen Wahrscheinlichkeit abgeschätzt werden. Werden alle „N über n" Stichproben identischen Umfangs aus einer konstanten Grundgesamtheit, unter sonst gleichen Bedingungen, zufällig gezogen, kann über die gebildeten Stichprobenmittelwerte sowohl der wahre Erwartungswert als auch die wahre Varianz des Stichprobenmittelwertes ermittelt werden. Dieser Rückschluss ist möglich, da der Erwartungswert des Stichprobenmittelwertes $E(\overline{X})$, sofern die Stichprobe unverzerrt ist, dem Erwartungswert in der Grundgesamtheit μ entspricht und für die Varianz in der Grundgesamtheit die Beziehung $\sigma_{\overline{X}}^2 = \sigma_X^2 / n$ gilt.[190] Auf Grund der Geltung des Gesetztes der großen Zahlen, das besagt, dass mit wachsender Zahl der Beobachtungen die individuellen Zufallsfehler zum gegenseitigen Ausgleich tendieren, kann durch eine Ausweitung des Stichprobenumfangs der Zufallsfehler in einer Stichprobe reduziert werden, so dass $\left[E(\overline{X}) - \mu\right] \underset{n \to N}{\to} 0$ gilt.[191] Eine Simulation der Varianz macht sich diese Tatsache zu Nutze und approximiert durch eine ausreichende Stichprobenzahl $E(\overline{X})$ und $\sigma_{\overline{X}}^2$. Systematische Fehler, auch Bias bzw. Verzerrung genannt, können indes durch die Vergrößerung der Stichprobe nicht verringert werden, sondern werden sogar vergrößert. Ihr Nachweis ist in der Regel nur partiell möglich und ihre Größe ist nicht aus der Stichprobe abschätzbar. Eine bedeutende Annahme zur Ermittlung des systematischen Fehlers ist dabei seine Wirkung in lediglich eine Richtung. Sie impliziert wiederum, dass es zu einer gleichmäßigen Verschiebung der Beobachtungen kommt, der systematische Fehler somit verteilungsirrelevant ist.[192]

Soll nun die „Qualität" einer Erhebung bestimmt werden, können zwei Konzepte verfolgt werden: einerseits die Aufstellung von Indikatoren, die die Qualität der Daten bzw. Datenerhebung beschreiben und andererseits die Zusammenfassung zufälliger und systematischer Fehlerkomponenten zum Gesamtfehler und dessen Schätzung. Von besonderem Interesse ist dabei das zweite Konzept. Es wird im Folgenden den Möglichkeiten einer Varianzsimulation gegenübergestellt.

Die Komponenten des Gesamtfehlers sind einerseits der Zufallsfehler, gemessen anhand der Standardabweichung, der die Präzision einer Erhebung wiedergibt, und andererseits der systematische Fehler, der die Richtigkeit bzw. accuracy an-

190 Der Beweis findet sich u. a. bei *Menges, G.; Skala, H. J.*: a. a. O., S. 274ff.

191 Vgl. *ebenda*, S. 273.

192 Vgl. *Krug, W.*: a. a. O., S. 12ff.; *Krug, W.; Nourney, M.; Schmidt, J.*: a. a. O., S. 24ff. und S. 216ff.; *Menges, G.; Skala, H. J.*: a. a. O., S. 284; *Strecker, H.*: a. a. O., S. 141f.

gibt. Das Konzept wird wie folgt entwickelt: Ist $\overline{z}_i$ der sich aus einer Stichprobe ergebende Mittelwert und $E(\overline{Z})$ der sich mathematisch ergebende Erwartungswert des Stichprobenmittelwertes, so wird die Differenz zwischen Erwartungswert und beobachtetem Mittelwert $(\overline{z}_i - E(\overline{Z}))$ als Zufallsfehler $\overline{e}_{\overline{z}_i}$ definiert. Die verbleibende Abweichung des wahren Erwartungswertes in der Grundgesamtheit μ vom Erwartungswert des Stichprobenmittelwertes $(\mu - E(\overline{Z})) = \overline{\beta}_{z_i}$ repräsentiert den systematischen Fehler. In der folgenden Abb. 32 werden die Zusammenhänge zwischen der Verteilung des verzerrten Stichprobenmittelwertes (rechts) und der Verteilung in der Grundgesamtheit (links) sowie der Fehlerkomponenten veranschaulicht.

Abb. 32: Fehlerkomponenten in der Normalverteilung

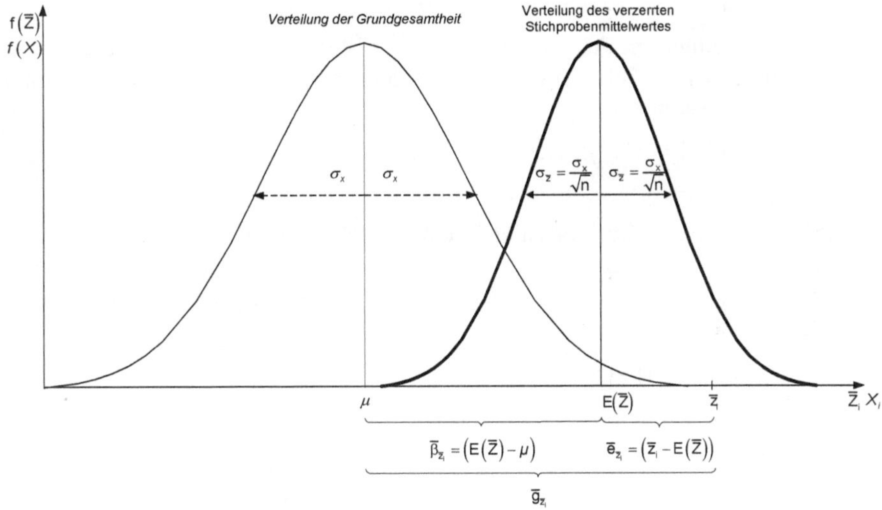

Quelle: Eigene Erstellung; vgl. Menges, G; Skala, H. J.: a. a. O., S. 284.

Allgemein kann aus dem skizzierten Modell auf folgende Zusammenhänge geschlossen werden[193]: Der beobachtete Wert z_i setzt sich aus dem wahren Wert x_i und dem Gesamtfehler g_i zusammen (vgl. Abb. 33, S. 120). Der Fehler kann wiederum in die beiden Komponenten, Zufallsfehler e_i und systematischer Fehler β_i differenziert werden, so dass gilt:

$$\begin{aligned} z_i &= x_i + g_i \\ &= x_i + [z_i - E(z)] + [E(z) - x_i] \\ &= x_i + e_i + \beta_i \leftrightarrow z_i - x_i = e_i + \beta_i \end{aligned} \tag{3.1}$$

193 Vgl. *Krug, W.*: a. a. O., S. 29ff.

Für dieses Modell wird die Erfüllung folgender Bedingung angenommen: Der Erwartungswert des Zufallsfehlers der i-ten Beobachtung ist null, so dass der Erwartungswert über die Summe aller Zufallsfehler ebenfalls null ist:

$$E(e_i) = \frac{1}{\binom{N}{n}} \sum_{j=1}^{\binom{N}{n}} e_{ij} = E(z_i - E(z_i)) = 0$$

$$\leftrightarrow E(e) = \frac{1}{N}\sum_{i=1}^{N} e_i = \frac{1}{N}\sum_{i=1}^{N}\frac{1}{\binom{N}{n}}\sum_{j=1}^{\binom{N}{n}} e_{ij} = 0 \qquad (3.2)$$

Für den Erwartungswert des Gesamtfehlers der i-ten Beobachtung g_i ist aufgrund der Annahme der Unabhängigkeit der Fehlerkomponenten sowie der Geltung von $E(\beta_i) = \beta_i$ zu schließen:

$$\begin{aligned} E(g_i) &= E(e_i + \beta_i) = E(e_i) + E(\beta_i) \\ &= \beta_i \end{aligned} \qquad (3.3)$$

Der mittlere einfache Gesamtfehler $\overline{g}$ einer Stichprobe, als Differenz zwischen empirischem Stichprobenmittelwert $\overline{z}$ und wahrem Erwartungswert μ, entspricht der Summe aus mittlerem Zufallsfehler und systematischen Fehler (vgl. Abb. 32, S. 120):

$$\begin{aligned} \overline{g} &= \overline{z} - \mu = (\overline{z} - E(\overline{z})) + (E(\overline{z}) - \mu) \\ &= \overline{e} + \overline{\beta} \end{aligned} \qquad (3.4)$$

Der Erwartungswert des mittleren quadratischen Gesamtfehlers, Mean Square Error (MSE), wird nun hergeleitet als Summe des quadrierten Zufallsfehlers bzw. der Varianz des Stichprobenmittelwertes und des mittleren quadrierten systematischen Fehlers:[194]

$$\begin{aligned} E(\overline{g}^2) &= E\left[\left((\overline{z} - E(\overline{z})) + (E(\overline{z}) - \mu)\right)^2\right] \\ &= E(\overline{z} - E(\overline{z}))^2 + 2E\left[(\overline{z} - E(\overline{z}))\cdot(E(\overline{z}) - \mu)\right] + E(E(\overline{z}) - \mu)^2 \\ &= E(\overline{e})^2 + 2E\left[(\overline{e})\cdot(\overline{\beta})\right] + E(\overline{\beta})^2 \\ &= E(\overline{e})^2 + \overline{\beta}^2 \\ MSE &= \sigma_{\overline{z}}^2 + \overline{\beta}_{\overline{z}}^2 \end{aligned} \qquad (3.5)$$

194 Vgl. *Menges, G; Skala, H. J.*: a. a. O., S. 286.

Zur Ermittlung des systematischen Fehlers wird bisher eine Schätzung auf Basis einer Nacherhebung verfolgt. Es wird angenommen, im Rahmen dieser Kontrollstichprobe, die eine Zufallsstichprobe mit identischer Auswahlwahrscheinlichkeit für jede Einheit aus der ersten Erhebung darstellt, den wahren Wert für die befragten Personen zu ermitteln. Die mittlere Differenz aus den Ergebnissen der ersten Erhebung und der Kontrollstichprobe wird als Schätzer für den mittleren systematischen Fehler in der Grundgesamtheit herangezogen, da in der Grundgesamtheit gilt:

$$\begin{aligned}\overline{\beta} &= \frac{1}{N}\sum_{i=1}^{N}(z_i - x_i - e_i)\\ &= E(z_i) - E(x_i) - E(e_i) = E(z_i) - E(x_i)\end{aligned} \tag{3.6}$$

Die Schätzung des Wertes folgt anhand:

$$\begin{aligned}\hat{\overline{\beta}} &= \frac{1}{n}\sum_{i=1}^{n}(z_i - x_i - e_i) = \frac{1}{n}\sum_{i=1}^{n} z_i - \frac{1}{n}\sum_{i=1}^{n} x_i - \frac{1}{n}\sum_{i=1}^{n} e_i\\ &= \frac{1}{n}\sum_{i=1}^{n} z_i - \frac{1}{n}\sum_{i=1}^{n} x_i\end{aligned} \tag{3.7}$$

Dieses Vorgehen vernachlässigt die Geltung von Gleichung (3.4), die stets die Existenz eines Zufallsfehlers bei einer Stichprobe annimmt. Es wird vielmehr von einem Erwartungswert des Zufallsfehlers von null ausgegangen. Eine Simulation ermöglicht die Vermeidung dieser Annahme.

Zur Abschätzung des systematischen Fehlers durch eine Simulation ist in drei Schritten vorzugehen: Ausgangspunkt des ersten Schrittes sind die Ergebnisse einer Stichprobe des Umfangs n. Dabei müssen die Ergebnisse zumindest einer beliebigen Unterstichprobe vom Umfang n_k ihren Stichprobenelementen zuzuordnen sein. Aus der Ursprungsstichprobe werden danach wiederholt noch weitere größenidentische Unterstichprobe n_k gezogen und deren Mittelwerte $\overline{z}$ bestimmt. Die über alle Mittelwerte ermittelte Varianz stellt unter Geltung des Gesetztes der Großen Zahlen eine Approximation an die wahre Varianz des Mittelwertes $\sigma^2_{\overline{x}}$ dar. Dabei ist es unerheblich, ob die ursprüngliche Stichprobe verzerrt und somit auch die Unterstichproben verzerrt sind, sofern die Annahme der Wirkung des Bias in lediglich eine Richtung und damit die Verteilungsirrelevanz gilt. Die Größe des Zufallsfehlers kann dann als unverändert angenommen werden. Das Resultat der Simulation ist somit die Approximation der wahren Varianz des Stichprobenmittelwertes wie auch der Verteilung des Stichprobenmittelwertes, unabhängig von der Qualität der ursprünglichen Stichprobe. Aus der Varianz des Stichprobenmittelswertes kann des Weiteren die wahre Varianz der Ursprungsstichprobe vom Umfang n abgeleitet werden, da $\sigma^2_{\overline{X}} = \sigma^2_X / n_k$ gilt. Der wahre unverzerrte Erwartungswert der Grundgesamtheit μ bleibt jedoch zunächst unbekannt, da mittels der Simulation nur der verzerrte Erwartungswert $E(\bar{z})$ approximiert wird (vgl. Abb. 33).

Abb. 33: Biasbestimmung durch Simulation bei Normalverteilung

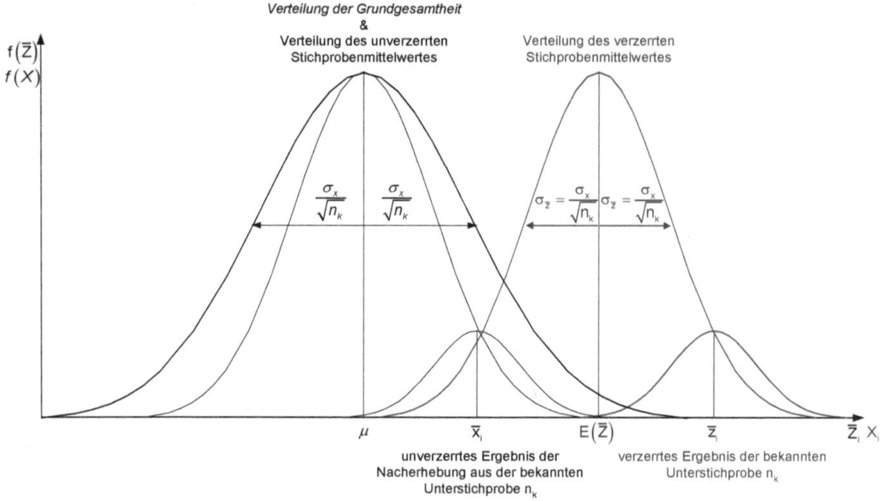

Quelle: Eigene Erstellung; vgl. Menges, G; Skala, H. J.: a. a. O., S. 284.

Zur Qualitätsermittlung wird nun im zweiten Schritt bei den n_k bekannten Stichprobenelementen nochmals die interessierende Variable erhoben. Dabei wird aufgrund des geringen Umfangs der Stichprobe die Unverzerrtheit der Ergebnisse angenommen. So kann der wahre Stichprobenmittelwert $\bar{x}$ ermittelt werden. Aufgrund der Bekanntheit der wahren Varianz σ_X^2 aus der Simulation kann folgende Beziehung für die Stichprobe vom Umfang n_k, unter Annahme einer Normalverteilung, aufgestellt werden:

$$z_{sn} = \frac{\left(\bar{z}_i - E(\bar{z})\right)\cdot\sqrt{n_k}}{\sigma_{\bar{X}}} \leftrightarrow \left(z_{sn}\cdot\frac{\sigma_{\bar{X}}}{\sqrt{n_k}}\right) = \left(\bar{z}_i - E(\bar{z})\right) \tag{3.8}$$

wobei z_{sn} der Wert der Standardnormalverteilung und $\left(\bar{z}_i - E(\bar{z})\right)$ die Differenz zwischen der, in der Simulation u. a. verwendeten bekannten Unterstichprobe und dem, aus der Simulation hergeleiteten Erwartungswert ist. In Folge der Annahme der Verteilungsirrelevanz ist von der Konstanz der Differenz zwischen Stichprobenmittelwert und Erwartungswert des Stichprobenmittelwertes auszugehen. Des Weiteren ist sie unabhängig von einer möglichen Verzerrung. Aufgrund dieser Konstanz kann nun aus obiger Gleichung für den im zweiten Schritt ermittelten wahren Erwartungswert gefolgert werden:

$$\left(z_{sn} \cdot \frac{\sigma_{\bar{X}}}{\sqrt{n_k}}\right) = (\bar{x} - \mu) \leftrightarrow \bar{x} - \left(z_{sn} \cdot \frac{\sigma_{\bar{X}}}{\sqrt{n_k}}\right) = \mu \tag{3.9}$$

Da nunmehr der wahre Erwartungswert und die wahre Varianz bekannt sind, kann im dritten Schritt für die interessierende Variable bei jeder weiteren beliebigen Stichprobe deren „Qualität“ gemessen anhand des MSE geschätzt werden und der mittlere systematische Fehler approximiert werden:

$$\begin{aligned} E\left(\hat{g}^2\right) &= \sigma_{\bar{X}}^2 + E\left(\hat{\beta}\right)^2 \\ &= \sigma_{\bar{X}}^2 + E\left(E\left(\hat{z}\right) - \mu\right)^2 \\ &= \sigma_{\bar{X}}^2 + \left(E\left(\hat{z}\right) - \mu\right)^2 \\ &= \sigma_{\bar{X}}^2 + (\bar{z} - \mu)^2 \leftrightarrow \sqrt{E\left(\hat{g}^2\right) - \sigma_{\bar{X}}^2} = \hat{\beta} \end{aligned} \tag{3.10}$$

Auch kann rückwirkend die Qualität der Simulationsstichprobe ermittelt werden: In diesem Fall muss in Gleichung (3.10) lediglich der verzerrte Mittelwert $\bar{z}$ durch den aus der Simulation bestimmten Erwartungswert ersetzt werden.

Die Möglichkeiten der Simulation liegen somit nicht ausschließlich in der Ermittlung der Varianz der Grundgesamtheit, sondern darüber hinaus in der Herleitung des wahren Erwartungswertes als auch der Chance, für weitere vergleichbare Stichproben den systematischen Fehler zu bestimmen. Zu beachten ist jedoch, dass dies lediglich bei Geltung der Annahme der Verteilungsirrelevanz des systematischen Fehlers, einer zugrunde gelegten Normalverteilung und der Unverzerrtheit der Nacherhebung bei den bekannten Unterstichprobenelementen möglich ist. Im Folgenden wird jedoch, da erstens die verwendete Stichprobe das Ziehen einer Unterstichprobe aufgrund der Unbekanntheit der Elemente zur Ermittlung des wahren Wertes nicht erlaubt und zweitens der Vergleich mit den theoretischen Herleitungen weiterhin gewährleistet sein soll, das Augenmerk auf die Varianz der Schätzfunktion und daraus abgeleitet dem Designeffektfaktor gerichtet.

3.3. SimDesign

Zur Entwicklung eines Simulationsprogramms der Varianz der Schätzfunktion unter Verwendung eines Overlapdesigns sind zunächst einige Fragen zu klären. Welche Variable und auch Datenquelle ist für die Simulation heranzuziehen; in welcher Periodizität und auf welchem Niveau, d. h. für welche Zeitpunkte und in welcher Form (z. B. klassiert), liegen Daten über die interessierende Variable aus der gewählten Datenquelle vor?

Da exemplarisch die Neugestaltung der Wirtschaftsrechnungen betrachtet wird, sollte zur Simulation eine monetäre Größe entsprechend dem Einkommen oder der Ausgaben herangezogen werden. Mögliche repräsentative Datenquellen in der amtlichen Statistik, die geeignet erscheinen, könnten der Mikrozensus, die Einkommens- und Verbrauchsstichprobe sowie die Laufenden Wirtschaftsrechnungen sein. Für die Verwendung von Ausgabengrößen wären nur die Wirtschaftsrechnungen in Betracht zu ziehen. Da Daten resultierend aus einem Overlapdesign, demnach aus verschiedenen Stichproben und aus verschiedenen Perioden, zu kumulieren sind, führen Überlegungen bezüglich der Datenquelle zu zwei denkbaren Alternativen. Einerseits dürfte bereits eine mehrperiodische Datenmatrix vorliegen, die für jede Kombination der l Zeilen der Zeitpunkte und der n Spalten der Stichprobeneinheiten ein Erhebungsergebnis liefert, so dass jedes beliebige Design simulierbar ist. Andererseits müssten aus einem einperiodischen Datensatz mit n Spalten die Werte der folgenden Perioden jeder Einheit zunächst generiert werden (vgl. Abb. 34).

Abb. 34: Ein- und mehrperiodischer Datensatz

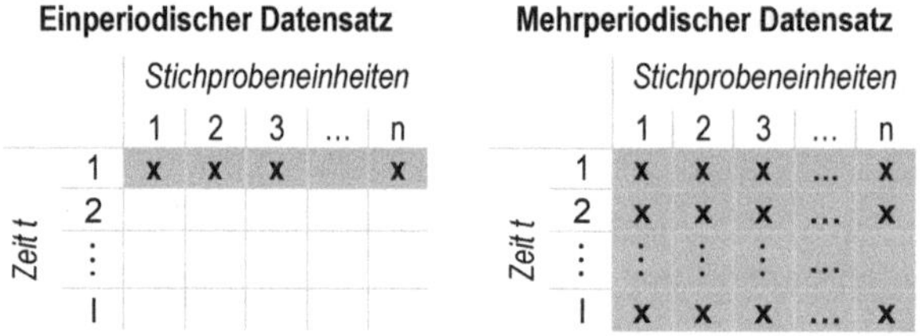

Zu beachten ist, dass bei allen drei in Betracht zuziehenden Erhebungen und einer Verwendung von Daten aus mehreren Perioden, nicht für jede Stichprobeneinheit zu allen Zeitpunkten eine Information vorläge. Über mehrere Perioden ergäben sich lediglich unvollständige Datenmatrizen (vgl. Abb. 35, S. 123), die genau dem zugrunde liegenden Stichprobendesign der jeweiligen Erhebung entsprächen. Es wäre daher nicht ohne weiteres möglich, diese Datenmatrix als Simulationsgrundlage für die vorgeschlagenen variierenden Overlapstichproben zu verwenden, denn für die abzubildenden Zeitpunkte lägen entweder keine Daten für eine Stichprobeneinheit in der Matrix oder eine zu geringe Anzahl verschiedener Stichprobeneinheiten für einen Zeitpunkt vor.

Exemplarisch kann angenommen werden, die Daten aus der aktuellen LWR eines Jahres, mit 1.000 Erhebungseinheiten je Monat, für die Simulation zu verwenden (vgl. Abb. 35, S. 123). Die Daten würden eine Datenmatrix nur teilweise ausfüllen. Sollten diese Daten zur Simulation der Rotation über 15 Monate (vgl. 1.3.2.2, S. 32) herangezogen werden, würden Datenlücken vorliegen. Es müssten demnach die Daten für die fehlenden Perioden mit einem geeigneten Verfahren generiert werden. Für die programmtechnische Umsetzung folgt: Einerseits muss ein ein-periodischer Datensatz einlesbar sein, der für die folgenden Perioden unter Angabe eines vorgegebenen Wachstums und/oder einer Streuung fortzuschreiben ist, andererseits sollte auch eine komplette Datenmatrix verwendbar sein.

Abb. 35: Vorliegende Daten der LWR im Vergleich zum Datenbedarf der Rotation über 15 Monate

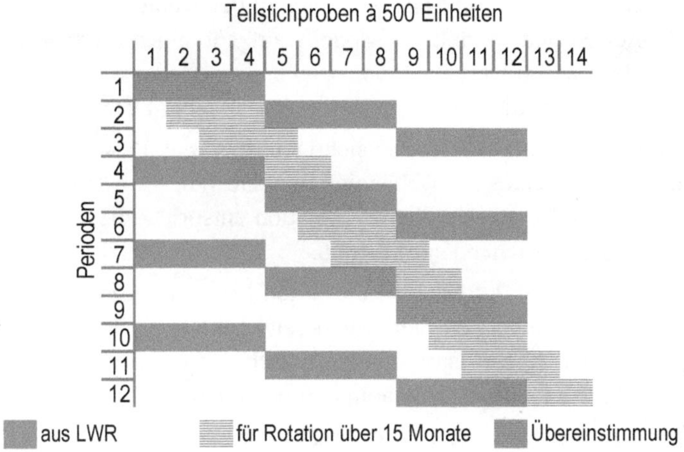

Des Weiteren wäre eine mögliche Klassierung des zu verwendenden Merkmals zu berücksichtigen. Daher sollte das Programm auch die Option zur Umrechnung in Absolutwerte zulassen.

Weitere Überlegungen sind dahingehend zu führen, welche der in Kapitel 1.3.2 (S. 27) diskutierten Designs in das Simulationsprogramm zu übernehmen sind. Die Analyse der Designeffektfaktoren kumulierter Schätzer in Abschnitt 2.3 (S. 54) hat gezeigt, dass sich im Fall keiner Überlappung stets der geringste Designeffekt ergab. Demnach werden die Simulationsergebnisse dieses Designs als Maßstab zur Bewertung der Ergebnisse unter Verwendung anderer Designs dienen. Ebenso sollte das Programm eine Überprüfung der theoretischen Darlegungen zu den Verläufen der Designeffektfaktoren bei Vorliegen eines angenommenen Prozentsatzes des Overlaps zulassen. Somit ist ebenfalls ein Design mit einer konstanten frei wählbaren monatlichen Überlappung in das Programm einzubinden. Neben diesen, aus theoretischen Erwägungen aufzunehmenden Designs, sind schließlich die Vorschläge des Statistischen Bundesamtes aufzunehmen: die Jahresrotation über 15 Monat als auch das Quartalspanel. Die Designs der erweiterten LWR und der eigenständigen EU-SILC-Erhebung haben Komponenten des Quartalspanels wie auch eines rollierenden Designs. Sie werden daher nicht explizit aufgenommen. Da sowohl beim Integrierten als auch dem Modularen Modell geplant ist, lediglich die Angaben eines Monats eines Jahres und somit verschiedener Stichprobeneinheiten für die mehrjährige Kumulation zu verwenden, entspräche dies im Ergebnis theoretisch einem rollierenden Modell. Eine eigenständige Einbindung der Designs in die Simulation erscheint daher nicht notwendig. Zusätzlich soll vergleichend der Fall der Kumulation aller Jahresdaten des Integrierten und Modularen Modells aufgenommen werden. Bezeichnet wird das Modell als einjähriges Monatspanel. Der Gedanke ist, entsprechend dem initialen Anliegen, die Nutzung von wesentlich mehr Datenmaterial.

Aus komparativer Sicht ist zu berücksichtigen, dass das Programm in allen zu kumulierenden Zeitpunkten, unabhängig vom Design, konstante Teilstichprobenumfänge verwendet. Bei der totalen Rotation entspricht dies gerade auch der Zahl der periodisch zu ziehenden Einheiten.

Aufgrund der in Kapitel 2.4 (S. 104) erörterten Ergebnisse, ist die Frage der in das Programm einzubindenden Schätzer bereits geklärt: Lediglich der basiskumulierte Schätzer sowie der regressionsanalytisch verbesserte Schätzer nach *Jessen* werden in das Simulationsprogramm aufgenommen.

Schließlich ist zu beachten, dass auf der Basis der Ergebnisse einer Stichprobenziehung lediglich die Stichprobenvarianz s^2 ermittelt werden kann. Sie gibt ausschließlich über diese eine Stichprobe Auskunft. Um jedoch eine Aussage über die Qualität des Stichprobendesigns und des darauf angewendeten Schätzers machen zu können, muss die Varianz des Schätzers ermittelt werden: Für einen einfachen Mittelwertschätzer $\bar{x}$ wäre dies die Varianz σ^2/n. Berechnet wird sie, wenn bei gegebener Grundgesamtheit und Ziehung aller möglichen Stichproben eines festgelegten Stichprobenumfangs die Varianz über alle geschätzten Werte berechnet wird. Das zu entwickelnde Programm hat folglich aus einem einzulesenden Datensatz, der annahmegemäß die Grundgesamtheit bildet, nicht nur eine Stichprobe, in dem Sinn, dass alle relevanten Einheiten eines Designdurchlaufs über die Zeit gezogen werden, zu entnehmen. Vielmehr ist der Vorgang in einer Routine stets zu wiederholen und über alle ermittelten Stichprobenmittelwerte die Varianz zu bestimmen, die als Approximation an die wahre Varianz des Stichprobenmittelwertes aufzufassen ist.

Abb. 36: Verlauf des Programms SimDesign

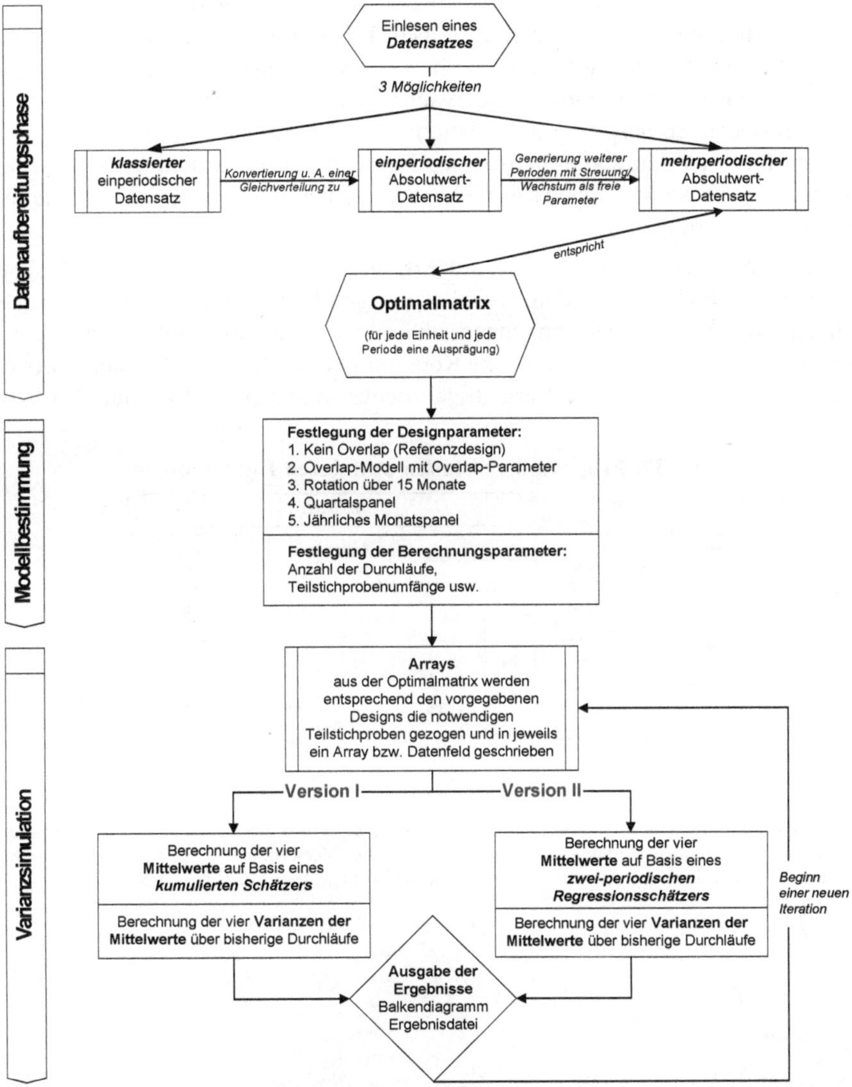

Aufgrund der vorgenannten Aspekte wurde das Simulationsprogramm SimDesign wie folgt konzipiert (vgl. Abb. 36, Abschnitt A.3, S. 194): in der Phase der Datenaufbereitung können drei verschiedene Datensatzarten eingelesen werden: klassierte Werte in ein-periodischer Form, ein-periodische Absolutwerte als auch eine mehr-periodische Absolutwertmatrix. Sollten die ein-periodischen Ausgangswerte klassiert sein, so werden diese zunächst unter der Annahme einer Normalverteilung innerhalb der einzelnen Klassen in Absolutwerte transformiert.[195] Diese Absolutwerte werden unter der Möglichkeit der Angabe monatlicher oder jährlicher Streuungen und Wachstumsraten auf insgesamt 48 Perioden fortgeschrieben, so dass eine Kumulation unter der Annahme monatlicher Erhebungen über vier Jahre simulierbar ist. Die resultierende Datenmatrix kann bei Vorliegen auch sofort eingelesen werden und entspricht der für die Simulation notwendigen Optimalmatrix.

Mittels SimDesign können, wie ausgeführt, insgesamt fünf verschiedene Designs miteinander verglichen werden, wobei es aus graphischen Gesichtspunkten nicht möglich war, alle fünf Designs innerhalb einer Programmvariante gegenüberzustellen. So wird in einer Variante die Rotation über 15 Monate (Version 3.I bzw. 4.I, vgl. Abb. 37) durch die Variante jährliches Monatspanel (Version 3.II bzw. 4.II) ersetzt.

Abb. 37: Programmversionen und deren Unterschiede

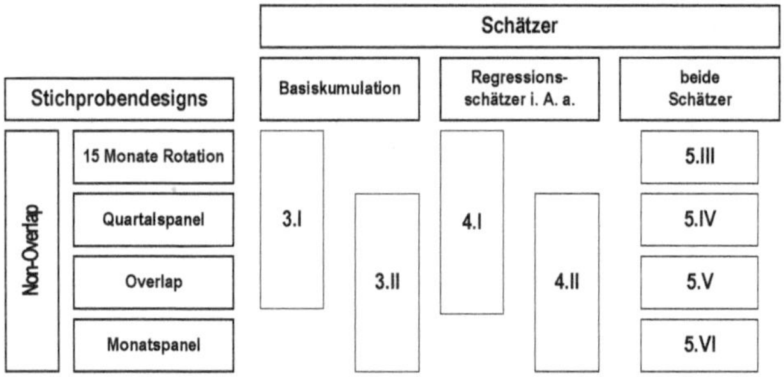

195 Für die im Folgenden verwendeten Daten hat sich gezeigt, dass die für die Transformation angenommene Normalverteilung innerhalb der Klassen bei Verwendung eines großen Datensatzes mit vielen Klassen (vgl. Abb. links) die Verteilungsart nicht beeinflusst (vgl. Abb. rechts).

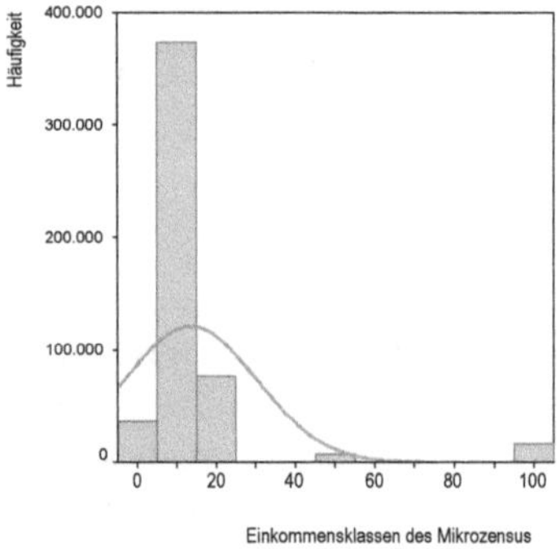

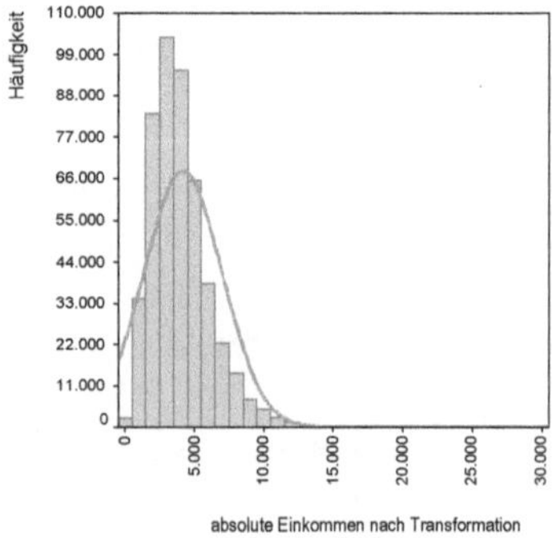

Zur Phase der Modellbestimmung zählt ebenfalls, die Anzahl der Iterationen festzulegen, wobei auch eine nach oben hin offene Zahl gewählt werden kann. Auch ist die Größe der Teilstichproben zu definieren. Ein letzter vorab zu bestimmender Parameter ist die Anzahl der Kumulationsperioden, so dass für die verschiedenen Designs sowohl Quartalskumulationen als auch Jahres- bis hin zu Vier-Jahreskumulationen analysiert werden können.[196]

Sind diese beiden Abschnitte des Programms, Datenaufbereitung und Modellbestimmung durchlaufen, wird mit der eigentlichen Simulation begonnen: Dabei werden zunächst aus der Optimalmatrix die entsprechend der ausgewählten Designs notwendigen Teilstichproben zufällig gleichverteilt gezogen und für jedes dieser Designs in ein Array (Datenfeld) geschrieben. In den Programmversionen I wird über die gezogenen Stichprobenwerte in den jeweiligen Arrays ein einfaches arithmetisches Mittel folgender Art gebildet:

$$\overline{x} = \sum_{i=1}^{n} \sum_{j=1}^{t} x_{ij} \qquad (3.11)$$

Die Programmversion II ist durch die Berechnung des regressionsanalytisch verbesserten Schätzers gekennzeichnet, wobei für die Verbesserung nur die Werte aus dem Vormonat bzw. beim Quartalspanel die des Vorquartals herangezogen werden, so dass gilt:

$$\overline{x}_t = \Phi_t \overline{x}_{t,u} + (1-\Phi_t)\left[\overline{x}_{t,m} + b\left(\overline{x}_{t-1} - \overline{x}_{t-1,m}\right)\right] \qquad (3.12)$$

---

196 Es sei darauf hingewiesen, dass lediglich ein Approximationsverfahren zur Ermittlung der Varianz möglich ist, da nicht alle in Frage kommenden Stichproben gezogen werden können. Die diesbezüglichen Überlegungen seien kurz skizziert. Die Anzahl der möglichen Stichproben kann wie folgt nach unten abgeschätzt werden. Sei die Mindestgröße der Grundgesamtheit N zur Varianzsimulation über 48 Perioden durch das Design der totalen Rotation festgelegt und läge diese bei einem Stichprobenumfang n = 8.000 bei 384.000, dann ergäbe sich annähernd für die Anzahl möglicher Stichproben bei den betrachteten vier Designs für:

die totale Rotation: $\prod_{i=1}^{48} \binom{N-(i-1)n}{n} = \frac{N!}{(n!)^{48}}$

das Overlapdesign mit Überlappung P: $\binom{N}{n} \cdot \prod_{i=2}^{48} \binom{N-n-(i-2)(1-\rho)n}{(1-P)n} \cdot \binom{n}{Pn}^{47}$

die Quartalspanel: $\prod_{i=0}^{2} \binom{N-in}{n} \cdot \prod_{i=0}^{8} \binom{N-3n-\frac{i}{3}n}{\frac{1}{3}n} \cdot \binom{n}{\frac{2}{3}n}^{3} \cdot \binom{\frac{2}{3}n}{\frac{1}{3}n}^{3}$

die Rotation über 15 Monate: $\prod_{i=0}^{14} \binom{N-\frac{i}{3}n}{\frac{1}{3}n} \cdot \prod_{i=1}^{34} \binom{N-5n-\frac{i}{12}n}{\frac{1}{12}n} \cdot \binom{n}{\frac{3}{4}n}^{15} \cdot \binom{\frac{3}{4}n}{\frac{1}{2}n}^{15} \cdot \binom{\frac{1}{2}n}{\frac{1}{4}n}^{15}$

Der allen Gleichungen gemeinsame Faktor (N über n) erlaubt die Abschätzung der möglicher Stichprobenzahl auf mindestens $10^{8.000}$. Da das Programm für eine Iteration, die die Ziehung der Stichproben aller vier Designs beinhaltet, ca. eine Viertel Sekunde bedarf, ergäben sich für die benötigte Rechenzeit bei Ziehung aller Stichproben $10^{7.991}$ Jahre.

Im Fall einer totalen Rotation entspricht das Ergebnis dieses Schätzers gerade dem des arithmetischen Mittels; dies gilt insbesondere auch, wenn beispielsweise nur die Ergebnisse aus drei Zeitpunkten des Quartalspanels kumuliert werden und keine Überlappung vorliegt. Auch für die anderen Designs, in denen in der ersten Periode noch keine überlappenden Daten vorhanden sind, wie auch für alle anderen Perioden, in denen aus der direkt vorangegangenen Periode kein Datenmaterial vorliegt, wird auf den ein-periodischen Schätzer zurückgegriffen.

Die Ergebnisse dieser ersten Iteration werden in eine Ergebnisdatei geschrieben und gleichzeitig als Balkendiagramm für die einzelnen Designs angezeigt. Nach Vollzug der zweiten Iteration wird über die Mittelwerte in der Ergebnisdatei ein arithmetischer Gesamtmittelwert bestimmt und die Varianz über die bisher errechneten Mittelwerte festgelegt. Nunmehr wird in dem Balkendiagramm sowohl der Mittelwert über die Mittelwerte der Ergebnisdatei angezeigt als auch ein Balkendiagramm für die Varianzen, die sich aufgrund der verschiedenen Designs ergeben. Um die Designeffekte noch stärker zu verdeutlichen werden, zusätzlich zu den Mittelwert- und Varianz-Diagrammen deren jeweilige Designeffekte in einem gesonderten Diagramm dargestellt (vgl. Abschnitt A.3, S. 194).

3.4. Sensitivitätsanalyse

Bereits in Abschnitt 2.4 (S. 104) wie auch in Abschnitt 3.2 (S. 114) wurde die Bedeutung der Simulation zur komparativ empirischen Genauigkeitsbewertung verschiedener Designs und der Approximation der wahren Varianz bzw. des MSE hervorgehoben. Eine Niveauanalyse, d. h. die Betrachtung der absoluten Höhe der Varianz, so muss einschränkend angemerkt werden, hängt in besonderem Maß von dem der Simulation zugrunde gelegten Merkmal ab. Die Bewertung der verschiedenen Designs beruht vielmehr auf der Analyse des Verlaufs der Varianzen und deren Verhältnis zur Varianz des optimalen rollierenden Designs. Somit steht die Ermittlung der Rangfolge der Designs unter Genauigkeitsgesichtspunkten im Vordergrund. Um dieses Verhältnis und die Veränderung der Varianz zu quantifizieren, wird entsprechend dem theoretischen Teil der Designeffektfaktor als Vielfaches der Varianz des optimalen Designs betrachtet. Diese Einschränkung berücksichtigend, kann nun die Leitfrage, wie sich die tatsächliche Varianz unter Zugrundelegen von Overlapdesigns und Verwendung kumulierter Schätzer verhält, erörtert werden.

Die Sensitivität der Varianz des Stichprobenmittelwertes beruht auf vier Parametern unter der Annahme der Analyse eines identischen Merkmals: dem Stichprobenumfang n, der Korrelation ρ (theoretisch) bzw. r (empirisch), die wiederum erst durch den Kumulationszeitraum l und die Überlappungshöhe P beeinflusst werden. Da gerade in der praktischen Erhebungssituation nicht alle Faktoren verändert werden bzw. werden können, wird stets die Variation eines Einflussfaktors unter Konstanz der verbleibenden betrachtet. Obendrein würde die simultane und somit mehrdimensionale Variation aller Faktoren die bisher angewandte graphische Analyse weitestgehend ausschließen. Als Grundeinstellung der Simulation werden ein Stichprobenumfang von 8.000 Einheiten, ein Kumulationszeitraum von 48 Perioden sowie eine Streuung von null, die einer Korrelation von eins entspricht, gewählt. Die Überlappungsvariation wird durch die Designs impliziert, so dass lediglich für das Overlapdesign ein P von 25% festgelegt wird, um im Vergleich zum Design der LWR und der Rotation über 15 Monate eine geringere Überlappung mit in die Analyse einzubeziehen. Die Zahl der Iterationen wurde auf 10.000 festgelegt; lediglich bei der Korrelationsanalyse wurde sie auf 5.000 herabgesetzt.[197]

Die präsentierten Ergebnisse basieren zumeist auf mehreren Durchläufen für eine Parameterkombination. Die Interpretation und Bewertung anhand des Verlaufs sowohl der absoluten Varianz als auch des Verlaufs der Designeffektfaktoren beruht daher auf dem arithmetischen Mittel der Varianzen einer Parameterkombination, da durch das approximative Vorgehen stets geringe Divergenzen zwischen den Simulationsergebnissen resultierten.[198] Grundlage der Simulation sind die einperiodischen Ergebnisse des klassierten Haushaltsnettoeinkommens aus dem Mikrozensus 1996. Diese Datengrundlage wird als Grundgesamtheit angenommen, d. h. die den Ergebnissen u. U. inliegenden Designeffekte werden vernachlässigt. Da es sich um klassierte Daten handelt, wurden diese zunächst einmalig in Absolutwerte transformiert, ohne die ursprüngliche Verteilung der klassierten Ergebnisse wesentlich zu verändern.[199] Dieser transformierte Datensatz bildet die Grundlage aller Simulationsdurchläufe.

3.4.1 Variation des Stichprobenumfangs

Der Stichprobenumfang ist als Anzahl der je Zeitpunkt zu ziehenden Elemente n definiert. Die betrachteten Designs in Verbindung mit der Datenbasis beschränken die minimal bzw. maximal in der Simulation zu verwendende Stichprobengröße je Periode. Bei einer Kumulation über 48 Perioden, unter Einbeziehung des Designs der Rotation über 15 Monate, ist von Zeitpunkt zu Zeitpunkt zunächst jeweils ein Drittel auszutauschen und nach 12, 24 und 36 Monaten zusätz-

---

197 Die Varianzen konvergieren bereits nach einer recht geringen Iterationszahl gegen einen Wert, was ein Herabsetzen unter zeitlichen Gesichtspunkten rechtfertigt.

198 Unter Berücksichtigung der Zielsetzung der Rangfolgenermittlung der Designs erscheint das Vorgehen gerechtfertigt.

199 Vgl. Fußnote 195, S. 126.

lich jeweils ein Viertel der Stichprobe. Der minimale periodische Umfang liegt somit bei 12 Einheiten. Demgegenüber wird durch die Datenbasis aus dem Mikrozensus mit 480.576 Fällen, bei totaler Rotation und Kumulation über 48 Perioden, die Obergrenze bei 10.012 Elementen je Periode fixiert. Neben diesen Extrema werden Umfänge von 500 Einheiten und Tausendereinheiten einbezogen.

Theoretisch ist durch eine Vergrößerung des Stichprobenumfangs ein Sinken der Varianz der Schätzfunktion zu erwarten, da allgemein σ^2/n gilt. Interessant wird jedoch sein zu fragen, welches der in Betracht gezogenen Designs die geringste Varianz hat, ebenso wie mit welchen Stichprobenumfängen, unter Verwendung eines alternativen Designs, eine Varianz entsprechend dem Referenzdesign erreicht wird. Gerade der Stichprobenumfang bietet in der Praxis eine gute Variationsmöglichkeit.

Abb. 38: Verlauf der Varianz bei Variation des Stichprobenumfangs[200]

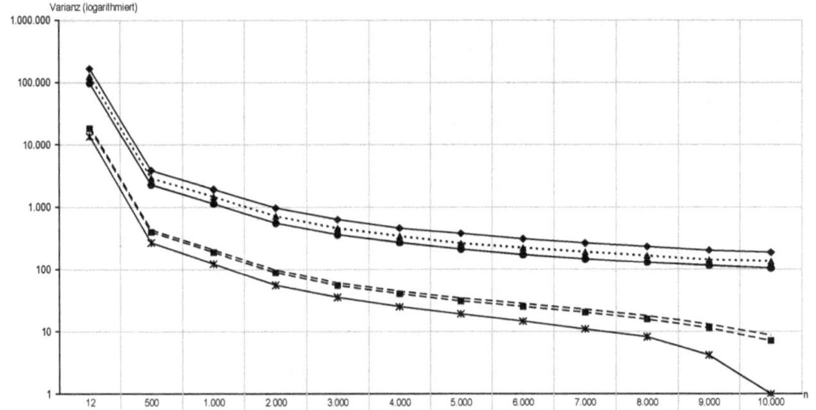

	12	500	1.000	2.000	3.000	4.000	5.000	6.000	7.000	8.000	9.000	10.000
S1 Rotation	97.513	2.260	1.124	548	358	269	211	171	147	128	115	104
S2 Rotation	97.478	2.270	1.126	549	357	269	211	171	146	129	114	103
S1 Quartalspanel	126.241	2.918	1.463	716	461	346	265	225	193	168	144	135
S2 Quartalspanel	124.332	2.878	1.443	704	451	339	258	219	189	164	140	131
S1 Overlap	19.645	429	204	97	60	44	34	28	23	18	13	9
S2 Overlap	18.318	396	187	88	54	40	31	25	20	16	11	7
S1/S2 Monatspanel	165.855	3.847	1.914	957	625	457	376	308	263	231	202	186
S1/S2 Rollierend	13.667	268	122	55	35	25	19	15	11	8	4	1

200 Zu beachten ist eine nicht verhältnisgetreue Darstellung der x-Achse. Folglich würde sich tatsächlich im unteren Stichprobenbereich ein etwas steilerer Verlauf ergeben. Das augenscheinlich stärkere Absinken der Varianz des rollierenden Designs bei Erreichen eines Stichprobenumfangs von 8.000 ist lediglich auf die logarithmierte Darstellung zurückzuführen und die Tatsache, dass die Varianz annähernd den Wert null erreicht. Bei Betrachtung der unlogarithmierten Varianzverläufe ist kein stärkeres Absinken ab diesem Umfang festzustellen.
In den folgenden Abbildungen wird mit S1 der basiskumulierte und mit S2 der regressionsanalytisch verbesserte Schätzer bezeichnet. Übersichtlichere Ausfertigungen aller folgenden Grafiken können angefordert werden unter ernst@uni-trier.de.

Abb. 38 (S. 130) zeigt den simulierten Varianzverlauf bei steigendem Stichprobenumfang für die verschiedenen Designs in logarithmierter Form. Wie vermutet, sinkt mit steigender Stichprobengröße unabhängig vom Design die Varianz, da ein steigendes n gegen den Umfang der Grundgesamtheit N und somit die Schätzung gegen den wahren Erwartungswert konvergiert. Die Varianz der Schätzung muss sinken. Die geringste Varianz weist, da keine Korrelationseffekte aufgrund fehlender Identität der Stichprobeneinheiten über die Zeit auftreten, das rollierende Design auf. Die fehlende Identität bedingt zusätzlich sich entsprechende Schätzerergebnisse mittels des Regressions- und basiskumulierten Ansatzes. Dem gegenüber hat die höchste Varianz das Design mit den höchsten Korrelationseffekten, das Monatspanel, da aufgrund der getroffenen Simulationsvorgabe (keine Streuung) für zwölf Perioden identische Werte vorliegen. Auch hier stimmen die Ergebnisse des Regressionsschätzers und des basiskumulierten Schätzers überein. Die deutlichsten Unterschiede zwischen den Schätzern treten bei Verwendung eines Overlapdesigns auf, das mit Abstand die zweitgeringste Schätzervarianz aufweist. Sowohl die Rotation über 15 Monate als auch das Quartalspanel haben aufgrund höherer Überlappungen deutlich schlechtere Varianzen, wobei bei beiden nur eine marginale Verbesserung durch die Anwendung des Regressionsschätzers zu verzeichnen ist.

Abb. 39: Vergleich des notwendigen Stichprobenumfangs zur Erreichung einer Varianzidentität mit einem rollierenden Design

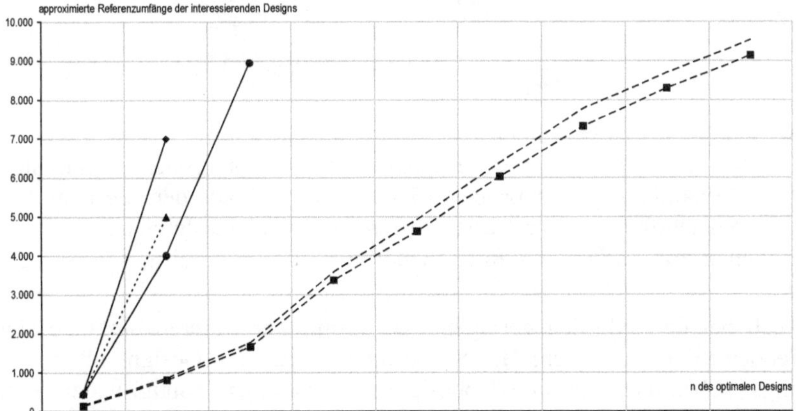

	12	500	1.000	2.000	3.000	4.000	5.000	6.000	7.000
S1 Rotation	442	4002	8941						
S2 Rotation	442	4001	8938						
S1 Quartalspanel	457	4994							
S2 Quartalspanel	457	4983							
S1 Overlap	164	857	1766	3585	4920	6377	7768	8682	9523
S2 Overlap	139	807	1654	3368	4614	6020	7317	8287	9126
Monatspanel	470	6991							

Die Frage der Substitution des optimalen Designs durch eines der verbleibenden, unter der Bedingung der Konstanz der Varianz und lediglicher Variation des Stichprobenumfangs, ist nur eingeschränkt zu beantworten. Aus den gegebenen Simulationsergebnissen kann bis zu einem Stichprobenumfang von 7.000 Einheiten im optimalen Fall ein Referenzumfang beim Overlapdesign ermittelt werden. Bei den verbleibenden Designs lägen die notwendigen Stichprobenumfänge über dem maximal in der Simulation verwendbaren Umfang von 10.012 Einheiten je Periode, so dass mit den vorliegenden Ergebnissen keine Referenzwerte ermittelt werden konnten (vgl. Abb. 39, S. 131).

Zur Approximation des unter Verwendung eines bestimmten Designs notwendigen Stichprobenumfangs, in dessen Folge sich eine dem rollierenden Design entsprechende Varianz ergibt, wird von der nun zu erläuternden Annahme, die sich anhand der Abb. 38 (S. 130) bestätigt, ausgegangen. Der gesuchte Stichprobenumfang n^{Ref}, in dessen Folge die Varianz des interessierenden Designs erwartungsgemäß identisch mit der des rollierenden Designs $Var_{n_1}^{RD}$ bei Verwendung von n_1 Stichprobeneinheiten ist, liegt im Varianzintervall des interessierenden Designs $\left(Var_{n_1} - Var_{n_2}\right)$ bzw. zwischen den Stichprobenumfängen $(n_2 - n_1)$.

$$\underbrace{\left(\frac{\overbrace{n_2 - n_1}^{\text{Stichprobenintervall}}}{\underbrace{Var_{n_1} - Var_{n_2}}_{\substack{\text{Varianzdifferenz des}\\ \text{Stichprobenintervalls}}}}\right)}_{\substack{\text{betrachtetes Intervall}\\ \text{des interessierenden Designs}}} = \left(\frac{n^{Ref} - n_1}{Var_{n_1} - Var_{n_1}^{RD}}\right) \leftrightarrow n^{Ref} = \left[\left(\frac{n_2 - n_1}{Var_{n_1} - Var_{n_2}}\right) \cdot \left(Var_{n_1} - Var_{n_1}^{RD}\right)\right] + n_1 \tag{3.13}$$

In Gleichung (3.13) werden die Zusammenhänge verdeutlicht. Das Verhältnis der Stichprobendifferenz zur Varianzdifferenz des interessierenden Designs muss dem Verhältnis der Stichprobendifferenz, gebildet aus dem gesuchten Umfang n^{Ref} zum Umfang n_1, zur Varianzdifferenz des interessierenden Designs mit n_1 Einheiten zur Varianz des Referenzdesigns, ebenfalls bei n_1 Einheiten, entsprechen.

Auch bei der lediglich geringen Zahl ermittelter Referenzumfänge sind klare Tendenzen festzustellen: Bei Substitution durch das Design mit der zweitgeringsten Varianz, dem Overlapdesign mit 25% Überlappung, bedarf es mindestens dem 12-fachen Stichprobenumfang, um eine identische Varianz entsprechend dem optimalen Design mit 12 Elementen zu erreichen. Für die verbleibenden Designs müssten noch höhere Umfänge gewählt werden. Mit steigendem Stichprobenumfang des Referenzdesigns sinkt jedoch verhältnismäßig die Zahl der notwendigen Referenzumfänge. Eine mögliche Erklärung ergibt sich aus der noch folgenden Analyse und Interpretation des Verlaufs des Designeffektfaktors. So wird bei einem Umfang von 500 Einheiten bei Anwendung eines Overlapdesigns bereits nur noch ein knapp doppelter Stichprobenumfang benötigt, was jedoch in der praktischen Anwendung noch immer erhebliche Mehrkosten erwarten lässt. Das rollierende Design ist somit weiterhin als optimal zu erachten. Hinzu kommt ein Aushebeln des Effekts der Überlappung, der insbesondere das Problem der Teilnahmebereitschaft lösen soll, durch eine in der Summe wesentlich umfangreiche Zahl anzuwerbender Einheiten. Anstatt wie beim rollierenden Design 500 Elemente für jeden Zeitpunkt zu ziehen, werden ab dem zweiten Zeitpunkt, trotz Überlappung von 25%, noch immer mindestens rund 750 Einheiten anzuwerben sein, um eine identische Varianz zu sichern.

Abb. 40: Verlauf des Designeffektfaktors bei Variation des Stichprobenumfangs

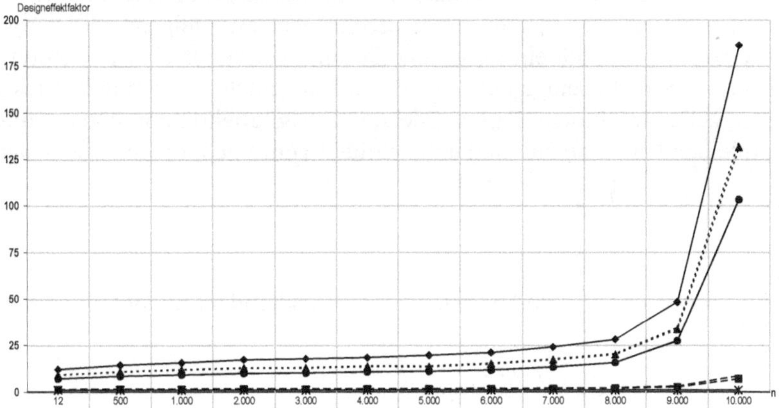

	12	500	1.000	2.000	3.000	4.000	5.000	6.000	7.000	8.000	9.000	10.000
S1 Rotation	7,13	8,43	9,20	9,92	10,15	10,81	11,04	11,73	13,41	15,68	27,51	103,54
S2 Rotation	7,13	8,47	9,21	9,94	10,14	10,80	11,02	11,70	13,35	15,73	27,44	103,29
S1 Quartalspanel	9,24	10,89	11,98	12,96	13,06	13,92	13,85	15,39	17,66	20,47	34,47	134,82
S2 Quartalspanel	9,10	10,74	11,81	12,75	12,79	13,61	13,52	15,02	17,25	19,98	33,57	131,43
S1 Overlap	1,44	1,60	1,67	1,76	1,70	1,78	1,79	1,91	2,07	2,18	3,12	8,72
S2 Overlap	1,34	1,48	1,53	1,59	1,54	1,62	1,61	1,71	1,85	1,92	2,72	7,10
S1/S2 Monatspanel	12,14	14,35	15,66	17,33	17,74	18,39	19,66	21,12	24,08	28,17	48,39	186,29
S1/S2 Rollierend	1,00	1,00	1,00	1,00	1,00	1,00	1,00	1,00	1,00	1,00	1,00	1,00

Die abschließende Betrachtung des Verlaufs des Designeffektfaktors (vgl. Abb. 40) geht über die bisherigen theoretischen Überlegungen, die lediglich eine Variation der Korrelation zugrunde gelegt haben, hinaus. Es zeigt sich eine mit der Steigerung des Stichprobenumfangs einhergehende Steigerung des Designeffektes. Lediglich beim Referenzdesign muss der Designeffektfaktor den Wert Eins annehmen. Bezüglich des Verhältnisses der Designeffekte zueinander, hat sich gegenüber der Varianzbetrachtung nichts geändert. Auffällig ist bei allen Designs ein sprunghaftes Ansteigen des Effektes mit Erreichen eines Stichprobenumfangs von 10.000.

Für einen Differenzenschätzer ist ein entgegengesetzter Verlauf der Designeffekte zu erwarten, so dass das Monatspanel und die Rotation über 15 Monate zu favorisieren wären. Zu beachten ist jedoch das Vorliegen von Ergebnissen für einen 48-periodischen Kumulationszeitraum. Inhaltlich erscheint es fraglich, einen Differenzenschätzer über 48 Perioden zu bilden. Ebenso wäre zu überlegen, ob nicht der Schätzer von *Hansen et al.* angemessenere Ergebnisse als der regressionsanalytisch verbesserte Schätzer, liefern könnte. Sofern die Überlappung unter 50% liegt, kann hier bei einer Kumulation ein besseres Ergebnis erzielt wer-den, was somit auch für das betrachtete Overlapdesign zu erwarten wäre. Bei al-len anderen Designs liegen die meisten Überlappungen über 50%.

Es stellt sich nun die Frage nach einer Erklärung für das festzustellende Ansteigen des Designeffektfaktors. Theoretisch setzen sich die betrachteten Varianzen aus der Varianz des Referenzdesigns $\sigma^2/(1\cdot n)$ und dem Designeffektfaktor (DEF) zusammen zu $\sigma^2/(1\cdot n)$ DEF. Wie gezeigt geht mit steigendem Stichprobenumfang augenscheinlich ein steigender Designeffektfaktor einher. Theoretisch dürfte dies aber nicht sein, sofern die Varianz des Stichprobenmittelwertes stets σ^2/n entspräche. In diesem Fall würde der Designeffektfaktor unter Konstanz der verbleibenden Parameter und unbeeinflusst vom Stichprobenumfang stets:

$$\left[1+\frac{\sum_{t/s=1}^{l} P_{t,s}\rho_{t,s}}{l}\right] \quad t \neq s \tag{3.14}$$

entsprechen und die Veränderung bei sich änderndem Stichprobenumfang müsste eins sein, da gilt:

$$\frac{\Delta_{n_1,n_2}}{\Delta^{Ref}_{n_1,n_2}}=\frac{\frac{\sigma^2}{l\cdot n_1}(DEF_1)\Big/\frac{\sigma^2}{l\cdot n_2}(DEF_2)}{\frac{\sigma^2}{l\cdot n_1}\Big/\frac{\sigma^2}{l\cdot n_2}}=\frac{(DEF_1)}{(DEF_2)}=1 \tag{3.15}$$

Da es sich hier jedoch um eine Simulation der Varianz handelt, fließt in die Ermittlung der Varianz des Stichprobenmittelwertes nicht die tatsächliche Varianz σ^2 ein, sondern die mittels s^2 geschätzte. Für jeden in die Kumulation einfließenden Zeitpunkt variiert sie, so dass die geschätzte Varianz des Stichprobenmittelwertes (hier für $l = 3$) dem wesentlich komplexeren Ausdruck in (3.16) annimmt.

$$\mathrm{Var}\left(\sum_{t=1}^{l}\bar{x}_j\right)=\frac{1}{l}\left[\begin{aligned}&\frac{\hat{\sigma}_1^2}{n}+\frac{\hat{\sigma}_2^2}{n}+\frac{\hat{\sigma}_3^2}{n}+2\frac{1}{2ln}\begin{pmatrix}\hat{\sigma}_{11}\hat{\sigma}_{12}\rho+\hat{\sigma}_{11}\hat{\sigma}_{22}\rho+\ldots\\+\hat{\sigma}_{21}\hat{\sigma}_{12}\rho+\ldots+\hat{\sigma}_{Pn1}\hat{\sigma}_{Pn2}\rho\end{pmatrix}\\&+2\frac{1}{2ln}\begin{pmatrix}\hat{\sigma}_{12}\hat{\sigma}_{13}\rho+\hat{\sigma}_{12}\hat{\sigma}_{23}\rho+\ldots\\+\hat{\sigma}_{22}\hat{\sigma}_{13}\rho+\ldots+\hat{\sigma}_{Pn2}\hat{\sigma}_{Pn3}\rho\end{pmatrix}+\ldots\end{aligned}\right] \tag{3.16}$$

In Abhängigkeit des Stichprobenumfangs verändert sich die Zahl der Kovarianzausdrücke auf (P·n) Elemente für die direkt aufeinander folgenden Zeitpunkte und entsprechend auch für die Kovarianzen nicht direkt aufeinander folgender Zeitpunkte. Wird die Varianz des interessierenden Designs ins Verhältnis zur Varianz des Referenzdesigns gesetzt (die den drei ersten Varianzausdrücken in der Klammer im Verhältnis zur Zahl der Kumulationszeitpunkte entspricht), verkürzt sich der Ausdruck nicht mehr automatisch zu dem als konstant zu erwartenden Designeffekt aus (3.14). Wird zu diesem Ausdruck die Varianz des Referenzdesigns ins Verhältnis gesetzt, verbleibt ein sich in Abhängigkeit des Stichprobenumfangs verändernder Ausdruck. Bei steigendem Stichprobenumfang und identischem Design kann im Rahmen einer Simulation, die nicht alle theoretisch möglichen Stichproben zieht, ein Anstieg des Designeffektfaktors erwartet werden. Würden jedoch alle denkbaren Stichproben gezogen, müsste er konstant sein. Daraus folgt jedoch für den bereits analysierten Referenzstichprobenumfang, dass er mit steigendem Stichprobenumfang des Referenzdesigns stärker steigen muss.

Dieser Effekt war theoretisch nicht erwartet. Empirisch, bei Anwendung der diskutierten Designs, muss er jedoch berücksichtigt werden, da hieraus ebenfalls Stichprobenvarianzen resultieren. Somit werden die Designs mit steigendem Stichprobenumfang im Verhältnis zum optimalen Design, trotz sinkender Varianz, stets qualitativ schlechter. Erst wenn alle denkbaren Stichproben der jeweiligen Umfänge gezogen wären, wären die Designeffekte konstant. Jedoch würden in diesem Fall auch weiterhin die Designeffektfaktoren verschiedener Designs divergieren.

3.4.2 Variation des Kumulationszeitraumes

Die analysierte Variation des Stichprobenumfangs geht nicht mit einer Veränderung des Erhebungsziels einher, wohingegen die nun folgende Veränderung des Kumulationszeitraums eine Betrachtung von Mittelwerten für verschiedene Zeiträume impliziert. Aufgrund dessen erscheint es nicht sinnvoll, entsprechend dem Vorgehen im vorangegangenen Kapitel Referenzkumulationszeiträume zu ermitteln, da dies mit einer Veränderung des Erhebungsziels einherginge.

Für diese Simulationen wurde der Stichprobenumfang auf 8.000 festgelegt und die Streuung bei null belassen. Analysiert werden Kumulationszeiträume von zwei Perioden, da diese im theoretischen Teil vereinfachend analysiert wurden, und drei, sechs sowie neun Perioden, um u. a. mögliche Quartalseffekte im Quartalspanel zu analysieren. Des Weiteren werden 12, 24, 36 und 48 Perioden, um jährliche Effekte zu erörtern, betrachtet. Zu erwarten ist auch hier eine sinkende Varianz bei einer Kumulationserhöhung, da sie theoretisch wie eine Steigerung des Stichprobenumfangs wirkt (vgl. (3.17), S. 136).

$$\frac{1}{j}\cdot\frac{\sigma^2}{n}\cdot DEF \qquad (3.17)$$

In Abb. 41 findet sich die Bestätigung: mit Erhöhung des Stichprobenumfangs sinkt die Varianz kontinuierlich, Ausnahmen bilden das Quartals- und das Monatspanel. Eine weitere offenkundige Identität mit den Ergebnissen der Stichprobenvariation ist die unveränderte Reihenfolge der Designs.[201]

Abb. 41: Verlauf der Varianz bei Variation des Kumulationszeitraums[202]

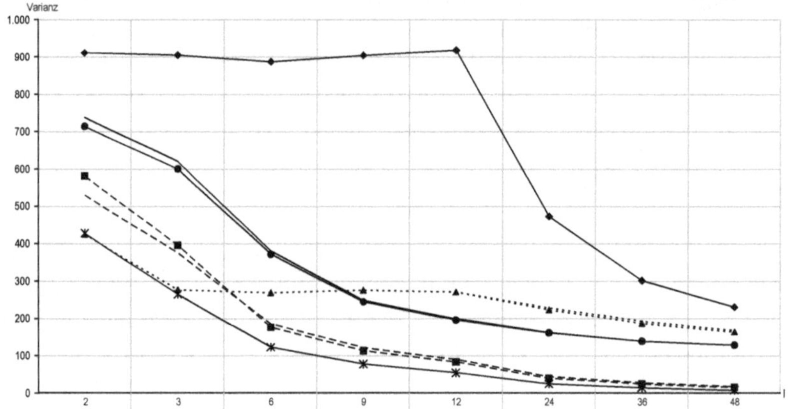

	2	3	6	9	12	24	36	48
S1 Rotation	738	621	380	248	199	162	139	128
S2 Rotation	714	600	372	245	195	161	139	129
S1 Quartalspanel	425	277	269	276	271	229	192	168
S2 Quartalspanel	425	277	269	276	271	223	186	164
S1 Overlap	529	375	185	121	90	45	28	18
S2 Overlap	581	395	176	113	83	40	25	16
S1/S2 Monatspanel	911	904	886	904	918	472	302	231
S1/S2 Rollierend	428	265	123	78	55	25	15	8

Darüber hinaus bedürfen hier bereits mehrere Aspekte einer Erklärung, bevor auf die eigentlich interessierenden Designeffektfaktoren eingegangen wird: Sowohl für das Quartalspanel als auch das Monatspanel scheint sich für einige Kumulationszeiträume eine Varianzkonstanz zu ergeben. Für zwei bzw. drei Kumulationszeiträume ist des Weiteren eine Varianzidentität zwischen Quartalspanel und rollierendem Design festzustellen. Zu begründen ist darüber hinaus, warum sich ab einem Kumulationszeitraum von 24 Perioden beim Quartalspanel die Varianzen des basiskumulierten Schätzers vom Regressionsschätzer unterscheiden. Ebenso ist das Kreuzen der Varianzen des Overlapmodells und des Rotations-

201 Lediglich der Kumulationszeitpunkt 48 ist deckungsgleich mit einem Stichprobenumfang von 8.000 in Abb. 38, S. 130; andere Punkte können nicht direkt mit der vorangegangenen Analyse verglichen werden.

202 Die x-Achse ist nicht im richtigen Verhältnis dargestellt.

Modells mit der Varianz des Quartalspanels hervorzuheben. Schließlich wird als letztes zu erläutern sein, warum sich die Varianzen der beiden betrachteten Schätzer beim Overlapmodell schneiden und dies offensichtlich bei einem noch größeren Kumulationszeitraum bei der Rotation über 15 Monate ebenfalls eintreten würde.

Der erste Aspekt, die Varianzkonstanz des Quartalspanels für Kumulationszeiträume von 3 bis 12 Perioden und des Monatspanels für Zeiträume zwischen 2 und 12 Perioden, ist getrennt zu analysieren. Beim Monatspanel ergibt sich aufgrund der zwölfmaligen Befragung jeweils identischer Stichprobeneinheiten theoretisch für jeden Zeitpunkt auch die identische Varianz (vgl. Abb. 42). Die lediglich sehr geringen Schwankungen der Ergebnisse sind daher allein auf die Näherungseigenschaft der Simulation zurückzuführen.

Abb. 42: Theoretischer Verlauf des Varianzmultiplikators[203]

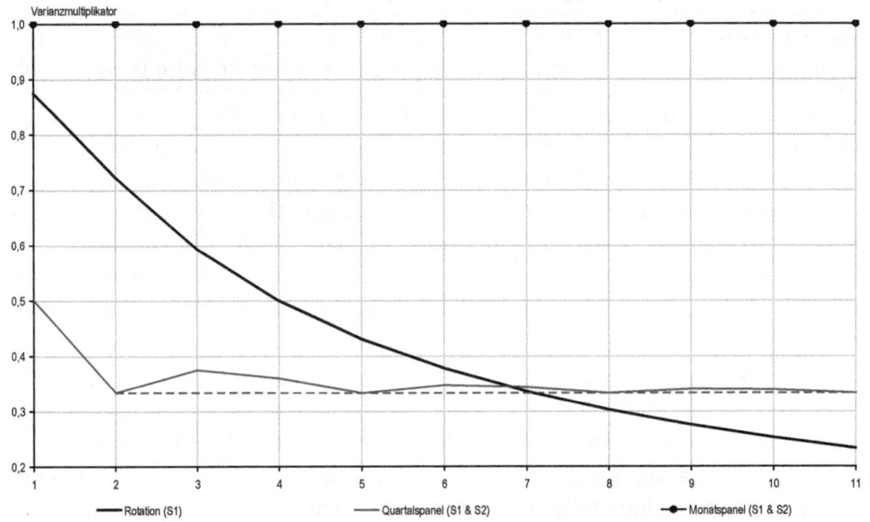

203 Der Beleg, dass sich identische Varianzen bei unterschiedlichen Kumulationszeiträumen ergeben, kann anhand des Varianzmultiplikators (VM) nachgewiesen werden. Der Varianzmultiplikator ist das Vielfache, um das sich die einperiodische Varianz des Stichprobenmittelwertes σ^2/n verändert, sofern eine Kumulation bzw. ein anderes Stichprobendesign als eine einfache Zufallsauswahl vorliegt. Der Varianzmultiplikator ist der Faktor, der unabhängig vom betrachteten Merkmal und somit von der Höhe der einfachen Varianz gilt. Dem gegenüber ist der Designeffektfaktor die Größe, um die die Varianz eines betrachteten Designs gegenüber der Varianz des optimalen rollierenden Designs variiert. Der Varianzmultiplikator ergibt sich somit als Quotient aus Designeffektfaktor und Kumulationszeitraum: $(\sigma^2/n)\cdot(\mathrm{VM}) \leftrightarrow (1/l)(\sigma^2/n)\cdot(\mathrm{DEF})$.

Beim Quartalspanel ergibt sich eine abweichende Erklärung. Die Stichprobeneinheiten jedes Quartals eines Jahres entsprechen sich. Die Schätzung ergibt demnach identische Ergebnisse, wie der Varianzmultiplikator in Tab. 5 belegt. Innerhalb eines Quartals liegt jedoch ein rollierendes Design vor. So ergeben sich theoretisch lediglich für 3, 6, 9 und 12 Kumulationszeitpunkte identische Varianzen. Aufgrund der Quartalswahl ist die offensichtliche Varianzkonstanz lediglich zufällig.

Tab. 5: Designeffektfaktor und Varianzmultiplikator des Quartalspanels bei Kumulationsvariation[204]

		Kumulationszeiträume									
		2	*3*	*4*	*5*	*6*	*7*	*9*	*10*	*11*	*12*
Anzahl der Kovariazausdrücke resultierend aus der Stichprobenidentität mit	t-3	0	0	2	4	6	8	12	14	16	18
	t-6	0	0	0	0	0	2	6	8	10	12
	t-9	0	0	0	0	0	0	0	2	4	6
Designeffektfaktor		1,00	1,00	1,50	1,80	2,00	2,43	3,00	3,40	3,73	4,00
Varianzmultiplikator		0,50	0,33	0,38	0,36	0,33	0,35	0,33	0,34	0,34	0,33

Der zweite Punkt, die Varianzidentität des Quartalspanels für zwei und drei Kumulationszeitpunkte mit einem rollierenden Design, resultiert aus der Designidentität beider für diesen Zeitraum. Die offensichtlich erst bei einer Kumulation über 24 Monate auftretende Abweichung des Regressionsschätzers vom basiskumulierten Schätzer ist darauf zurückzuführen, dass für die Bildung des *Jessenschen* Schätzers ab Januar des zweiten Jahres, für einen Teil der Elemente, überlappende Werte aus dem Vorjahreszeitraum zur Verbesserung der Schätzung zur Verfügung stehen.

Da bei der Rotation über 15 Monate eine konstante Überlappung mit dem Vormonat von zwei Dritteln gegenüber einer Quartalsüberlappung beim Quartalspanel von 100% vorliegt, fallen folglich die entsprechenden Korrelationseffekte zu Beginn anteilig stärker aus. Folglich ist der Varianzmultiplikator zunächst höher, sinkt aber mit fortschreitender Kumulationszeit stärker als beim Quartalspanel. Hieraus erklärt sich das Schneiden der Varianzmultiplikatorverläufe, was desgleichen für das Overlapdesign festzustellen ist.

---

204 Für die Berechnung des Varianzmultiplikators wurde wie folgt vorgegangen, wobei h die Häufigkeit eines jeweiligen Ausdruckes ist:

$$(1/1)\left(\sigma^2/n\right)\cdot\left(1+h_{\text{Cov-Ausdrücke mit t-1}}+h_{\text{Cov-Ausdrücke mit t-2}}+h_{\text{Cov-Ausdrücke mit t-3}}\right)\leftrightarrow(1/1)\left(\sigma^2/n\right)\cdot(\text{DEF})$$

$$\left(\sigma^2/n\right)\cdot\left[1+\left(h_{\text{Cov-Ausdrücke mit t-1}}+h_{\text{Cov-Ausdrücke mit t-2}}+h_{\text{Cov-Ausdrücke mit t-3}}\right)/1\right]$$

$$\leftrightarrow\left(\sigma^2/n\right)\cdot(\text{VM})$$

Letztlich ist zu klären, warum der Regressionsschätzer sowohl beim Overlapmodell, als auch bei der Rotation über 15 Monate, zunächst eine höhere Varianz als der basiskumulierte Schätzer aufweist. Grund ist ein „Startwertproblem“: Der Regressionsschätzer verfügt über keine, die Schätzung des Erwartungswertes der ersten Periode, verbessernde Hilfsinformation. Lediglich der Schätzer in der zweiten Periode kann regressionsanalytisch verbessert werden. Der Schätzer der ersten Periode wird als einfaches arithmetisches Mittel gebildet.[205] Dies hat negative Auswirkungen auf die Varianzen: Aus theoretischer Sicht ergibt sich als Varianz des über zwei Zeitpunkte kumulierten Schätzers nach *Jessen*, im Vergleich zu Gleichung (2.45), folgende neue Varianz:

$$\operatorname{Var}\left(\hat{\Sigma}\right)=\frac{1}{2}\frac{\sigma^2}{n}\left[\frac{1}{2}+\frac{1-Q\rho^2}{2\left(1-Q^2\rho^2\right)}+\left(1-\Phi\right)\rho\right] \tag{3.18}$$

Erst durch die Kumulation über mehrere Perioden lässt sich der Effekt glätten, und die Schätzung wird mittels dieses Vorgehens besser als durch die Basiskumulation.

Abb. 43: Verlauf des Designeffektfaktors bei Variation des Kumulationszeitraums

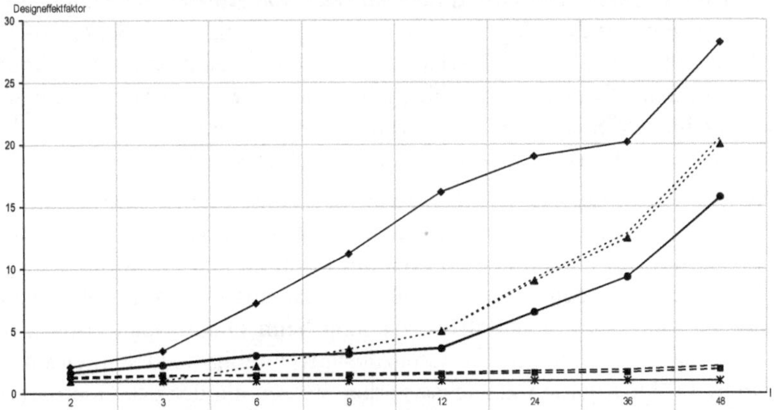

	2	3	6	9	12	24	36	48
S1 Rotation	1,72	2,34	3,10	3,19	3,65	6,52	9,30	15,68
S2 Rotation	1,67	2,26	3,03	3,15	3,58	6,49	9,29	15,74
S1 Quartalspanel	0,99	1,04	2,19	3,54	4,97	9,20	12,82	20,47
S2 Quartalspanel	0,99	1,04	2,19	3,54	4,97	8,98	12,43	19,98
S1 Overlap	1,24	1,42	1,51	1,56	1,65	1,79	1,86	2,18
S2 Overlap	1,36	1,49	1,44	1,45	1,53	1,61	1,66	1,92
S1/S2 Monatspanel	2,13	3,41	7,23	11,22	16,15	19,00	20,13	28,17
S1/S2 Rollierend	1,00	1,00	1,00	1,00	1,00	1,00	1,00	1,00

205 Gleiches folgt für die zu untersuchenden Stichprobendesigns, bei denen keine Überlappung der Elemente mit dem direkt voranliegenden Zeitpunkt existiert.

Der Verlauf des Designeffektfaktors ist wie der der Varianz nicht regelmäßig in dem Sinn, dass er einmal flacher und dann wieder steiler ist (vgl. Abb. 43, S. 140). Generell ist bei einer Steigerung des Kumulationszeitraums ein Anstieg des Designeffektfaktors, entgegen dem bei Betrachtung der Gleichung (3.14) theoretisch zu erwartenden Absinken, festzustellen. An der Reihenfolge der Designs hat sich weitestgehend nichts verändert. Einige Besonderheiten bedürfen abermals der Erörterung: Wie beim Varianzverlauf schneidet sich auch beim Designeffektfaktor die Kurve des Quartalspanels mit der der Rotation über 15 Monate und dem Overlapdesign. Der Designeffektfaktor des Quartalspanels steigt erst ab einem Kumulationszeitraum über drei Perioden, der des Monatspanels, Overlapdesigns und der Rotation über 15 Monate von Anbeginn an.

Alle Verläufe, bis auf den erstgenannten, können aus dem verhältnismäßig stärkeren Absinken der Referenzvarianz des rollierenden Designs erklärt werden. So ist dem annähernd konstanten Varianzverlauf des Monatspanels, ein starkes Absinken der Varianz des rollierenden Designs gegenüberzustellen, was den anfänglich sehr steilen Anstieg des Designeffektfaktors des Monatspanels erklärt. Gleiches gilt beim Quartalspanel ab einer Kumulation über mehr als drei Perioden. Wie beim Stichprobenumfang stellt sich auch hier die Frage, woher diese Tatsache resultiert. Der Grund liegt im stärkeren Anstieg der Summe der Kovarianzen gegenüber dem Anstieg des Terms (l) im Ausdruck (3.14), sofern die Annahme der Konstanz der Überlappung von einem zum anderen Zeitpunkt sowie der Korrelation weiterhin gilt. Schließlich muss auch hier der empirische Effekt der geschätzten Stichprobenvarianzen berücksichtigt werden, so dass der Anstieg des Designeffektfaktors stärker als theoretisch erwartet ist.

Das Schneiden der Designeffekte vom Quartalspanel mit der Rotation über 15 Monate bzw. dem Overlapdesign lässt sich aus dem identischen Effekt beim Varianzverlauf heraus erklären. Da bei der Rotation über 15 Monate die konstante Überlappung mit dem Vormonat zunächst zu einem stärkeren Absinken der Varianz gegenüber der Quartalsüberlappung beim Quartalspanel führt, muss wiederum, da die Varianz des Referenzdesigns anteilig noch stärker sinkt, der Designeffekt der Rotation zunächst stärker steigen als der des Quartalspanels. Mit fortschreitender Kumulationszeit liegt die Varianz beim Quartalspanel jedoch höher als bei der Rotation über 15 Monate, folglich müssen sich auch die Designeffekte kreuzen.

Zusammenfassend ist bei der Betrachtung des Kumulationszeitraums als Parameter abermals für das rollierende Design die geringste Varianz festzustellen. Für kürzere Kumulationszeiträume ist es allerdings auch interessant, die qualitative Überlegenheit des Quartalspanels gegenüber eine der Rotation über 15 nachzuweisen. Schließlich zeigen sich insbesondere bei geringeren Kumulationszeiträumen bessere Schätzungen mittels des Regressionsschätzers. Theoretisch lassen sich diese Ergebnisse ebenfalls auf einen Differenzenschätzer projizieren, doch stellt sich, wie bereist bei der Analyse der Variation des Stichprobenumfangs angesprochen, die Frage, ob eine Differenzenbildung über mehr als zwei Zeitpunkte inhaltlich sinnvoll ist. Dessen ungeachtet, wären für eine Differenzenbildung ebenfalls die besten Ergebnisse unter Verwendung eines Monatspanels und bei geringerer Periodenzahl für eine Rotation über 15 Monate, bzw. bei höherer Zahl für das Quartalspanel zu erwarten. Eine Verwendung des Regressionsschätzers nach *Hansen et al.* wäre wiederum lediglich für das betrachtete Overlapmodell von Vorteil, hier könnte der Designeffektfaktor vermutlich nochmals reduziert werden.

3.4.3 Variation der Korrelation

Die Korrelation stellt eine Daten- bzw. Stichprobeneigenschaft dar, die ex post nicht variiert werden kann. Ungeachtet dessen ist die Analyse der Korrelationsvariation von Bedeutung, um aufzuzeigen, wie stark die Varianz von diesem nicht exogen zu beeinflussenden Parameter abhängt. Die Frage der „Referenzkorrelation" wird, wie bei der Kumulationsvariation, aufgrund dieser Eigenschaft hinfällig. Aus der gegebenen Grundeinstellung für die Simulation, Kumulation über 48 Perioden bei einem Stichprobenumfang von 8.000 Einheiten, ergeben sich für die Korrelationsanalyse zunächst einige Schwierigkeiten. Das Programm ermöglicht es[206] durch Vorgabe einer prozentualen Veränderung S von maximal 100%, die Werte x_t des ein-periodischen Ursprungsdatensatzes für den gewünschten Kumulationszeitraum von Periode zu Periode mit einer Variation und damit indirekt einer vorgegebenen Korrelation, fortzuschreiben.[207] Dabei muss zur Berechnung der Folgewerte zusätzlich eine Zufallszahl gleichverteilte Z zwischen null und eins berücksichtigt werden, damit die Streuungsveränderung nicht zu einer Korrelation von eins führt.[208] Die Werte der zweiten Periode werden da-

---

206 Vgl. Screenshots, Anhang 4.A.3, S. 194.

207 Die ebenfalls mögliche Vorgabe eines Wachstums wird in diesem Zusammenhang außer Acht gelassen, da es korrelationsneutral ist.

208 Beleg der Korrelationsneutralität bei ausschließlicher prozentualer Veränderung S einer Merkmalsausprägung x:

$$r = \frac{\sum\left(x_i - \frac{\sum x_i}{n}\right)\cdot\left(x_i(1+S\%) - \frac{\sum x_i(1+S\%)}{n}\right)}{\sqrt{\sum\left(x_i - \frac{\sum x_i}{n}\right)^2 \cdot \sum\left(x_i(1+S\%) - \frac{\sum x_i(1+S\%)}{n}\right)^2}} = \frac{\sum(x_i-\bar{x})\cdot(x_i(1+S\%)-(1+S\%)\bar{x})}{\sqrt{\sum(x_i-\bar{x})^2\cdot\sum(x_i(1+S\%)-(1+S\%)\bar{x})^2}}$$

$$= \frac{\sum(x_i-\bar{x})\cdot(1+S\%)(x_i-\bar{x})}{\sqrt{\sum(x_i-\bar{x})^2\cdot\sum(1+S\%)^2(x_i-\bar{x})^2}} = \frac{(1+S\%)\sum(x_i-\bar{x})\cdot(x_i-\bar{x})}{\sqrt{(1+S\%)^2\sum(x_i-\bar{x})^2\cdot\sum(x_i-\bar{x})^2}} = \frac{\sum(x_i-\bar{x})\cdot(x_i-\bar{x})}{\sqrt{\sum(x_i-\bar{x})^2\cdot\sum(x_i-\bar{x})^2}} = 1$$

her wie folgt generiert, wobei für alle weiteren Perioden lediglich die Werte x_t durch x_{t+1} etc. zu ersetzen sind:

$$x_{t+1,i} = x_{t,i} - \left(S \cdot x_{t,i}\right) + 2 \cdot Z \cdot \left(S \cdot x_{t,i}\right) \qquad (3.19)$$

Die Schwierigkeit besteht darin, mittels dieses Vorgehens alle Korrelationsvarianten zu simulieren. Selbst bei einer hohen Quote verändert sich die Korrelation innerhalb des zugrunde gelegten Datensatzes, wie Tab. 6 belegt, nur geringfügig.

Tab. 6: Streuungsvariation und annähernd resultierende Korrelation

S	0	5	10	20	30	40	50	60	70	80	90	100
ρ	1,000	0,999	0,995	0,980	0,956	0,925	0,890	0,850	0,800	0,775	0,730	0,700

Die Erkenntnis aus Tab. 6 lässt den Rückschluss einer empirisch stets hohen Korrelation der Daten, zumindest für die betrachtete Einkommensvariable zu. Einkommensvariationen von 100% zwischen aufeinander liegenden Perioden sind eher die Ausnahme, wenn zumindest lediglich eine Größe wie das Haushaltsnettoeinkommen und nicht „außergewöhnliche Zuwendungen" betrachtet werden. Trotz dieser Feststellung soll die Variation der Korrelation in ihrer vollen Bandweite betrachtet werden, da stets Variablen existieren mögen, deren tatsächliche Streuung über 100% im Zeitverlauf liegt. Die theoretischen Überlegungen bezüglich der Korrelationsvariation konnten darüber hinaus (vgl. Kapitel 2.3, S. 54ff.) lediglich unter einschränkenden Annahmen der Kumulation über zwei Perioden und der Stationarität der Korrelation wie auch der Überlappung vorgenommen werden. Empirisch sind jedoch gerade bei der Kumulation über mehr als zwei Perioden versteckte Effekte zu erwarten, deren theoretische Herleitung zumeist mittels der Annahme eines exponentiellen Korrelationsverlaufs berücksichtigt werden soll. Die Simulation stellt hier offensichtlich das geeignete Instrument dar, die theoretischen Überlegungen weiterzuführen.

Um für die Simulation nun Datensätze zu erhalten, die über die 48 Perioden, von Zeitpunkt zu Zeitpunkt, eine vordefinierte konstante Korrelation zwischen null und eins aufweisen, wurde sich ebenfalls der Gleichung (3.19) bedient. Jedoch wurde die Streuung S wesentlich erhöht und die Berechnung jedes einzelnen der 423[209] Datensätze eigens vorgenommen. Da mit steigender Streuung die Korrelation zwar sinkt, aber auch stärkeren Variationen ausgesetzt ist, wurde die jeweilige Korrelationsvorgabe in einer Bandweite von $[\rho \pm 0{,}05]$ erfüllt.

209 Im Rahmen der Simulation sollen 10 verschiedene Korrelationen zwischen 0 und 1, in 0,1er Schritten, betrachtet werden. Für die der Simulation zugrunde gelegten 48 Perioden steht nur der Datensatz einer Periode zur Verfügung, so dass die 47 verbleibenden unter Vorgabe einer Korrelation zu generieren sind. Da sich bei einer Korrelation von 1 die Datensätze jeder Periode entsprechen, sind $423 = 47 \cdot 9$ verbleibende Datensätze zu berechnen.

Über die Simulation unter den genannten Vorgaben hinaus wurde auch eine Kumulation über lediglich zwei Perioden mit einer punktgenauen Korrelation im Ausgangsdatensatz analysiert, um die in Abschnitt 2.3 (S. 54) aufgestellten theoretischen Überlegungen nachzuvollziehen und zu untermauern. Diese Ergebnisse bilden nun den Ausgangspunkt der Vorstellung der Simulationsergebnisse.

Im Rahmen der theoretischen Erörterung wurden die Korrelationsvariationen nur für verschiedene gewöhnliche, von Periode zu Periode einen bestimmten Überlappungsquotienten aufweisende Overlapdesigns sowie einen Kumulationszeitraum von zwei Perioden betrachtet. Im Ergebnis konnte mit steigender Korrelation und steigender Überlappung von einem steigenden Designeffektfaktor ausgegangen werden. Darüber hinaus ließ der basiskumulierte Schätzer lediglich bei einer Überlappung von maximal 50%, insbesondere für höhere Korrelationswerte, eine bessere Schätzung als der regressionsanalytisch verbesserte Schätzer erwarten.

Die folgenden Abb. 44 und Abb. 45 (S. 144) stellen nun die theoretischen Ergebnisse den empirischen, im Fall eines basiskumulierten bzw. regressionsanalytisch verbesserten Schätzers gegenüber.[210]

Abb. 44: Empirische und theoretische Designeffektfaktoren unter Verwendung eines basiskumulierten Schätzers und Kumulation über zwei Perioden

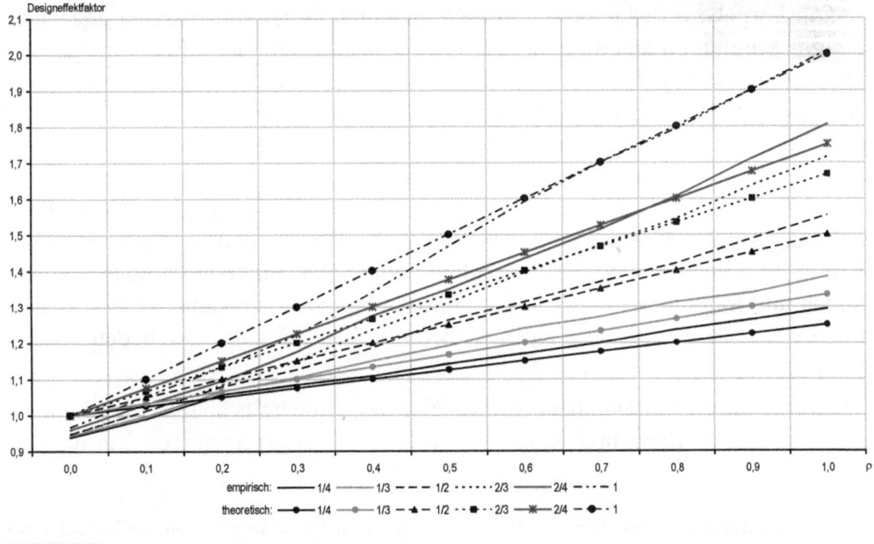

210 Auf die Varianzverläufe der Kumulation über zwei Perioden wird nicht näher eingegangen, da deren Verlauf den bereits vorgestellten Ergebnissen entspricht.

Abb. 45: Empirische und theoretische Designeffektfaktoren unter Verwendung des Regressionsschätzers und Kumulation über zwei Perioden

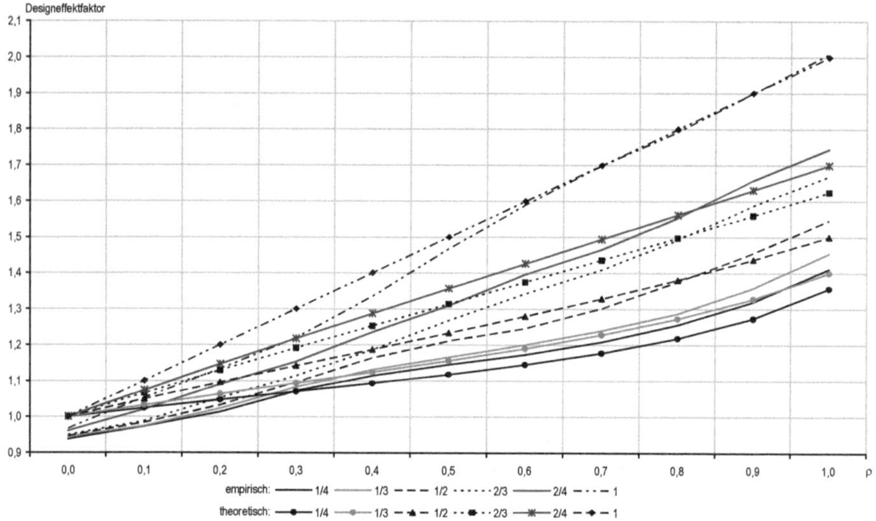

Beide Mal liegen die empirischen Werte höher als die theoretischen. Eine Erklärung für diesen Verlauf wäre das Vorliegen einer Diskrepanz zwischen der Korrelationsvorgabe ρ des jeweils zugrunde gelegten Gesamtdatensatzes gegenüber dem zur Simulation aus diesem Datensatz, entsprechend der Überlappungsschemata, gezogenen Stichproben. Für die Stichprobe ist es unwahrscheinlich, dass die exakt gewünschte Korrelationsvorgabe ρ des Gesamtdatensatzes realisiert wird. Liegen die empirischen Werte leicht über den theoretischen, kann dieser Sachverhalt auf eine im Mittel leicht höhere Korrelation in der gezogenen Stichprobe gegenüber der theoretischen Vorgabe, zurückgeführt werden. Ein weiterer Erklärungsansatz wäre der bereits bei der Kumulations- und Stichprobenvariation aufgegriffene, dass es sich lediglich um eine Schätzung der Varianz mittels s^2 handelt und folglich der Designeffektfaktor höher ausfallen kann.[211] Von Bedeutung ist jedoch die Bestätigung des theoretischen Verlaufs durch den empirischen.

Eine steigende Korrelation hat somit, wie die beiden bereits analysierten Parameter Stichprobenumfang und Kumulationszeitraum, einen negativen Einfluss auf

211 Gilt die theoretische Annahme der Varianzstationarität nicht, wäre der Designeffektfaktor wesentlich größer als theoretisch angenommen, sofern die Bedingung $\left(\sigma_t^2+\sigma_{t-1}^2\right)<\left(\sigma_t^2\cdot\sigma_{t-1}^2\right)$ erfüllt ist bzw. bei Nicht-Geltung wäre er kleiner.

den Designeffektfaktor, d. h. er steigt. Dabei ist die Korrelation der bestimmende Parameter des Designeffektfaktors. Aufgrund der additiven Zusammensetzung des Designeffektfaktors DEF = (1 + ρ·?) folgt unter der gegebenen Annahme der Konstanz aller verbleibenden Faktoren ein degressiver Verlauf. Er kann auf ein stärkeres Schwanken der Korrelationen der Stichproben bei vorgegebener geringer Korrelation des Gesamtdatensatzes zurückgeführt werden.

Abschließend ist zu entscheiden, welcher Schätzer die qualitativ besseren Werte liefert. Da die empirischen Werte leicht über den theoretischen Designeffektfaktoren liegen, hat dies den entsprechenden Effekt bei den Differenzen, die tendenziell leicht über den theoretischen liegen (vgl. Abb. 46).

Abb. 46: Differenz aus basiskumulierten Designeffektfaktoren und Designeffektfaktoren des Regressionsschätzers

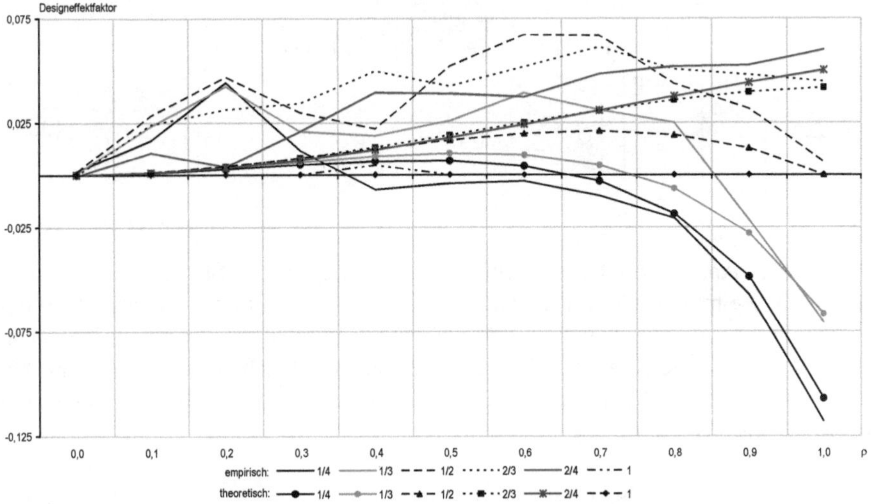

Bei einer positiven Differenz wird eine bessere Schätzung mittels des Regressionsschätzers vollzogen. Demnach folgt bei einer negativen das Vorliegen einer adäquateren Schätzung mittels des basiskumulierten Schätzers. Insgesamt werden auch hier die theoretischen Überlegungen bestätigt: Bei einer Korrelation über 0,6 und geringer Überlappung unter 50%, ist eine Schätzung anhand der Basiskumulation zu bevorzugen. Für die noch zu betrachtenden Designs resultiert das Vorziehen eines regressionsanalytisch verbesserten Schätzers. Lediglich im Fall einer Überlappung von 100% entsprechen sich wiederum die Ergebnisse.

Im Folgenden werden nun die Ergebnisse einer Kumulation über 48 Perioden unter Zugrundelegen von Datensätzen, die von Periode zu Periode innerhalb des Zeitraums die gewünschten Korrelationsanforderungen in der bereits erwähnten

Bandweite [ρ ± 0,05] erfüllen, betrachtet. Dabei werden aus Vergleichsgründen zunächst Simulationsergebnisse für die entsprechend der Kumulation über zwei Perioden betrachteten Überlappungsschemata erörtert, um schließlich auf die bisher analysierten Designs einzugehen. Anzunehmen ist eine stärkere Streuung der Ergebnisse, da sich die Problematik der veränderten Stichprobenkorrelation gegenüber der gewünschten Gesamtkorrelation der Datensätze noch verstärken wird. Ziel der Analyse wird es also sein, den tendenziell zu erwartenden Verlauf der Varianz wie auch des Designeffektfaktors zu bestätigen. Da die theoretisch zu erwartenden Verläufe bisher lediglich für eine Kumulation über zwei Perioden hergeleitet wurden, ist zunächst zu erörtern, welche Gleichung die Varianz eines basiskumulierten Schätzers bei konstanter Überlappung innerhalb aufeinander folgender Zeitpunkte und variablem Kumulationszeitraum annimmt.[212] Die allgemeine Varianzgleichung[213] lautet:

$$\operatorname{Var}\left(\sum_{t=1}^{l}\overline{x}_t\right)\begin{cases} =\dfrac{1}{l}\dfrac{\sigma^2}{n}\left[1+\dfrac{2\cdot\rho}{l}\left\{\begin{array}{l}\left((x+1)\cdot l\cdot P\right)-\left(P\sum\limits_{i=1}^{\substack{(x+1)\rightarrow(x\le l)\\ l\rightarrow(x>l)}} i\right)-\left(KU\cdot Q\cdot\sum\limits_{i=0}^{\substack{x\rightarrow(x\le)\\ (l-1)\rightarrow(x>l)}} i\right)\\ +\left(Q\cdot\sum\limits_{i=0}^{\substack{x\rightarrow(x\le l)\\ (l-1)\rightarrow(x>l)}} i\cdot(i+1)\right)\end{array}\right\}\right] & \rightarrow \text{für } Q>0 \\ =\dfrac{1}{l}\dfrac{\sigma^2}{n}\left[1+\dfrac{2\cdot\rho}{l}P\sum\limits_{i=1}^{l-1} i\right] & \rightarrow \text{für } Q=0 \end{cases} \tag{3.20}$$

wobei x der Anzahl möglicher weiterer Überlappungen der Stichprobeneinheiten des ersten Zeitpunktes mit anderen als dem zweiten Zeitpunkt entspricht. In der Varianzberechnung muss jedoch darauf geachtet werden, dass x bei einem geringeren Kumulationszeitraum u. U. nicht voll ausgeschöpft wird. Daher unterliegen die Summen im Varianzausdruck den jeweils angeführten Bedingungen. Für die Ermittlung von x gilt:

$$x\begin{cases} =-\dfrac{(Q-P)}{Q} & \text{für } Q>0 \\ =0 & \text{für } Q=0 \end{cases} \tag{3.21}$$

Unter den gegebenen Annahmen ergibt sich der maximale Designeffektfaktor, der bei einer Überlappung von 100% und Korrelation von eins erreicht wird, als dem Kumulationszeitraum entsprechender Wert (vgl. Abb. 47a, S. 147). Bei 48 zu kumulierenden Perioden beträgt der Designeffektfaktor demnach 48. Abermals folgt mit steigendem Kumulationszeitraum eine Erhöhung des Designeffektfaktors für alle Überlappungsvarianten. Seine Steigerung ist wiederholt weitestgehend degressiv zur Höhe des Kumulationszeitraums. Die folgenden Ab-

212 Die Ermittlung erfolgt unter der Annahme der Varianzstationarität.

213 Zur exemplarischen Herleitung vgl. Anhang A.4, S. 196.

bildungen verdeutlichen diesen Sachverhalt. Aus Vergleichsgründen wurde jedoch darauf verzichtet, den Verlauf einer 100%igen Überlappung in Gänze darzustellen. Seine maximale Höhe ist aus der Zahl der Kumulationsperioden herzuleiten.

Abb. 47: Theoretischer Verlauf der Designeffektfaktoren des basiskumulierten Schätzers bei Variation des Kumulationszeitraums

a) für 5 Perioden *b) für 10 Perioden*

c) für 25 Perioden *d) für 40 Perioden*

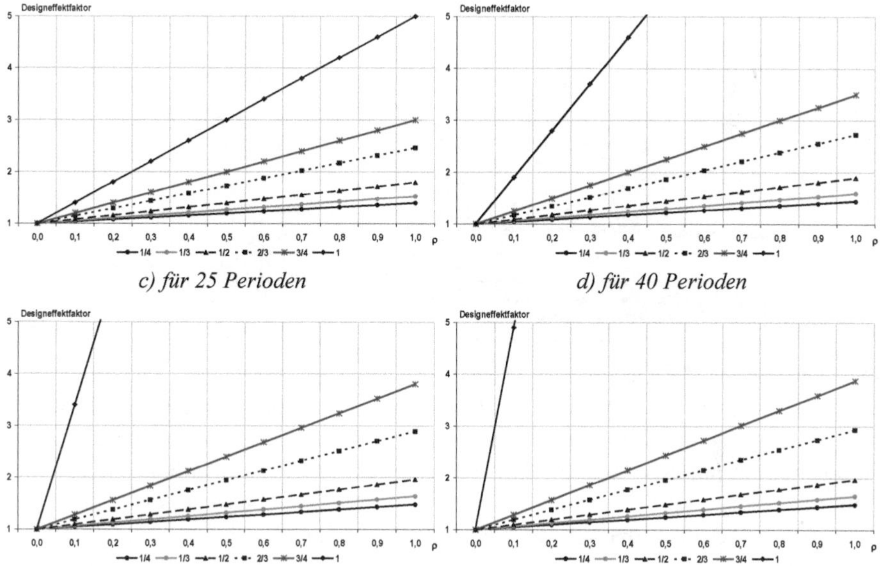

Die angeführten theoretischen Überlegungen werden in Abb. 48 (vgl. S. 148) den Simulationsergebnissen der Kumulation über 48 Perioden eines basiskumulierten Schätzers gegenübergestellt. Der Verlauf ist weitestgehend analog zur Kumulation über zwei Perioden: Mit steigender Korrelation steigen die Designeffektfaktoren.

Einige Eigenheiten der Ergebnisse bedürfen allerdings einer Erklärung: So schwangt der Verlauf des Designeffektfaktors für eine Überlappung von 100% sehr stark und liegt auch nicht stets, wie zu erwarten wäre, über den Designeffekten der verbleibenden Designs. Ein zweiter Aspekt ist das augenscheinliche „Einbrechen" der Designeffektfaktoren für eine Korrelation in Höhe von 0,5. Schließlich wäre zu klären, warum bei sehr geringer Korrelation die Designeffekte sehr nahe beisammen liegen, was in abgeschwächter Form auch bei einer Kumulation über zwei Perioden festzustellen ist, und warum es zu einer teils starken Abweichung von den theoretisch ermittelten Werten kommt.

Abb. 48: Empirischer Verlauf des Designeffektfaktors des basiskumulierten Schätzers bei Kumulation über 48 Perioden

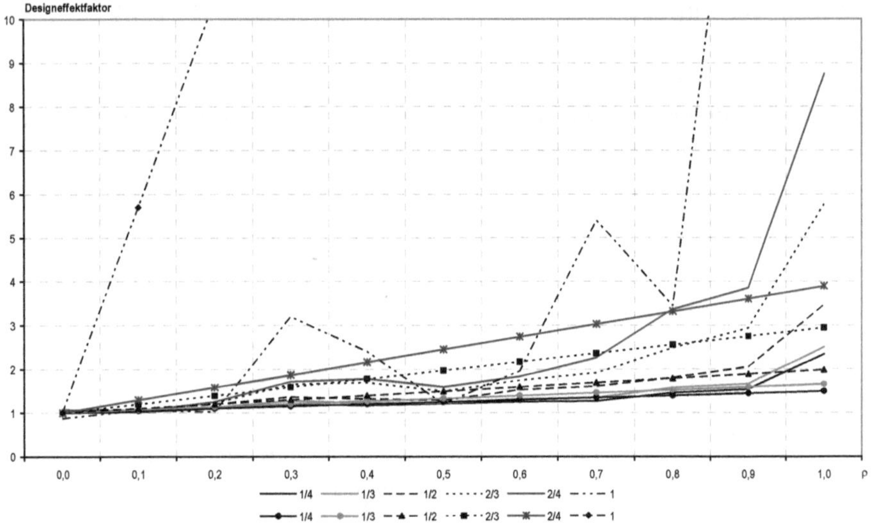

Das Einbrechen der Designeffektfaktoren kann zwei unterschiedliche Ursprünge haben: Einerseits wäre es aufgrund des von der Überlappung unabhängigen Auftretens möglich, dass die Korrelation des Gesamtdatensatzes von Periode zu Periode eher am unteren Ende der Bandweite erfüllt wurde. Dies könnte sich innerhalb der gezogenen Stichproben nochmals zusätzlich verstärken, denn geringere Designeffektfaktoren deuten auf eine geringere Korrelation hin. Anders ausgedrückt: Die Streuung des Gesamtdatensatzes in jeder Periode und daher auch in der der gezogenen Stichproben, ist insgesamt variierender als gewünscht. Somit würde sich der Einbruch aus einer Eigenheit des generierten Gesamtdatensatzes erklären. Dafür spricht insbesondere das Zutreffen des Effekts für alle Überlappungen wie auch die Konstanz der Rangfolge. Eine weitere Erklärung, die mit dem ersten Ansatz korrespondiert, ist der bereits bei der Kumulation über zwei Perioden angesprochene degressive Verlauf des Designeffektfaktors. Er wird durch die Tatsache eines Korrelationsproblems im Gesamtdatensatz verstärkt und lässt so den Designeffektfaktor geringfügiger als theoretisch erwartet steigen. Dies kommt folglich einem Einbruch des Verlaufs gleich. Schließlich ist zu überlegen, ob der Ursprung dessen nicht in dem vorher liegenden Datensatz zu suchen ist, d. h. obige Argumentationskette für den umgekehrten Fall der Korrelation des Gesamtdatensatzes am oberen Ende der Bandweite gilt.

Die Erklärung für die anfänglich geringere Abweichung der Designeffektfaktoren findet sich in der geringen Korrelation der Werte im Zeitverlauf. Folglich kommt es selbst bei einer hohen Überlappung noch zu starken Streuungen innerhalb der Stichproben, so dass die Höhe der Überlappung auf die Varianz bzw. den Designeffektfaktor im Vergleich zu höheren Korrelationen keinen nennenswerten Einfluss hat.

Der letzte Aspekt, die teils ausgeprägte Abweichung der Simulationsergebnisse von den theoretischen Werten, die insbesondere für eine 100%ige Überlappung und eine Korrelation von eins festzustellen ist, ist ebenfalls auf die bereits genannte Tatsache abweichender Korrelationen von den gewünschten, als auch der Nicht-Geltung der relevanten Annahme der Varianzstationarität zurückzuführen.

Für den regressionsanalytisch verbesserten Schätzer ergibt sich ein vergleichbares Bild (vgl. Abb. 49): Der Designeffektfaktor steigt stetig an, wobei auch hier ein, jedoch stärkerer, Einbruch für Korrelationen sowohl von 0,5 als auch 0,6 festzustellen ist. Dies stützt die Vermutung, dass die Begründung in der Eigenheit des zugrunde gelegten Datensatzes zu suchen ist. Ebenfalls ist für den Verlauf der 100%igen Überlappung eine starke Schwankung der Werte festzustellen, deren Ursprung bereits erläutert wurde. Schließlich liegen die Faktoren der niedrigen Korrelationen enger beisammen.

Abb. 49: Empirischer Verlauf des Designeffektfaktors des Regressionsschätzers bei Kumulation über 48 Perioden

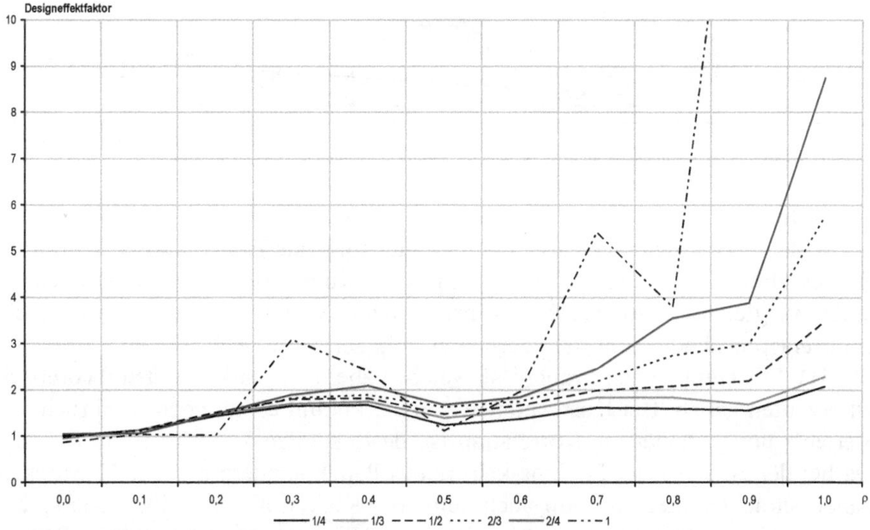

Abschließend wird zur Bewertung der beiden Schätzer die Differenz der Designeffektfaktoren betrachtet (vgl. Abb. im Anhang A.5, S. 199). Wie bei der zweiperiodischen Schätzung gilt auch hier für eine negative Differenz eine folglich bessere Schätzung mittels der Basiskumulation und eine positive eine entsprechend bessere mittels des regressionsanalytisch verbesserten Schätzers. Entgegen der zwei-periodischen Kumulation kann lediglich in zwei Fällen mittels des Regressionsschätzers die Qualität der Ergebnisse verbessert werden: sofern die Korrelation null ist oder die Überlappung bei 100% liegt. In allen anderen Fällen ist die Schätzung stets schlechter. Dabei gilt, je geringer die Überlappung, desto schlechter das Ergebnis mittels des Regressionsschätzers.

Abb. 50: Empirischer Verlauf des Designeffektfaktors des basiskumulierten Schätzers bei Kumulation über 48 Perioden

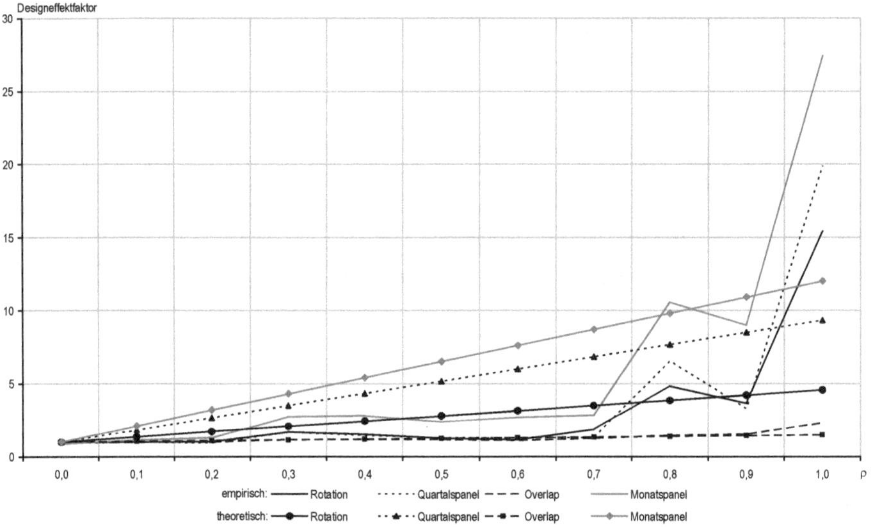

Die bisherigen Analysen bezogen sich auf die in Kapitel 2.3 (S. 54) theoretisch betrachteten Überlappungsvarianten. Die nun folgende Betrachtung der Simulationsergebnisse der zu erörternden Designs bei Kumulation über 48 Perioden erlaubt, vergleichend zu den bisher betrachteten Varianten, Feststellungen, die auch entsprechende Schlussfolgerungen zulassen (vgl. Abb. 50 und Abb. 51, S. 151). Die empirischen Ergebnisse weichen abermals stark von den theoretisch zu erwartenden ab. Bei Korrelationen von 0,5 kommt es zu einem Einbruch des Verlaufs und je höher die Korrelation ist, desto stärker divergieren die Kurven. Da bei der Analyse der Designs kein reines Panel, sondern nur ein 12-Monatspanel betrachtet wird, verläuft auch keine der Kurven als Ausreißer, wie es bei der bisherigen Betrachtung für eine 100%ige Überlappung der Fall war. Wie in der vorhergehenden Betrachtung wurde auch für die konkrete Designanalyse der theoretisch zu erwartende Designeffektverlauf des basiskumulierten Schätzers, unter der Annahme der Varianzstationarität, eingebunden. Die Werte liegen bereits wesentlich höher als bei den zuvor vorgestellten Varianten. Der Vergleich der Schätzer zeigt auch (vgl. Abb. im Anhang A.6, S. 199), dass bei einer Kumulation über 48 Perioden die regressionsanalytische Schätzung keine verbesserten Ergebnisse liefern kann, sofern die Korrelation geringer als 0,9 ist.

Abb. 51: Empirischer Verlauf des Designeffektfaktors des Regressionsschätzers bei Kumulation über 48 Perioden

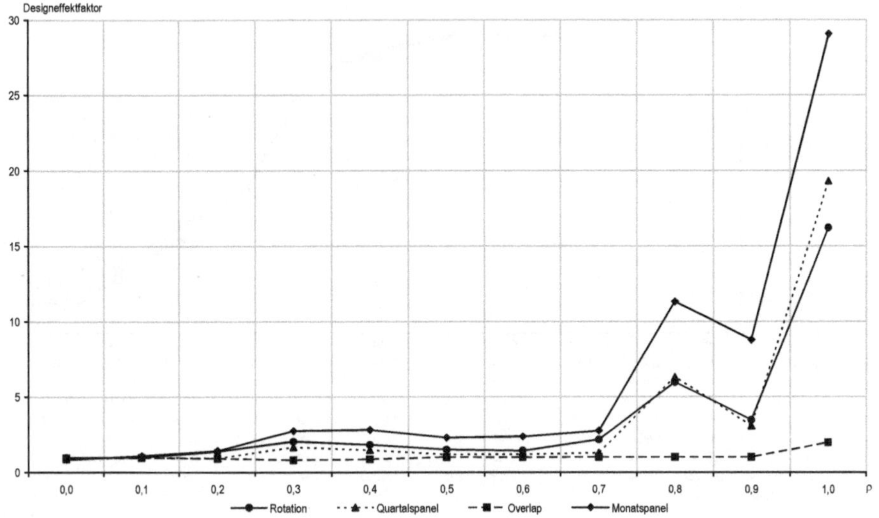

Schließlich ist, unter Berücksichtigung der bereits angeführten inhaltlichen Hinweise, zu fragen, welche Ergebnisse eine Differenzenschätzung liefern würde. Auch hier wäre wiederum eine entgegengesetzte Rangfolge der Designs zu erwarten. Schwieriger ist hingegen ein Rückschluss auf die Ergebnisse, die aus einer Verwendung eines Schätzers von *Hansen et al.* resultieren würden. Allgemein folgen im Fall einer Überlappung geringer als 50% bessere Ergebnisse mittels dieses Schätzers, so dass lediglich zu hinterfragen ist, ob sich für das Overlapdesign bessere Schätzungen ergeben könnten. Da jedoch unklar ist, wie stark der Effekt der Verwendung eines solchen Schätzers ist, ist es fraglich, ob die Schätzung in diesem Fall sogar besser als mit dem basiskumulierten Schätzer würde.

Bisher wurde über den Designeffektfaktor hinaus auch die resultierende Varianz betrachtet. Aufgrund der Vorgehensweise in diesem Abschnitt ist diese nun an das Ende gestellt (vgl. Abb. 52, S. 153). Die insgesamt sehr hohen Varianzwerte, die bei der Korrelationsvariation resultieren, weisen, ebenso wie die Designeffektfaktoren, zu erklärende Aspekte auf: zunächst sinkt die Varianz mit steigender Korrelation bis zu einem Wert von $\rho = 0{,}2$, ab diesem Koeffizienten stagniert annähernd die Korrelation und setzt ihr Absenken erst ab einer Korrelation von 0,6 wieder fort.

Abb. 52: Verlauf der Varianz bei Variation der Korrelation

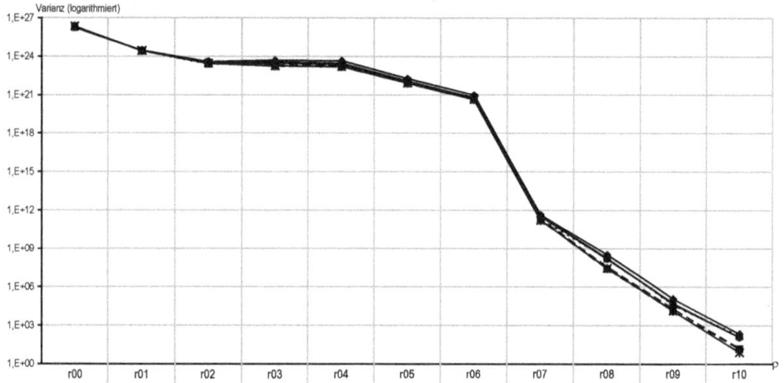

	r00	r01	r02	r03	r04	r05	r06	r07	r08	r09	r10
S1 Rotation	2,3E+26	2,8E+24	3,2E+23	3,2E+23	2,5E+23	1,1E+22	4,9E+20	3,3E+11	1,5E+08	5,2E+04	1,3E+02
S2 Rotation	2,2E+26	2,8E+24	3,9E+23	3,7E+23	3,0E+23	1,2E+22	5,7E+20	3,7E+11	1,6E+08	4,8E+04	1,3E+02
S1 Quartalspanel	2,0E+26	2,8E+24	2,6E+23	3,0E+23	2,3E+23	1,0E+22	4,8E+20	2,0E+11	1,7E+08	4,4E+04	1,6E+02
S2 Quartalspane	1,9E+26	2,7E+24	2,6E+23	3,0E+23	2,3E+23	1,0E+22	4,6E+20	2,1E+11	1,8E+08	4,1E+04	1,6E+02
S1 Overlap	2,2E+26	2,9E+24	3,1E+23	2,2E+23	1,9E+23	1,0E+22	4,8E+20	2,2E+11	3,9E+07	2,1E+04	1,8E+01
S2 Overlap	2,2E+26	2,8E+24	2,8E+23	1,8E+23	1,6E+23	8,3E+21	4,2E+20	1,7E+11	2,7E+07	1,4E+04	1,6E+01
S1/S2 Monatspanel	1,8E+26	3,1E+24	4,0E+23	5,1E+23	4,6E+23	1,9E+22	9,7E+20	4,4E+11	3,2E+08	1,2E+05	2,3E+02
S1/S2 Rollierende	2,2E+26	2,8E+24	3,0E+23	1,9E+23	1,7E+23	8,3E+21	4,0E+20	1,7E+11	2,8E+07	1,4E+04	8,0E+00

Grundsätzlich überrascht das Ergebnis. Aus der theoretischen Analyse der Varianzgleichung war nicht direkt auf ein Sinken der Varianz mit steigender Korrelation zu schließen. Vielmehr wäre von einer steigenden Varianz, bei Konstanz aller verbleibenden Faktoren, aufgrund der steigenden Korrelation auszugehen gewesen. Das Absinken kann lediglich durch ein gleichzeitiges Sinken der Varianz erklärt werden, wobei das Veränderungsverhältnis der Varianz größer sein muss als das der Korrelationskoeffizienten. Der Grund der sinkenden Varianz hängt direkt mit der Korrelation zusammen. Eine steigende Korrelation impliziert eine sinkende Streuung, da mehr Werte nahe beieinander liegen. Nimmt die Varianz bei Korrelationen zwischen 0,3 und 0,4 nun wesentlich geringer ab bzw. stagniert annähernd, kann darauf geschlossen werden, dass die Korrelation in den beiden Datensätzen in den gezogenen Stichproben niedriger als gefordert waren.

Die Rangfolge ist weitestgehend unverändert geblieben. Lediglich die Verläufe für die Rotation über 15 Monate und das Quartalspanel sind annähernd identisch.

3.5. Genauigkeitsbewertung

Die bisherige Genauigkeitsbewertung beruhte lediglich auf theoretischen Überlegungen zu zweiperiodischen Design-Schätzer-Kombinationen. In den vorangegangenen Abschnitten konnten nunmehr die im Kontext der Novellierung der Wirtschaftsrechnungen privater Haushalte diskutierten Designvorschläge Gegenstand der Untersuchung sein, die eine, gegenüber der theoretischen Analyse, exaktere Genauigkeitsbewertung zum Ziel hatte. Insbesondere galt es auch, die aus Kapitel 2.3 (S. 54) ausgewählten kumulierten Schätzer eingehender zu beurteilen. Um die Leitfrage der Arbeit, in wieweit Overlapdesigns sowohl den Genauigkeitsanforderungen wie auch den neuen Qualitätsanforderungen Rechnung tragen können, abschließend zu beantworten, bedürfen die Erkenntnisse nun der Einbindung in den Gesamtkontext der Qualitätsbewertung.

Zunächst warf die Erörterung des Qualitätsmaßstabes die Frage der Chancen des Simulationsinstrumentes auf: Bestünde die Möglichkeit, mittels der Simulation, über die Varianz der Schätzfunktion hinaus, auch den systematischen Fehler zu ermitteln und folglich ein wesentlich exakteres Gütemaß, den Mean Square Error, herzuleiten? Es konnte gezeigt werden (vgl. Kapitel 3.2, S. 114), dass unter Geltung verschiedener Annahmen, die Simulation neben dem wahren Erwartungswert auch die Herleitung des systematischen Fehlers erlaubt. Da diese Herleitung jedoch nur im Fall der Ziehung weiterer Stichproben möglich ist, ist die Varianz der Schätzfunktion weiterhin das grundlegende Qualitätskriterium.

Zur Realisierung der Simulation bestand des Weiteren die Notwendigkeit, ein Programm, SimDesign, zu entwickeln. Es erlaubt die Approximation der wahren Varianz der Schätzfunktion unter Berücksichtigung der Designvorgaben. Dessen Aufbau und Ablauf wurde insbesondere zur angemessenen Interpretation der Ergebnisse der Simulation vorangestellt (vgl. Kapitel 3.3, S. 121).

Die Varianz eines Schätzers, so das Ergebnis der theoretischen Ausarbeitung (vgl. Kapitel 2.3, S. 54), hängt vom kombinierten Einfluss vier verschiedener Parameter ab: dem Stichprobenumfang n, dem Kumulationszeitraum l, der Korrelation ρ und schließlich der Höhe der Überlappung P der Stichprobeneinheiten im Zeitverlauf. Um den individuellen Beitrag eines jeden Parameters zur Varianz zu ermitteln, wurde eine Sensitivitätsanalyse vorgenommen (Kapitel 3.4, S. 128). Unter Konstanz aller übrigen Faktoren wurde lediglich einer variiert, um entsprechend dessen exklusiven Effekt auf die Varianz zu bestimmen. Zusätzlich wurde der Designeffektfaktor betrachtet, der die Varianz eines der analysierten Overlapdesigns im Verhältnis zur Varianz des Referenzdesigns (ohne Overlap) setzt. Er ist ein Indiz für des Genauigkeitsgewinns bzw. -verlustes gegenüber dem Referenzdesign. Entgegen der allgemein unproblematischen Variation von dreien der Parameter stellte sich die Analyse der Korrelationseffekte schwieriger dar. Zunächst mussten synthetische Datensätze entwickelt werden. Diese Datensätze hatten jeweils eine vorgegebene Korrelation aufzuweisen und konnten nicht mittels des Programms generiert werden. Bei der Interpretation der Simulationsergebnisse musste aufgrund dieser Tatsache berücksichtigt werden, dass innerhalb der gezogenen Stichproben aus den synthetischen Datensätzen die gewünschten Korrelationsvorgaben nicht ohne weiteres exakt erfüllt sein konnten.

Die allgemeine Erkenntnis der Simulation ist ein mit der Erhöhung eines Parameters zu erwartender gleichgerichteter Effekt beim Designeffektfaktor und ein zumeist entgegengesetzter bei der Varianz. Der Ursprung der Effekte divergiert dabei.

Ist es sowohl beim Stichprobenumfang wie auch beim Kumulationszeitraum eine Verbesserung der Schätzung in Form einer Approximation an die zu schätzende Größe, die mit der Erhöhung der Parameter einhergeht, und demzufolge ein Absinken der Streuung der Ergebnisse bewirkt, wäre bei Steigerung der Korrelation theoretisch ein gleichgerichteter Effekt auf die Varianz zu erwarten gewesen. Dem entgegen sank sie, was aus einer, durch die Korrelationssteigerung implizierten, Verringerung der Varianz resultiert. Formal steigt die Varianz bei steigender Korrelation, jedoch liegen die Werte der Stichprobeneinheiten mit steigender Korrelation dichter beieinander, so dass die Streuung sinkt. Dieser Effekt wiegt stärker. Die Steigerung der Korrelation um x führt demnach zu einem Absinken der Varianz um einen Faktor kleiner als 1/x. Somit folgt lediglich bei einer Erhöhung des Überlappungsquotienten ebenfalls eine Steigerung der Varianz. Der Effekt ist auf eine Zunahme identischer Stichprobeneinheiten bei einer Überlappungssteigerung zurückzuführen, die, sofern keine Unabhängigkeit vorliegt, ebenso eine Steigerung der Zahl der Kovarianzen nach sich zieht, die schließlich die Höhe der Varianz mit beeinflussen. Die identischen Stichprobeneinheiten haben gegenüber neuen Stichprobeneinheiten einen geringeren varianzreduzierenden Einfluss, da ihre spezifische Streuungseigenschaft mehrfach in die Varianz einfließt. Neue Einheiten hingegen diversifizieren die Streuungseigenschaften. Durch ihre Hinzunahme und das damit einhergehende Absinken der Zahl der Kovarianzen kann wiederum die Varianz c. p. reduziert werden.[214]

Die Erhöhung des Designeffektfaktors bei Steigerung des Stichprobenumfangs wäre zunächst aus theoretischer Sicht nicht zu erwarten gewesen. Vielmehr war

214 Für den Überlappungsparameter P wurde dieses Ergebnis nicht explizit hergeleitet, da verschiedene Überlappungshöhen durch die Einbeziehung der verschiedenen Designs in die Betrachtung der verbleibenden Parameter bereits aufgenommen waren. Zur Abrundung der Analyse sei jedoch auf die Ergebnisse in A.7 (S. 200) verwiesen. Sie zeigen den Verlauf der Varianz und des Designeffektfaktors bei Variation des Koeffizienten P.

von einer Konstanz des Designeffektfaktors eines Designs auszugehen. Da es sich jedoch lediglich um die Schätzung der Varianz auf Stichprobenbasis handelt, und somit nicht alle Varianzen identisch sind, hat der Stichprobenumfang einen negativen Einfluss im Sinne einer steigenden Zahl an Kovarianzausdrücken, die im Vergleich zum Referenzdesign eine Erhöhung des Designeffektfaktors bewirken. Bei der Erhöhung des Kumulationszeitraums wurde hingegen theoretisch ein Absinken des Designeffektes erwartet. Auch hier bewirkte jedoch der umfangreichere Anstieg der Kovarianzterme, in Verbindung mit der geschätzten Varianz der Grundgesamtheit, eine Steigerung gegenüber dem Referenzdesign.

Tab. 7: Ergebnis der Sensitivitätsanalyse

	Genauigkeitsparameter			
	Varianz		*Designeffektfaktor*	
Parameter	Effekt	Ursprung	Effekt	Ursprung
Stichprobenumfang n	-	Approximation an Parameter der Grundgesamtheit	+	geschätzte Varianz der Grundgesamtheit
Kumulationszeitraum l	-	Approximation an Parameter der Grundgesamtheit	+	geschätzte Varianz der Grundgesamtheit;
Korrelation ρ	-	Annäherung der Merkmalsausprägungen	+	Dämpfung der Streuungsdiversifität durch identische Stichprobeneinheiten
Überlappung P	+	Dämpfung der Streuungsdiversifität durch identische Stichprobeneinheiten	+	Kovarianzerhöhung

\+ Steigerung - Absinken

Die theoretisch zu erwartende Designeffektfaktorsteigerung bei erhöhter Korrelation traf, wie auch bei der Überlappungserhöhung, tatsächlich ein. Bei der Korrelation erklärte sie sich aus einer stärkeren Verringerung der Varianz des Referenzdesigns gegenüber den Overlapdesigns. Dieser Sachverhalt ist wiederum auf die überlappenden Einheiten zurückzuführen, die den varianzmindernden Effekt durch dicht beieinander liegende Werte dämpfen. Streuen die überlappenden Werte stärker im Vergleich zu anderen, wird dies durch die mehrfache Einbeziehung verstärkt. Bei Erhöhung der Überlappung selbst, bedingt hingegen die Erhöhung der Zahl der Kovarianzen eine Steigerung des Designeffektfaktors, denn die Referenzvarianz bleibt konstant. Die vorangestellte Tab. 7 fasst die Ergebnisse der Sensitivitätsanalyse überblickartig zusammen.

In Abb. 53 (vgl. S. 156) wird zunächst die synchrone Variation von Stichprobenumfang, Korrelation und Überlappung bei einer Kumulation von 48 Perioden simuliert. Grundlage dieser Projektion sind die Ergebnisse der Simulation unter Verwendung eines basiskumulierten Schätzers. Zu berücksichtigen ist, dass für einen Stichprobenumfang von 8.000 Einheiten über alle Korrelationsvariationen Werte vorliegen, dem gegenüber jedoch für alle Stichprobenumfangvariationen lediglich Werte bei einer Korrelation von eins ermittelt wurden. Für den konstanten Stichprobenumfang von 8.000 und die variierenden Korrelationen wurden die Veränderungsverhältnisse gegenüber einer Korrelation von eins ermittelt und diese, unter der Annahme der Konstanz für alle Stichprobenumfänge, auf die verbleibenden übertragen.

Abb. 53: Approximierter Designeffektfaktorverlauf bei synchroner Variation von Korrelation, Stichprobenumfang und Überlappung unter Verwendung eines basiskumulierten Schätzers - Kumulationszeitraum 48 Perioden

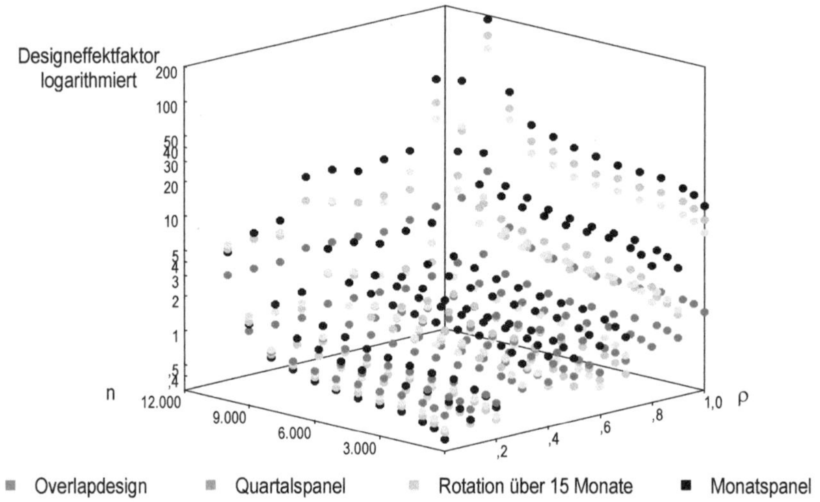

Da die Korrelation weitestgehend, wie sich bei der Simulation gezeigt hat (vgl. Tab. 6, S. 142), nahe eins liegt, wurde das identische Projektionsschema auf die Variation von Stichprobenumfang, Kumulationszeitraum und Überlappung übertragen (vgl. Abb. 54, S. 157). Auch hier gilt, dass die simultane Erhöhung der Parameter eine Steigerung des Designeffektfaktors zur Folge hat und im Vergleich zur totalen Rotation stets ein schlechteres Ergebnis resultiert. Insgesamt, so zeigt sich, ist der Quartalspanel-Vorschlag für die angedachte Kumulation die schlechteste Lösung. Einer Rotation über 15 Monate wäre noch der Vorrang zu geben, würden nicht die optimalen Vorschläge eines integrierten bzw. modularen Aufbaus Anwendung finden.

Die Ergebnisse verdeutlichen die Unmöglichkeit, durch die entgegengesetzte Variation eines Parameters negative Effekte eines anderen aufzuheben. Dies gilt auch für den regressionsanalytisch verbesserten Schätzer. Zwar ist es durch eine Steigerung des Stichprobenumfangs möglich, die Varianz eines Designs an die

Varianz des optimalen Designs anzunähern, jedoch würde durch solche Überlegungen der eigentlichen Zielsetzung der Designverwendung, dem Entgegenwirken von Befragungsmüdigkeit und Kostenreduktion, durch den höheren Anwerbungsaufwand nicht mehr Rechnung getragen. Eine Kumulationsvariation ist ebenfalls aus inhaltlichen Gesichtspunkten nicht in Betracht zu ziehen. Sie würde das Erhebungsziel verwerfen, denn sollen 12-Monatsdurchschnitte betrachtet werden, können diese beispielsweise nicht durch 6-Monats-Durchschnitte ersetzt werden. Die Variation des Korrelationskoeffizienten ist schließlich eine Dateneigenschaft, deren Höhe exogen ist. Einzig verbleibt der Überlappungsquotient als Variationsparameter. Jedoch gilt hier, dass eine Verbesserung nur durch ein Herabsetzen der Überlappungshöhe möglich ist, was jedoch abermals der ursprünglichen Intension der Verwendung dieser Designs entgegenstünde.

Abb. 54: Approximierter Designeffektfaktorverlauf bei synchroner Variation von Kumulation, Stichprobenumfang und Überlappung unter Verwendung eines basiskumulierten Schätzers - Korrelation ist eins

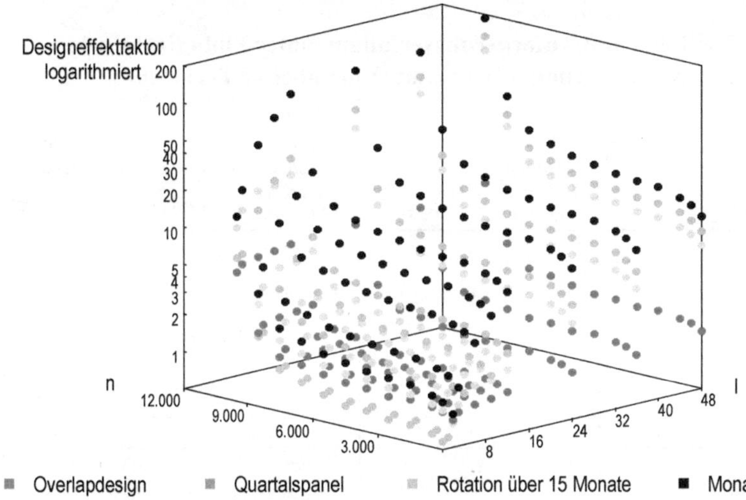

Die Erkenntnisse schlagen sich in der allgemeinen Genauigkeitsbewertung der Designvorschläge wie folgt wieder: Das Quartalspanel, insbesondere bei hohen Kumulationszeiträumen, weist nach dem Monatspanel die höchsten Designeffekte auf. Lediglich bei Kumulationszeiträumen unterhalb von neun Perioden schneidet die Rotation über 15 Monate schlechter ab. Am günstigsten schneidet stets das Overlapdesign mit der geringsten Überlappung der betrachteten Designs im Vergleich zu den verbleibenden Überlappungsmodellen ab. Für die nur indirekt einbezogenen Designs aus Kapitel 1.3.2.3 (S. 33) bis 1.3.2.6 (S. 327) sind un-terschiedliche Schlussfolgerungen zu ziehen. Die Verwendung lediglich einer jährlichen Angabe identischer Stichprobeneinheiten im Integrierten bzw. Modularen Modell ist einem rollierenden Design gleichzusetzen. Demnach sind für diese beiden Vorschläge die besten Ergebnisse zu erwarten. Bei der erweiterten LWR werden die Angaben eines Jahres kumuliert und mit den Ergebnissen der EVS verbunden. Für die eigenständige EU-SILC-Erhebung wird ebenfalls davon ausgegangen, dass die Angaben eines Jahres kumuliert werden. Folglich bestehen beide Vorschläge in Teilen aus partiell rotierenden Designs, in Teilen aber auch aus rollierenden. Die Genauigkeit der Gesamtheit der Ergebnisse wird daher vermutlich besser als die des Quartalspanels sein, wohl auch besser als die der Rotation über 15 Monate, jedoch schlechter als die des Integrierten und Modularen Modells. Einzige Alternative zu einem rollierenden Design bei identischem Erhebungsziel und dem Wunsch der Verwendung eines Overlapdesigns bietet eine Erhöhung des Stichprobenumfangs, was jedoch der eigentlichen Zielsetzung der Verwendung der Designs, im Hinblick auf dessen Reduzierung entgegensteht.

Tab. 8: Qualitäts- und Anforderungserfüllung unter Einbeziehung der Simulationsergebnisse bei Kumulation über 48 Perioden

		Design				
		kein Overlap	**partieller Overlap**			**totaler Overlap**
Qualitätskriterien		*Referenz-design*	*Overlap mit P=25*	*Rotation über 15 Monate*	*Quartals-panel*	*Monatspanel*
Genauigkeit		+ +	+	+ / -	-	- -
Kosten		- -	-	+	+ / -	+ +
Befragtenbelastung		- -	-	+	+ / -	+ +
ESS	**Aktualität**	- -	-	+	+ / -	+ +
	Verfügbarkeit / Transparenz	+ +	+ / -	- -	- -	+ +
	Vergleichbarkeit	+ +	+ +	+ +	+ +	+ +
	Kohärenz	+ +	+	+ / -	-	- -
	Relevanz	+ +	+ +	+ +	+ +	+ +

Anforderungen:

++ in Gänze erfüllt
+/- teils erfüllt
-- in Gänze nicht erfüllt
+ weitestgehend erfüllt
? noch unklar
- weitestgehend nicht erfüllt

Aus den eindeutigen Ergebnissen für die vorgeschlagenen Designs können generelle Aussagen zur Genauigkeit von Overlapdesigns unter Verwendung kumulierter Schätzer abgeleitet werden: Mit steigender Überlappungshöhe werden sich die Schätzungen bezogen auf den Designeffektfaktor stets verschlechtern. Die mögliche Verwendung eines nicht basiskumulierten Schätzers scheint dabei lediglich bei einem geringen Kumulationszeitraum sinnvoll. Demnach ist die Verwendung von Overlapdesigns in Kombination mit kumulierten Schätzern lediglich in Abwägung mit anderen Kriterien eventuell in Betracht zu ziehen. In Tab. 8 (S. 158) werden die Genauigkeitserkenntnisse der Sensitivitätsanalyse in die, in den vorangegangenen Kapiteln 1.3.2.7 (S. 37) und 2.4 (S. 104) entwickelte Gegenüberstellung eingebunden. Abermals wird darauf verzichtet, die expliziten Anforderungen an die Wirtschaftsrechnungen, basierend auf den ESS-Kriterien, einzubeziehen, stattdessen wird der Blick auf die konkreten Designvorschläge, insbesondere im Hinblick auf die Genauigkeit gerichtet. Die generelle Erfüllung der allgemeinen ESS-Kriterien sollte zunächst gewährleistet sein, bevor zu einer detaillierten Ausgestaltung übergegangen wird. Erstmals finden dabei die konkreten Designvorschläge Berücksichtigung, wobei die Vorschläge eines integrierten und modularen Aufbaus durch die Ergebnisse des Referenzdesigns und die Überlegungen einer erweiterten LWR bzw. eigenständigen EU-SILC-Erhebung weitestgehend durch das Quartalspanel repräsentiert werden.

Das sich nach der theoretischen Erörterung abzeichnende Bild wird durch die empirischen Ergebnisse fortgeführt. Der regressionsanalytisch verbesserte Schätzer wird in der Gegenüberstellung ausgeklammert, da er lediglich für geringe Kumulationszeiträume und entsprechend nicht für eine 48-perio-dische Kumulation eine Verbesserung erlaubt. Die Schlussfolgerungen für einen Differenzenschätzer sind denen der dargestellten Kumulationsschätzung entsprechend entgegengesetzt. Generell resultiert jeweils eine konträre Anforderungserfüllung für das Referenzdesign und den totalen Overlap. Als Kompromiss erscheinen bei der Anforderungserfüllung hingegen die partiellen Overlapdesigns. Ihr Mittelweg ist wiederum die Rotation über 15 Monate. Die Beurteilung der Kosten-, Belastungs- und ESS-Kriterien basiert auf den bereits bekannten Herleitungen aus Kapitel 1.3.2.7 (S. 37) wie auch Kapitel 2.4 (S. 104), wobei letztere lediglich nach ihrem allgemeinen Erfüllungsgrad beurteilt werden. Die Beurteilung der Aktualität und Kohärenz stellt dabei lediglich eine Fortführung der Bewertung auf Basis der Überlappungshöhe dar. Je höher die Überlappung, desto aktueller sind die Daten, da bereits Grundmerkmale aus vorhergehenden Erhebungen bekannt sind. Die Kohärenz ist hingegen desto eher gegeben, je genauer die Daten sind. Bei der Transparenz wird angenommen, dass die komplexe Rotation über 15 Monate als auch das Quartalspanel einer umfangreichen Erläuterung bedarf, um den Nutzern eine eigenständige Beurteilung der Ergebnisse zu erlauben. Das einfachere, allgemeine Overlapdesigns mit einem konstanten Überlappungsquotienten ist hingegen verständlicher, jedoch annahmegemäß nicht so intuitiv verständlich wie die bekannten nicht überlappenden bzw. total überlappenden Designs. Relevanz und Vergleichbarkeit sind abermals design- und schätzerunabhängige Kriterien.

Zusammenfassend ist festzustellen, dass bei primärer Geltung von Genauigkeitsaspekten der Methodenmix aus partiellem Overlapdesign und kumuliertem Schätzer, trotz seiner Kompromisseigenschaft, abzulehnen ist. Eventuell höhere kurzfristige Kosten für die notwendige Anwerbung der Stichprobeneinheiten beim Referenzdesign, zahlen sich durch die höhere Qualität der resultierenden Daten, die in den politischen Entscheidungsprozess einfließen und Grundlage politisch-volkswirtschaftlicher Entscheidungen sind, wiederum aus. Den höheren direkten Kosten sind somit wesentlich geringere langfristige Folgekosten gegenüberzustellen, was durch ein Beispiel verdeutlicht werden kann: Die Daten der Wirtschaftsrechnungen sind bisher u. a. zur Ermittlung der Regelsätze der Sozialhilfe laut BSHG heranzuziehen. Könnten durch die Verwendung von Overlapstichproben wesentliche Kosten bei der aufwendigen Datenerhebung eingespart werden, hätte dies qualitativ schlechtere Daten, die ein ungenaueres Abbild der sozio-ökonomischen Verhältnisse der Bevölkerung und deren Konsumverhaltens ergäben, zur Folge. Diese ungenaueren Daten würden schließlich zur Bestimmung der Regelsätze herangezogen. Für die Hilfeberechtigten kann dies zur Konsequenz haben, dass sie entweder zu geringe Zuwendungen im Monat erhalten oder der Staat ihnen zu viel zukommen lässt. In diesem Fall hätten Qualitätseinbrüche bei den Daten direkte Konsequenzen für die volkswirtschaftlichen Kosten: entweder die Staatsquote steigt, sollten die Sätze zu hoch bemessen sein, oder der bereits geringe Konsum der unteren Einkommensschichten würde durch geringere Zuwendungen sinken. In beiden Fällen würde dies sozialen Sprengstoff darstellen und zu politisch-sozialen Debatten führen. Eine nochmalige Umgestaltung des Erhebungsverfahrens mit den damit einhergehenden Kosten wäre schließlich zu erwarten. Gerade derartig langfristige Aspekte sollten bei der Anwendung neuer Methoden der Datengewinnung und Aufbereitung in die Betrachtungen und Bewertung einfließen und nicht lediglich kurzfristige direkte Kostenaspekte berücksichtigt werden. In Bezug auf die Problematik der Teilnahmebereitschaft sollten solche Aspekte stärker zur Motivation der Auskunftsbereitschaft in der Bevölkerung angesprochen und verdeutlicht werden. Es wäre zu überdenken, ob die angedachten Investitionen in neue Erhebungsmethoden nicht in Teilen in die dahingehende Aufklärung der Bevölkerung, dass Statistiken kein demagogisches Instrument in einer demokratischen Gesellschaft sind, sondern die Grundlage für den politischen Entscheidungsprozess zu Gunsten der Bevölkerung darstellen, fließen sollten. Die nutzerorientierten ESS-Kriterien sind durchaus zu berücksichtigen, wobei insbesondere die Kohärenz ein wichtiges Kriterium darstellt, da es mit der Genauigkeit einer Erhebung korrespondiert.

Dieses Fazit stellt nun jedoch keine generelle Absage an Overlapstichproben oder Kumulation dar. Bei Erhebungen innerhalb sehr homogener Teilpopulationen, deren Ziel nicht die Erfassung der Ausprägungsvielfalt eines Merkmals ist, sondern bei denen abweichende Aspekte im Vordergrund stehen, kann dieser Methodenmix durchaus von Vorteil sein. Für den hier diskutierten Anwendungsbereich der Wirtschaftsrechnungen privater Haushalte erscheint der Ansatz jedoch ungeeignet.

Die Simulation hat sich in diesem Zusammenhang als adäquates Instrument zur Genauigkeitsbestimmung bewährt, da die theoretisch abgeschätzten Designeffektverläufe durch das Verfahren überprüft und verfeinert werden konnten. Insbesondere für die beiden sehr komplexen Designvarianten der Rotation über 15 Monate und das Quartalspanel konnten erst mittels dieses Instrumentes adäquate Schlussfolgerungen in Bezug auf die Genauigkeit gezogen werden. Es wäre interessant, auch einmal die in Kapitel 2.3 (S. 54) neben der Basiskumulation und der zwei-periodischen Regression behandelten Schätzer in eine entsprechende Simulation einzubinden, da deren Varianzen teils lediglich approximiert werden konnten.

4. Schlussbetrachtung

Die Leitfrage der vorangegangenen Erörterungen war, in wieweit, bei den zu novellierenden Wirtschaftsrechnungen privater Haushalte, Overlapdesigns in Verbindung mit kumulierten Schätzern eine Möglichkeit der Kombination der bisher ausschließlich gültigen Genauigkeitsanforderung mit der, aus den sich ändernden Rahmenbedingungen abgeleiteten erweiterten Qualitätsdefinition darstellen. Die Komplexität des neuen Qualitätsverständnisses erforderte, zusätzlich zu den diskutierten Design-Schätzer-Vorschlägen die Existenz weiterer Schätzer zu hinterfragen, die sich zur Aufbereitung der aus Overlapstichproben resultierenden Daten anbieten und ebenso dem umfangreichen Anforderungsportfolio genügen.

Beginnend mit der Skizzierung der originären Aufgaben der amtlichen Statistik galt es, ihre sich wandelnden Rahmenbedingungen wie auch die sich hieraus ableitende neue Anforderungssituation zu umreißen (vgl. Kapitel 1.2, S. 6). Sie dient der Verdeutlichung des Diskussionsbedarfs. Die amtliche Statistik bewegt sich in einem Spannungsfeld aus vier großen Einflussfaktoren: politisch-staatlichen, wirtschaftlichen, rechtlichen und gesellschaftlichen. Veränderungen in diesen vier Bereichen, die insbesondere durch geänderte Staatsaufgaben, einen Strukturwandel der Gesellschaft, Individualisierungsprozesse, steigenden Kostendruck und schließlich einer Verrechtlichungstendenz gekennzeichnet sind, haben direkte wie auch indirekte Konsequenzen für die amtliche Statistik. Offenkundigste Folgen sind ein gestiegener Informationsbedarf gepaart mit Harmonisierungstendenzen politisch-ökonomischen Ursprungs. Ihnen gegenüber steht eine steigende Befragungsmüdigkeit einhergehend mit Vertrauenseinbußen in staatliches Handeln innerhalb der Gesellschaft, wobei Sparauflagen ein zunehmender Hemmschuh der Datengewinnung sind. Dieses Spannungsfeld lastet auf dem System der amtlichen Statistik, was zunächst eine Einschränkung ihrer Funktionsfähigkeit erwarten lässt. Als Reaktion und zur Abwehr dieser Gefahr wurde das amtliche Qualitätsverständnis nutzerorientiert überarbeitet. Es fußt nunmehr auf vier Aspekten: einer weiterhin zu berücksichtigenden Genauigkeit, einer Beachtung der Befragtenbelastung wie auch Kostenaspekten und schließlich verschiedentlicher nutzerorientierter Kriterien, wie beispielsweise Aktualität oder Transparenz, die aus dem Europäischen Statistik System abgeleitet sind. Die amtliche Statistik beschreitet damit den Weg weg von einem inputorientierten Vorgangsbearbeiter hin zu einem outputorientierten Dienst, der ein Informationsgut marktmäßig im Wettbewerb zu privaten Datenproduzenten anbietet. Ein erster Schritt in diese Richtung ist die Suche nach alternativen Erhebungsmethoden bzw. -designs, die eine synchrone Erfüllung der neuen Qualitätsmaßstäbe erlauben.

Die Problematik der veränderten Anforderungssituation und der Suche nach Alternativen verdeutlicht sich in Gänze bei den amtlichen Haushaltsstichproben. Zur Umsetzung der qualitativen Maßgaben werden hier drei Ansätze diskutiert. Einerseits wird im Hinblick auf eine Aktualitätssteigerung die Unterjährigkeit des Mikrozensus überprüft. Andererseits, zur Reduktion der Befragtenbelastung und Kosten, wird der Aufbau eines Access-Panels verfolgt aus dem künftig die Teilnehmer freiwilliger Erhebungen rekrutiert werden sollen. Schließlich wird die hier erörterte Diskussion über die Anwendung von Overlapstichproben in Verbindung mit einem basiskumulierten Schätzer für fusionierte Wirtschaftsrechnungen geführt. Die Intension des letztgenannten Ansatzpunktes ist es, aufgrund der Steigerung des Stichprobenumfangs im Zeitverlauf die Datenqualität weiterhin zu gewährleisten und einhergehend tief gegliederte Informationen bereitstellen zu können. Darüber hinaus wird erhofft, mittels kleinerer Zeitpunkterhebungen bei gleichzeitiger Wiederbefragung von Einheiten im Zeitverlauf sowohl der Befragungsmüdigkeit als auch dem kurzfristigen Ad-hoc-Datenbedarf und den Kostenaspekten genüge zu tragen. Im Licht dieser ersten theoretischen Überlegungen erschien die vorgeschlagene Design-Schätzer-Kombination ein zukunftsweisender Ansatzpunkt für künftige Wirtschaftsrechnungen. Dies begründete den Wunsch nach eingehenderer empirischer Fundierung und mündete in der Ausgangsfrage. Die Komplexität der neuen Ansprüche weitete schließlich die ursprüngliche Fragestellung der qualitativen Eignung des angedachten Methoden-Mixes um die Existenz weiterer Schätzer für die vorgeschlagenen Designs aus.

Das neue Qualitätsverständnis reflektiert sich bei der Neugestaltung der Wirtschaftsrechnungen privater Haushalte konkret in einem Anforderungsbündel aus der Deckung eines Ad-hoc-Datenbedarfs, der Bereitstellung von Längsschnittinformationen, der Berücksichtigung europäischer Datenanforderungen wie auch der Lösung komplexer Fragestellung auf der Mikroebene. Zu seiner Implementierung wurden sechs unterschiedliche Designvarianten in Verbindung mit basiskumulierten Schätzern in die Diskussion aufgenommen, die sich durch spezifische Überlappungsstrukturen über die Zeit, teils in Abhängigkeit der erhobenen Merkmale unterscheiden. Im Rahmen ihrer Vorstellung können sie bereits auf ihre Anforderungserfüllung hin bewertet werden (vgl. Kapitel 1.3.2, S. 27), sofern der Genauigkeitsaspekt ausgeklammert bleibt. Diese erste, ausschließlich designbasierte Beurteilung, d. h. ohne Berücksichtigung des zu verwendenden Schätzers, kann anhand zweier Ansätze erfolgen: einerseits mittels der Zahl der erfüllten Kriterien, andererseits über die Ausschöpfungsquote. In beiden Fällen wird der Erfüllungsgrad mit der bisherigen LWR und EVS verglichen. Entsprechend dem ersten Vorgehen wäre dem Modell der erweiterten LWR bzw. der eigenständigen EU-SILC-Erhebung, die beide weitestgehend dem bisherigen LWR-Design entsprechen, der Vorrang zu geben. Dabei konnte jedoch keines der Designs alle Kriterien erfüllen. Kritisch zu hinterfragen ist bei diesem Bewertungsansatz hingegen die Gleichgewichtung aller relevanten Kriterien, von der realistischer weise nicht auszugehen ist. Daher wurde die Ausschöpfungsquote, die insbesondere das Augenmerk auf die Befragtenbelastung und Kosten richtet, zusätzlich herangezogen. Das Vorgehen erschien bei der ausschließlich designbasierten Bewertung legitim, da das Genauigkeitskriterium erst nach Einbeziehung des Schätzers in die Erörterung beurteilt werden kann. Die entsprechend effizientesten Vorschläge sind nach diesem Ansatz das Quartalspanel und die Rotation über 15 Monate. Die initiale theoretische Überlegung, die in den Designvorschlägen mündete, nämlich die Reduzierung von Befragtenbelastung und Kosten, wird demnach bekräftigt, denn es handelt sich bei beiden Designs um sehr komplexe Overlapmodelle.

An die Skizzierung der aktuellen Rahmenbedingungen mit den neuen qualitativen Ansprüchen und den daraus erwachsenen Designvorschlägen musste sich zur Lösung der Ausgangsfrage die theoretische Einordnung der Modellvorschläge anschließen. Erst darauf aufbauend konnte eine Erörterung der Bandweite der zusätzlich zum basiskumulierten Schätzer in Frage kommenden Schätzer durchgeführt werden. Sie schaffte die Grundlage zur alle Kriterien berücksichtigenden Qualitätsbewertung.

Die theoretische Einordnung kam zu dem Ergebnis, alle in der Diskussion befindlichen Designs unter dem neu geschaffenen Oberbegriff der Overlapstichproben zu subsumieren. Er erhebt die Höhe der Überlappung der Stichprobeneinheiten über die Zeit zum spezifischen Unterscheidungskriterium. Mit der Overlapdefinition verbindet sich der Vorteil, alle Designs mit jedweder Überlappungshöhe unter einem Begriff zu vereinen, sowohl rollierende, rotierende wie auch Panels. Innerhalb der theoretischen Designdiskussion (vgl. Kapitel 2.2, S. 47) wurde das sich abzeichnende Resultat aus Abschnitt 1.3.2.7 (S. 37) bereits untermauert. Keine der Designvarianten kann eine Lösung aller in Kapitel 1.2.3 (S. 11) geschilderten Anforderungen und somit des umfassenden Qualitätsbegriffs ermöglichen. Dessen ungeachtet erscheint insbesondere auch unter den bereits erörterten Effizienzgesichtspunkt, der Ausschöpfungsquote, einem partiellen Overlap bzw. semi-partiellen, eventuell in Verbindung mit einer retrospektiven Befragung, der Vorzug zu geben zu sein. Er vermag den primären Aspekten Befragungsmüdigkeit, Kosten und Tiefengliederung zumindest teiloptimal Rechnung zu tragen. Denn bei den verbleibenden Designs steht dem entgegen, dass ein Kriterium zwar optimal, hingegen ein anderes gänzlich unerfüllt ist. Somit erlaubt die partielle Rotation zumindest bei allen Kriterien eine Teilerfüllung. Entsprechend dieser theoretischen Auslegung wäre weiterhin der Jahresrotation über 15 Monate bzw. dem Quartalspanel der Vorzug zu geben.

Aufbauend auf der theoretischen Einordnung der Designs folgte die Erörterung des vorgeschlagenen basiskumulierten Schätzers und seiner Alternativen (vgl. Kapitel 2.3, S. 54). Dabei beschränkte sich die Betrachtung der Schätzer lediglich auf jene, die eine Anwendung bei allen Overlapdesigns erlauben. In der Schätztheorie wird eine ganze Bandweite an Funktionen bei Zugrundelegen von Overlapdesigns, insbesondere partiell überlappender, diskutiert. Sie reicht von ein-periodischen bis hin zu mehr-periodischen Schätzern, die sich auf unterschiedliche Art und Weise Informationen identischer Stichprobeneinheiten aus vorherliegenden Zeitpunkten zu Nutze bzw. nicht zu Nutze machen. Der vorgeschlagene basiskumulierte Schätzer ist ein ein-periodischer Schätzer, der keine Zusatzinformationen verwendet. Innerhalb der zwei-periodischen Schätzer wurden die Ansätze von *Jessen*, *Hansen et al.* und *Yates* vorgestellt, die alle auf regressionsanalytische Weise die Schätzung mittels Informationen aus dem vorangegangenen Zeitpunkt verbessern. Auch die mehr-periodischen Schätzer können alle als regressionsanalytische Ansätze bezeichnet werden, wobei einige durch hohe numerische Komplexität gekennzeichnet sind. Konkret wurden u. a. die Schätzer von *Yates-Patterson*, *Hansen et al.*, *Gurney-Daly* und *Wolter*, sowie teils deren Weiterführungen vorgestellt. Alle Schätzer beziehen als Hilfsinformation alle zu einer Stichprobeneinheit aus vergangenen Zeitpunkten vorliegenden Informationen zur Anpassung der Schätzung ein. Zusätzlich sind im Hinblick die umfangreichen Anforderungen über die Kumulation hinaus, andere Verknüpfungen der periodischen Schätzergebnisse zu berücksichtigen. Daher wurde die Analyse der Schätzfunktionen nicht nur auf die Kumulation der periodischen Ergebnisse beschränkt, sondern auch die Bildung von Differenzen aus den vorgestellten Schätzern betrachtet.

Der Fokus der Design-Schätzer-Erörterung lag ausschließlich auf der noch unbekannten Genauigkeit und auf einer Systematisierung der in Frage kommenden Schätzer. Als deren Maßstab der vergleichenden Genauigkeitsbewertung diente der Designeffektfaktor, als Verhältnis der Varianz der Schätzfunktion eines Designs zur Varianz bei identischer Schätzfunktion resultierend bei einem Referenzdesign. Er ist eine adäquate Größe zur Veranschaulichung des Einflusses der Überlappungshöhe, die die Designunterschiede bestimmt, auf die Varianz. Die Wahl für ein Referenzdesign fiel auf ein rollierendes, da es die einfachste und grundlegendste Form eines Stichprobendesigns darstellt und insbesondere bei einer Kumulation die geringste Varianz erwarten lässt.

Der theoretischen Genauigkeitserörterung der Design-Schätzer-Kombinationen wurde jedoch bei der Ermittlung der varianzrelevanten Korrelationseinflüsse

Grenzen aufgezeigt, da über die Korrelationsschemata im Zeitverlauf nur einfache Annahmen getroffen werden konnten. Folglich war nur eine eingeschränkte Analyse der wiederum korrelationsrelevanten Parameter möglich. So beschränkte sich der zu betrachtende Kumulationszeitraum weitestgehend auf zwei Perioden und die Überlappung auf einfache Schemata. Demnach konnten die konkreten Designvorschläge nicht berücksichtigt werden. Die soweit durchgeführte Design-Schätzer-Erörterung hatte folglich Schwächen in Hinblick auf eine umfangreiche Genauigkeitsbewertung und lediglich theoretischen Charakter. Sie konnte nicht eindeutig ermitteln, ob beispielsweise die Ergebnisse bei Anwendung der Rotation über 15 Monate oder bei Verwendung des Quartalspanels qualitativ hochwertiger sind. Jedoch deutete bereits eine theoretische Designbeurteilung erstmals aller Kriterien an, dass abermals einzig ein partieller Overlap allen Ansprüchen zumindest teiloptimal, so auch der Genauigkeit, genüge trägt. Totale Rotation und Panel zeichnen sich hingegen durch eine entgegengesetzte und demnach optimale bzw. gänzlich inakzeptable Anforderungserfüllung aus.

Aufgrund der massiven Schwächen der theoretischen Erörterung bestand zur abschließenden konkreten Genauigkeitsbewertung der Designvorschläge lediglich die Möglichkeit der Simulationsanwendung. Sie sollte, ungeachtet der Synergie der einzelnen Einflussparameter, im Rahmen einer Sensitivitätsanalyse (vgl. Kapitel 3.4, S. 128) die exklusiven Einflüsse der Faktoren auf die Höhe der Varianz der Schätzung ermitteln, um somit die Qualitätsbewertung der Design-Schätzer-Kombinationen empirisch zu fundieren.

Die Ergebnisse der theoretischen Erörterung konnten allerdings zur Ermittlung des im Rahmen der Simulation näher zu erörternden Schätzers dienen. Zur Wahrung der Übersichtlichkeit sollten nämlich lediglich zwei Schätzer in die empirische Genauigkeitsbeurteilung übernommen werden. Die Wahl fiel auf den bereits vorgeschlagenen basiskumulierten Schätzer und einen Regressionsschätzer in Anlehnung an *Jessen.* Beide Schätzer wurden insbesondere unter nutzerorientierten Gesichtspunkten, aufgrund ihrer Transparenz und einfachen Gestalt, als sinnvoll erachtet (vgl. Kapitel 1.3.2.7, S. 37).

Zur Simulationsdurchführung waren eingangs zwei Aspekte zu erörtern. Erstens stellte sich die Frage, welcher Wert mittels der Simulation hergeleitet werden kann (vgl. Abschnitt 3.2, S. 114). Dadurch, dass bei der Simulation aus einer großen Stichprobe wiederholt größenidentische kleinere Unterstichproben gezogen werden, besteht die Möglichkeit zur Approximation der Varianz der Schätzfunktion. Sofern bei einer der kleinen Unterstichproben den jeweiligen Stichprobenelementen die Ergebnisse zuzuordnen sind, könnte bei diesen Elementen das gleiche Merkmal nochmals erhoben werden. Unter der Prämisse der Ermittlung des wahren Wertes anhand einer Nacherhebung bei einer bekannten kleinen Unterstichprobe könnten in Verbindung mit den Ergebnissen der Simulation ebenfalls der mittlere quadratische Gesamtfehler sowie der Erwartungswert der Grundgesamtheit ermittelt werden. Da die Stichprobeneinheiten der für die Simulation konkret verwendeten Großstichprobe nicht bekannt waren und es auch hinsichtlich der Vergleichbarkeit mit den theoretischen Überlegungen adäquater erschien, die Varianz der Schätzfunktion als Gütekriterium zu verwenden, wurde die Simulation lediglich auf deren Approximation ausgerichtet. Allemal ist es interessant zu wissen, dass der bisher so gut wie gar nicht zu ermittelnde Gesamtfehler einer Schätzung auf Basis einer Simulation berechnet werden kann.

Der zweite Aspekt bezog sich auf das Simulationsinstrument (vgl. Kapitel 3.3, S. 121). Zur Durchführung musste zunächst das EDV-Programm SimDesign entwickelt werden. Dessen Anforderungskatalog und Funktionsweise war eingehender zu skizzieren, um eventuelle Eigenheiten der Ergebnisse, wie schließlich im Kontext der Korrelationsanalyse aufgetreten, auch hieraus erklären zu können.

Die Sensitivitätsanalyse konnte schließlich ihrer Zielsetzung gerecht werden, eine Genauigkeitsbewertung als Bestandteil der umfangreichen Qualitätserörterung von allgemeinen Overlapdesigns ebenso wie von konkret diskutierten Designs unter Verwendung kumulierter Schätzer bereitzustellen. Sie ermöglicht es, auf Basis der approximierten Varianzverläufe und der daraus abgeleiteten Designeffektfaktorverläufe, verschiedene Designs in eine Genauigkeitsrangfolge zu bringen.

Partielle Overlapdesigns, so bestätigen die empirischen Überlegungen, können den qualitativen Ansprüchen nicht optimal Rechnung tragen. Genauigkeit, Befragungsmüdigkeit, Kostensenkung oder auch die ESS-Kriterien können jeweils nur mit gegenüber rollierenden Designs bzw. Paneln einhergehender Qualitätsminderung die Anforderungen erfüllen. Wiederum vermögen letztere in Gänze oder gar nicht einem Kriterium zu entsprechen.

Die Sensitivitätsanalyse verdeutlichte, dass jegliche Erhöhung der für das Niveau der Varianz ausschlaggebenden Parameter, Stichprobenumfang, Kumulationszeitraum, Überlappung und Korrelation, eine Steigerung des Designeffektfaktors nach sich zieht. Der Sachverhalt konnte durch die theoretische Erörterung in dieser eindeutigen Form für alle Parameter nicht ermessen werden. Demnach verschlechtert sich eine Schätzung stets bei Steigerung des Stichprobenumfangs, des Kumulationszeitraums, der Korrelation oder Überlappungshöhe gegenüber dem Referenzdesign ohne Überlappung und Verwendung des identischen Schätzers. Darüber hinaus kann durch die Verwendung eines regressionsanalytisch verbesserten Schätzers nur bedingt eine Verbesserung der Schätzung erreicht werden.

Hier ist allerdings kritisch anzumerken, dass eventuell mit der Verwendung des *Hansenschen* Schätzers bzw. mittels des *Yatesschen* bessere Ergebnisse zu erhalten gewesen wären. Denn in den eigens entwickelten Schätzer *Jessenscher* Prägung wurden konstante Gewichte eingebunden, die zwar bei der theoretischen zwei-periodischen Betrachtung keine entscheidende Divergenz zu *Hansen et al.* und *Yates* aufzeigten, was sich jedoch bei einer mehr-periodischen Kumulation anders darstellen könnte. Eine eigenständige Simulation mit einem entsprechenden Schätzer wäre somit zu überdenken.

Die explizite Erörterung der laut erster Analyse, die primär auf Befragtenbelastung und Kosten abstellte, effizientesten Designs, Quartalspanel und Rotation über 15 Monate kommt zu dem Ergebnis: Liegt die Kumulation unterhalb von 9 Perioden, sind die Schätzungen auf Basis des Quartalspanels gegenüber der Rotation unabhängig vom verwendeten Schätzer besser. Bei höheren Kumulationszeiträumen ist der Rotation über 15 Monate der Vorzug zu geben, ebenfalls unabhängig vom Schätzer. Im Vergleich zu einem rollierenden Design sind die Ergebnisse jedoch stets schlechter. Die über alle Kriterien gegebene allgemeine Ausgleichseigenschaft des partiellen Overlaps zwischen den beiden teiloptimalen Designs Non-Overlap und Panel manifestiert sich demnach auch für die Genauigkeit. Im Vergleich zu den bisherigen Erhebungen der Wirtschaftsrechnungen privater Haushalte würden die Designs unter Genauigkeitsgesichtspunkten eine Verschlechterung erwarten lassen. Einzige Lösung, die sich anbietet, bestünde in der Erhöhung des Stichprobenumfangs eines partiellen Overlapdesigns, um die Varianz auf das Niveau eines rollierenden Designs abzusenken. Dies würde indes der originären Verwendung kleinerer Stichproben zum Entgegenwirken der Befragungsmüdigkeit widersprechen.

Grundsätzlich bleibt aber eine Kumulation, unabhängig von der Zahl der zu kumulierenden Perioden, bezüglich ihrer Interpretation kritisch zu hinterfragen. Denn bei ihr handelt es sich im Ergebnis um Durchschnittswerte über einen Zeitraum, die so keine Information für den einzelnen Zeitpunkt bietet. Die Wirtschaftsrechnungen privater Haushalte sollen jedoch gerade letzteres bieten. Auch unter Berücksichtigung des *Kishen* Arguments des conceptual-blocks (vgl. S. 48) ist die Kumulation, da von einer Nicht-Geltung der Zufälligkeit zeitlicher Veränderungen auszugehen ist und demnach Strukturanalysen im Vordergrund stehen, mit einem Fragezeichen zu versehen. Dabei ist seine Anmerkung, dass rollierende Designs lediglich geringere Genauigkeitsverluste bei Kumulation erwarten lassen, durchaus schlüssig. Ob nun die Ergebnisse von 2.000 Stichprobeneinheiten über fünf Jahre kumuliert werden oder in einem Jahr bei 10.000 Einheiten das Merkmal erhoben wird. Die zu erwartende Qualität der Schätzung, sofern die Fünfjahreswerte lediglich ungewichtet kumuliert werden, dürfte die gleiche sein.

Die ursprüngliche Intension der amtlichen Statistik, durch die Kumulation und somit die indirekte Steigerung des Stichprobenumfangs die Varianz zu senken, kann zunächst bei Betrachtung der Ergebnisse der Sensitivitätsanalyse als realisiert erachtet werden. Denn mit steigender Kumulation sinkt die Varianz. Der zweite Gedanke zur Anwendung der Kumulation rührte aus der Idee, tief gegliederte Daten zu erhalten, d. h., ein Abbild in tiefer sozio-demographischer bzw. sozio-ökonomischer Gliederung zu erhalten. Hier ist ein, insbesondere bei sehr hoher Überlappung, langfristiges Verbleiben von Stichprobeneinheiten in der kumulierten Gesamtstichprobe zu beachten. Geben diese bereits in einem Zeitpunkt kein tief gegliedertes Abbild, kann auch eine Kumulation dies nicht leisten, da nur bedingt neue Stichprobeneinheiten mit neuem Informationsgehalt einfließen. Hinzu kommt eine Verstärkung der Problematik mit zunehmender Überlappungshöhe, die aufgrund der sinkenden Zahl neuer Stichprobeneinheiten. Allgemein ist bei Kumulation und primärer Gewährleistung der Datengenauigkeit einem rollierenden Stichprobendesign gegenüber anderen Overlapdesigns der Vorrang zu geben. Die Konsequenz wäre jedoch eine nur eingeschränkte Berücksichtigung der weiteren Kriterien Befragungsmüdigkeit, Kostendruck und ESS-Kriterien. Ihnen würde durch partielle Overlaps bzw. ein Panel optimaler Rechnung getragen.

Der bisherige Fokus der Bewertung lag auf der Kumulation, dem ursprünglichen und primär hinterfragten Vorschlag. Es wurde jedoch auch überlegt, ob nicht andere periodische Verknüpfungen der Schätzfunktionen zur Anforderungsbewältigung in Betracht zu ziehen sind. Veränderungs- bzw. Strukturanalysen lassen sich am adäquatesten über die Beobachtung jeweils identischer Elemente belegen, so dass hier ein Panel und die Bildung von Differenzenschätzern optimal wären. Da dies ebenfalls zum Anforderungskatalog zählt, wurden aus den Simulationsergebnissen der Kumulation die zu erwartenden Ergebnisse einer Differenzenschätzung abgeleitet. Fraglich ist jedoch der Informationsgehalt, der aus einer Differenzenbildung über mehr als zwei Perioden resultiert. Realistisch erscheint einzig die zwei-periodische. Diesen Aspekt in den Hintergrund gestellt, wäre das adäquateste Ergebnis mittels eines Panels zu erwarten. Auch hier wäre die partielle Rotation lediglich Mittelmaß und die jeweils konträren Designs optimal bzw. gegenteilig. Schließlich wurde auch erörtert, in wie weit Erwartungswertschätzer angebracht wären. Da sie die Grundlage der Kumulation bzw. Differenzenbildung sind, liegen sie in jedem Fall vor und stünden insbesondere zur Deckung des aktuellen Ad-hoc-Datenbedarfs zur Verfügung. Durch eine regressionsanalytische Bildung des Schätzers könnten durch von Überlappungen mit vorhergehenden Zeitpunkten allerdings Qualitätsgewinne realisiert werden.

Zusätzlich wäre darüber hinaus denkbar, beispielsweise eine Klumpung bzw. Schichtung der Stichproben vorzunehmen. Es wird jedoch vermutet, dass, würde eine dieser Methoden vergleichend bei allen Designs berücksichtigt, keine Konsequenzen für das Ranking der Designs zu erwarten ist.

Tab. 9: Qualitäts- und Anforderungserfüllung der Design-Schätzer-Vorschläge

Qualitätskriterien		Anforderungen	Design					
			kein Overlap		partieller Overlap			
			Integriertes Modell	*Modulares Modell*	*Rotation über 15 Monate*	*EU-SILC*	*erweiterte LWR*	*Quartals-panel*
Genauigkeit		Zuverlässigkeit	++	++	+/-	-	-	- -
Kosten		Reduktion	+/-	+/-	++	- -	-	+
Befragtenbelastung		Senkung	+/-	+/-	++	- -	-	+
Europäisches Statistik System	**Aktualität**	jährliche Ländererergebnisse	++	++	++	++	++	++
		Periodizität	-	-	++	++	++	++
		jährliche Daten	++	++	++	++	++	++
		vier Historien	++	++	- -	++	++	+/-
	Verfügbarkeit / Transparenz		- -	- -	- -	++	+/-	- -
	Vergleichbarkeit [zeitlich/räumlich]	spezieller Datenbedarf	+/-	+/-	++	++	++	?
		Merkmalstiefe	++	++	++	++	++	?
		Erhebungseinheitentiefe	-	-	- -	++	+/-	- -
		Vergleichbarkeit	++	++	++	++	++	++
	Kohärenz	EU-SILC einbinden	++	++	++	- -	++	++
	Relevanz	jährliche Ländererergebnisse	++	++	++	++	++	++
		jährliche Daten	++	++	++	++	++	++
		vier Historien	++	++	- -	++	++	+/-
		spezieller Datenbedarf	+/-	+/-	++	++	++	?
		Merkmalstiefe	++	++	++	++	++	?
		Erhebungseinheitentiefe	-	-	- -	++	+/-	- -

Anforderungen:

++ in Gänze erfüllt
+/- teils erfüllt
- - in Gänze nicht erfüllt
+ weitestgehend erfüllt
? noch unklar
- weitestgehend nicht erfüllt

Nachdem nun die Genauigkeit der spezifischen Designvorschläge ermessen werden kann, sollte das Ergebnis in die bereits in Kapitel 1.3.2.7 (S. 37) entwickelte Tab. 1 (S. 38) eingebunden werden (vgl. Tab. 9), da Tab. 4 (S. 110) lediglich die theoretischen Designvarianten den allgemeinen vier Qualitätskriterien gegenüberstellt und Tab. 7 (S. 156) die konkreten Designvorschläge ausschließ-lich im theoretischen Qualitätskontext bewertet.

An der Beurteilung der Anforderungserfüllung der expliziten ESS-Kriterien wie auch der Befragtenbelastung und Kosten hat sich keine Veränderung gegenüber Tab. 1 (S. 38) ergeben[215]. Den Zusatz bildet die empirische Genauigkeitsbewertung. Da sowohl das Integrierte als auch das Modulare Modell in die Kumulation nur eine jährliche Angabe einer identischen Stichprobeneinheit aufnehmen, ist auf ihrer Basis für fünf Jahre die exakteste Schätzung zu erwarten. Die Schätzungen bei EU-SILC und erweiterter LWR sind aufgrund ihrer teilweisen Quartalspanelgestalt vermutlich annähernd so schlecht wie das Quartalspanel zu bewerten. Da darüber hinaus Merkmale anhand eines anderen Designs (u. a. der bisherigen EVS) erfasst werden, sind ihre Ergebnisse jedoch besser als das Quartalspanel selbst. Als Kompromiss bei der Genauigkeitsbewertung geht die Rotation über 15 Monate ein.

Aufgrund dieser Ergebnisse würde sich an der Rangfolge der Designs, basierend auf der Zahl der in Gänze erfüllten Kriterien nichts ändern. Abermals würde dem EU-SILC-Modell der Vorrang zu geben sein, was in einem deutlichen Gegensatz zu den Ergebnissen der Genauigkeits- aber auch Ausschöpfungsquotenanalyse steht. Daher muss bei dieser Gegenüberstellung abermals die bereits in Abschnitt 1.3.2.7 (S. 39) angeführte Kritik der Gleichgewichtung aller Kriterien aufgegriffen werden. Selbst wenn das Ziel die Erfüllung eines umfangreichen, sich durch verschiedene Anforderungen kennzeichnendes Qualitätsportfolio ist, ist nicht von einer Gleichwertigkeit aller Anforderungen auszugehen. Unter diesem Gesichtspunkt der Annäherung an ein ganzes Anforderungsbündel wäre es beispielsweise denkbar, sich für ein Overlapdesign mit geringer Überlappung zu entscheiden. So müsste zwar im Vergleich zur totalen Rotation eine Verschlechterung der Ergebnisse in Kauf genommen werden, jedoch würde gleichzeitig die Möglichkeit zu Strukturanalysen eröffnet. Um eine dementsprechende Wahl auf eine deutlich nachvollziehbare und klarere Entscheidungsfindung zu stützen, kann sich der Nutzwertanalyse bedient werden. Sie erlaubt allgemein die Bewertung unterschiedlicher Alternativen anhand der Berücksichtigung verschiedener gewichteter Zielvorgaben bzw. Kriterien.

Demnach wird die diskrete Anforderungserfüllung der jeweiligen Kriterien entsprechend Tab. 9 (S. 171) anhand der Designs durch einen ordinalen Zielerfüllungsgrad ersetzt. Es werden Rangplätze der Zielerfüllung von eins bis sechs, da sechs Designvorschläge existieren, vergeben. Jeder Rangplatz kann lediglich einmal je Kriterium vergeben werden. So wird die Rangfolge der Zielerfüllung der Designs verdeutlicht. Sofern bei mehreren Designs eine identische Anforderungserfüllung resultiert, müssen die jeweils aufeinander folgenden Rangplätze gemittelt werden, so dass für jede identische Anforderungserfüllung ein identi-

215 Die beiden Kriterien Verfügbarkeit und Feldarbeit sind aufgrund ihrer Design- und Schätzerunabhängigkeit ausgeklammert.

scher mittlerer Rangplatz resultiert. Jeder Rangplatz einer Design-Kriteriums-Kombination wird schließlich mit dem entsprechenden Gewicht versehen. Durch Bildung der Summe über die realisierten gewichteten Rangplätze eines Designs resultiert der jeweilige Zielerfüllungsgrad des Vorschlages. Der jeweilige Zielerfüllungsgrad spiegelt wiederum die gewichtete Kriterienerfüllung eines Designs wider. Zu beachten ist die vollkommen freie Wählbarkeit der Gewichte, die folglich offen für Diskussion ist. Der Vorteil dieses Vorgehens ist die Verlagerung der Entscheidungsfindung weg von den komplexen Designs und ihren konträren Kriterien hin zu einer wesentlich handlicheren Ermittlung von Gewichten für die Kriterien.

Tab. 10: Nutzwertanalyse der Design-Schätzer-Vorschläge

				Design					
				kein Overlap		partieller Overlap			
	Qualitätskriterien	**Anforderungen**	**G [%]**	*Integriertes Modell*	*Modulares Modell*	*Rotation über 15 Monate*	*EU-SILC*	*erweiterte LWR*	*Quartalspanel*
	Genauigkeit		40	1,5	1,5	3	4,5	4,5	6
	Kosten		10	3,5	3,5	1	6	5	2
	Befragtenbelastung		25	3,5	3,5	1	6	5	2
ESS-Kriterien	**Aktualität**	jährliche Ländererergebnisse	10	3,5	3,5	3,5	3,5	3,5	3,5
		Periodizität		5,5	5,5	2,5	2,5	2,5	2,5
		jährliche Daten		3,5	3,5	3,5	3,5	3,5	3,5
		vier Historien		2,5	2,5	6	2,5	2,5	5
	Transparenz		5	4,5	4,5	4,5	1	2	4,5
	Vergleichbarkeit	spezieller Datenbedarf	10	5,5	5,5	2,5	2,5	2,5	2,5
		Merkmalstiefe		3,5	3,5	3,5	3,5	3,5	3,5
		Erhebungseinheitentiefe		3,5	3,5	5,5	1	2	5,5
		Vergleichbarkeit		3,5	3,5	3,5	3,5	3,5	3,5
			Zielerfüllungsgrad	*2,8*	*2,8*	*2,5*	*4,5*	*4,2*	*4,1*
			Ranking	**2,5**	**2,5**	**1**	**6**	**5**	**4**

Ranking bei abweichender Gewichtung

- Gleichgewichtung à 25%	2,5	2,5	1	6	5	4
- umgekehrte Gewichtung von Genauigkeit (25%) und Befragtenbelastung (40%)	2,5	2,5	1	6	5	4
- 40% Berücksichtigung der ESS-Kriterien und geringe Berücksichtigung der Genauigkeit (10%)	3,5	3,5	1	6	5	2
- 40% Berücksichtigung der ESS-Kriterien und hohe Berücksichtigung der Genauigkeit (30%)	2,5	2,5	1	6	4	5

Für die Umsetzung der Nutzwertanalyse in Tab. 10 (S. 173) fußen die Gewichte auf volkswirtschaftlichen Überlegungen. Unbestritten mag auch eine andere Gewichtung wünschenswert und sinnvoll sein, sie steht offen zur Diskussion. Die Genauigkeit erhält das höchste Gewicht mit 40%, insbesondere aus folgendem Grund. Es wurde bereits angesprochen, dass die Wirtschaftsrechnungen privater Haushalte (vgl. S. 160) Grundlage bedeutender politisch-volkswirtschaftlicher Entscheidungen, u. a. der Ermittlung der Regelsätze der Laufenden Hilfe zum Lebensunterhalt, sind. Konsequenzen in der Genauigkeit der ermittelten Werte haben direkte fiskalische Konsequenzen für die Kommunen. Des Weiteren fließen ihre Ergebnisse in die Berechnungen der Volkswirtschaftlichen Gesamtrechnungen und damit in die Ermittlung des privaten Verbrauchs, schlussendlich in die des Bruttonationalproduktes ein. Auch hier zeigt sich die politisch-ökonomische Dimension. Die beiden Beispiele verdeutlichen den Beitrag der Genauigkeit der Daten, zumindest den der Wirtschaftsrechnungen privater Haushalte, zur Reduktion langfristiger volkswirtschaftlicher Kosten. Ihr muss daher weiterhin, trotz neuer Anforderungen an die amtliche Statistik, prioritäre Bedeutung beigemessen werden. Die Konsequenz dieser Sichtweise ist indes, dass kurzfristigen Erhebungskosten keine entsprechende Bedeutung beizumessen ist, sondern dass sie eine Investition in die Volkswirtschaft darstellen. Sie erhalten daher lediglich ein Gewicht von 10%. Die Befragtenbelastung geht mit 25% in die Bewertung ein, nicht, um dem Individualisierungsprozess nachdrücklich Rechnung zu tragen, sondern um indirekt die Datenqualität zu beeinflussen. Die Gefahr systematischer Falschangaben sollte durch die Reduktion der Belastung einen positiven Impuls erhalten. In diesem Zusammenhang muss abermals auf die bereits geäußerte Motivation zur Teilnahmebereitschaft der Bevölkerung unter Verweis auf die volkswirtschaftliche Bedeutung von entsprechenden Erhebungen hingewiesen werden. Schließlich sollen die Anforderungen, die den neuen nutzerorientierten ESS-Kriterien zugewiesen wurden, ebenfalls erfüllt werden. Fünf Kriterien konnten dabei unter der Aktualitätsforderung subsumiert werden, vier unter dem Kriterium der Vergleichbarkeit. Identische Kriterien sind teils des Weiteren der Relevanzforderung zugewiesen. Die einmalige Berücksichtigung und Gewichtung eines Kriteriums reicht jedoch aus, da es auch nur einmal erfüllt werden kann. Die Kohärenz wird nicht mehr explizit aufgenommen, da sie insbesondere durch die Genauigkeitserfüllung abgedeckt wird. Die Verfügbarkeit ist designunabhängig und wird daher auch nicht berücksichtigt. Lediglich die Transparenz als nutzerrelevantes Kriterium wird aufgenommen. Eine detaillierte Gewichtsbestimmung für alle Einzelkriterien erfolgt nicht. Vielmehr wird gefordert, dass die ESS-Kriterien Aktualität, Transparenz und Vergleichbarkeit jeweils zu einem entsprechenden Prozentsatz berücksichtigt werden. Den hierunter einzugliedernden Einzelkriterien wird jeweils ein mittleres Gewicht des ESS-Kriteriums zugewiesen. Aktualität und Vergleichbarkeit werden dabei als gleichwertige Forderungen erachtet und erhalten jeweils ein Gewicht von 10%. Die Transparenz, die allemal berücksichtigt werden sollte, um dem Datennutzer eine sinnvolle Interpretation von Ergebnissen und somit eine adäquate Verwendung zu erlauben, erhält ein Gewicht von 5%.

Das Ergebnis der Berechnung auf Basis der Nutzwertanalyse ist interessant und hilfreich. Trotz der Bedeutung des Genauigkeitskriteriums müsste nach diesem Vorgehen einem partiellen Overlapdesign, das bisher lediglich einen Kompromiss zwischen totaler Rotation und Panel darstellte, der Zuschlag gegeben werden. Die Rotation über 15 Monate, eine der ersten Überlegungen, die eine umfangreiche Anforderungsbewältigung erlauben sollte, ist auf Grundlage der gewichteten Kriterienerfüllung optimal. Auf Platz zwei folgt jedoch bereits die totale Rotation mit dem Integrierten und Modularen Modell. Bei beiden ist offensichtlich ihr gutes Abschneiden bei der Genauigkeit ausschlaggebend. Selbst bei einer Gleichgewichtung aller Kriterien würde weiterhin der Rotation über 15 Monate, gefolgt vom Integrierten bzw. Modularen Modell, der Vorrang zu geben sein. Die Sensitivität der Rangplätze, bei Variation der Gewichte, die exemplarisch anhand weiterer Variationen verdeutlicht wird, ist sowohl im oberen als auch unteren Rangbereich relativ gering. Aus diesem Sachverhalt kann die Überlegung einer eigenständigen EU-SILC-Erhebung stets als schlechteste Alternative abgeleitet werden. Diese Möglichkeit sollte demnach, ist es das gewünschte Ziel alle Kriterien entsprechend der Gewichtung zu berücksichtigen, ausgeklammert werden.

Unter Berücksichtigung der bisherigen Kritik der Genauigkeit als mithin bedeutendstes Kriterium, das bei geringerer Berücksichtigung hohe volkswirtschaftliche Kosten nach sich ziehen kann, empfiehlt es sich, die ebenfalls im Rahmen der Umstrukturierung der Haushaltsstichproben angedachte Entwicklung eines Access-Panels in die Erörterung der Umgestaltung der Wirtschaftsrechnungen mit aufzunehmen. Da überlegt wird, die Einheiten des Access-Panels auch als Grundlage der Wirtschaftsrechnungen zu verwenden, würde die Forderung einer Reduktion der Befragtenbelastung als Auswahlkriterium eines Stichprobendesigns bereits als erfüllt gelten. Denn die Einheiten, die in das Access-Panel aufgenommen würden, sind sich über die Erhebungen im Klaren und nehmen freiwillig an ihr teil. Die Befragtenbelastung wäre somit irrelevant und das gegenüber der Genauigkeit konträre Kriterium könnte aus der Entscheidungsfindung ausgeklammert werden. Unter dieser Prämisse wird in Tab. 11 (S. 176) ein überarbeitetes Ergebnis der Nutzwertanalyse aus Tab. 10 (S. 173) vorgestellt. Das Kriterium der Befragtenbelastung wurde außen vorgelassen und dessen Gewicht anteilig auf die verbleibenden Kriterien übertragen. Die Folge ist, dass die beiden rollierenden Designs wiederum in den Vordergrund rücken, da nun offensichtlich das Genauigkeitskriterium ausschlaggebende Wirkung zeigt. Bereits an dritter Stelle findet sich jedoch abermals die Rotation über 15 Monate. Weiterhin schlechteste Alternative wäre u. a. die eigenständige EU-SILC-Erhebung. Auch bei einer Gewichtsvariation verbliebe zumindest das Integrierte Modell bzw. Modulare Modell auf den vorderen Plätzen, ebenso wie die Rotation über 15 Monate.

Tab. 11: Nutzwertanalyse der Design-Schätzer-Vorschläge unter Berücksichtigung der Existenz eines Access-Panels

	Design					
	kein Overlap		partieller Overlap			
	Integriertes Modell	*Modulares Modell*	*Rotation über 15 Monate*	*EU-SILC*	*erweiterte LWR*	*Quartalspanel*
Ranking	**1**	**2**	**3**	**5**	**4**	**6**
Ranking bei abweichender Gewichtung						
- Gleichgewichtung à 25%	2	3	1	6	4	5
- umgekehrte Gewichtung von Genauigkeit (25%) und Befragtenbelastung (40%)	1	3	2	5	4	6
- 40% Berücksichtigung der ESS-Kriterien und geringe Berücksichtigung der Genauigkeit (10%)	3	6	1	5	2	4
- 40% Berücksichtigung der ESS-Kriterien und hohe Berücksichtigung der Genauigkeit (30%)	2	3	1	5	4	6

Auch wurde der Vollständigkeit halber der Fall überprüft, dass bei einer EU-SILC-Erhebung und auch erweiterten LWR, entgegen der Annahme, keine Kumulierung der Jahresdaten zur Verknüpfung mit EVS-Ergebnissen vorgenommen wird. Demnach würden im fünften Jahr weniger Daten verwendet werden als erhoben wurden. In diesem Fall wären die beiden Alternativen bezogen auf die Genauigkeit ebenfalls dem rollierenden Design zuzuordnen. An dem Ergebnis der ersten Nutzwertanalyse, unter Berücksichtigung der Befragtenbelastung, würde sich weitestgehend nichts ändern. Die EU-SILC-Variante läge auf Rang fünf, die erweiterte LWR auf Platz vier. Bei der überarbeiten Nutzwertanalyse würde hingegen ein anderes Ergebnis resultieren. Da der Aspekt der Befragtenbelastung ausgeklammert ist, würde die erweiterte LWR auf Platz eins und EU-SILC auf Platz zwei liegen, gefolgt vom Integrierten und Modularen Modell. Dieses Ergebnis ist jedoch, wie erwähnt, lediglich in dem Fall, dass die Daten entgegen der ursprünglichen Designbeschreibung nicht kumuliert werden, zu erwarten.

Die Schlussfolgerungen für die einleitend vorgestellten Designs lautet verkürzt, partielles Overlapdesign, konkret eine Rotation über 15 Monate, sofern kein Access-Panel angestrebt wird; bei Existenz eines Access-Panels Verwendung eines rollierenden Designs entsprechend der Vorschläge ein Integriertes oder Modulares Modell. Die Ausgangsfragestellung, ob Overlapdesigns in Verbindung mit kumulierten Schätzern die Möglichkeit zur allumfassenden Berücksichtigung der an die Wirtschaftsrechnungen der privaten Haushalte gerichteten neuen Qualitätsanforderungen bieten, kann somit auf Basis einer Nutzwertanalyse bedingt mit einem Ja beantwortet werden. Aufgrund der Gegensätzlichkeit der Kriterien steht eine synchrone Erfüllung aller Ansprüche durch eines der diskutierten Overlapdesigns außer Frage. Die Rotation über 15 Monate vermag jedoch alle Anforderungen zumindest in Teilen unter Berücksichtigung der individuellen Bedeutung der einzelnen Kriterien zu erfüllen. Ihre Anwendung kann somit durchaus in Erwägung gezogen werden. Dabei muss jedoch beachtet werden, dass das Ergebnis auf Basis einer Nutzwertanalyse zustande gekommen ist, deren Grundlage individuell variable Gewichte sind. Zwar hat eine Variation der Gewichte gezeigt, dass die Reihenfolge der Designs recht konstant ist, jedoch sind auch andere Ergebnisse denkbar. Da bereits einleitend auf die Entwicklung eines Access-Panels, was direkte Konsequenzen für den Aspekt der Befragtenbelastung hat, hingewiesen wurde, wurde im Rahmen einer zweiten Nutzwertanalyse dieser Sachverhalt berücksichtig. Konsequenz der überarbeiteten Nutzwertanalyse ist die Bevorzugung eines rollierenden Designs vor einem partiellen.

Die rein sachliche Analyse der umfangreichen nutzerorientierten Kriterienerfüllung durch Overlapdesigns in Verbindung mit kumulierten Schätzern ist zwar unter Zuhilfenahme von Simulationen möglich, jedoch stellt sich eine abschließende Entscheidungsfindung aufgrund der Gegensätzlichkeit der Anforderungen und ihrer Erfüllung schwierig dar. Zwei Alternativen bieten sich in diesem Fall zur Entscheidungsfindung an: erstens die Anwendung einer Nutzwertanalyse und zweitens der Versuch der Kriterienreduktion durch die vorgelagerte Anwendung zusätzlicher neuer Methoden wie dem Access-Panel und der sich daran anschließenden überarbeiteten Nutzwertanalyse. In beiden Fällen verlagert sich die Entscheidung von den komplexen Designanalternativen auf die wesentlich einfachere Gewichtsbestimmung der Kriterien. Aufgrund der zunehmenden Nutzerorientierung der amtlichen Statistik und der damit einhergehenden Ausweitung der Anforderungserfüllung von Erhebungen erscheint hier die Nutzwertanalyse als ein adäquates Hilfsmittel zur Entscheidungsfindung.

Allgemein sollten die verschiedenen Alternativen, die Overlapdesigns bieten, bei der Erörterung neuer Designstrukturen durch die amtliche Statistik zukünftig stärker berücksichtigt werden. Sie stellen bei einem umfangreichen nutzerorientierten Qualitätsportfolio, dem sich die amtliche Statistik konfrontiert sieht, und dem Wunsch nach einer synchronen Zielerfüllung, eine überlegenswerte Alternative zu den bisher angewendeten Designs dar. Für die konkret diskutierten Wirtschaftsrechnungen privater Haushalte sollte jedoch zunächst dem Access-Panel-Ansatz besondere Beachtung geschenkt werden. In Abhängigkeit von dessen Einführung bzw. Nicht-Einführung sollte erst die Entscheidung für eines der diskutierten Overlapmodelle getroffen werden.

Literaturverzeichnis

Bartels, Hildegard: Amtliche Statistik zwischen Wunsch und Wirklichkeit, in: *Hanau, Klaus; Hujer, Reinhard; Neubauer, Werner*: Wirtschafts- und Sozialstatistik - Empirische Grundlagen politische Entscheidungen, Heinz Grohmann zum 65. Geburtstag, in: Angewandte Statistik und Ökonometrie, H. 29, Göttingen 1986, S. 36-59.

Bechtold, Sabine; Chlumsky, Jürgen: Amtliche Statistik und sozio-ökonomische Fragestellungen. Überlegungen zur Weiterentwicklung des Systems der Haushaltsstichproben, in: WiSta, H. 2, 2000, S. 81-86.

Bechtold, Sabine; Müller, Anja; Pötzsch, Olga: Ein Access-Panel als Auswahlgrundlage für Haushalts- und Personenerhebungen ohne Auskunftspflicht, in: WiSta, H. 5, 2002, S. 345-358.

Bihler, Wolf: Problems in Converting the Microcensus into a Continuous Survey, in: *Krug, Walter; Ehling, Manfred; Ernst, Nicole*: Rotierende Stichproben. Datenkumulation und Datenqualität, Wiesbaden 2002, S. 100-107.

Binder, David A.; Hidiroglou, Michael A.: Sampling in Time, in: *Krishnaiah, Paruchuri R.; Rao, Calyampudi R.*: Handbook of Statistics, Vol. 6, 1988, S. 187-211.

Blanc, Michael; Radermacher, Walter; Körner, Thomas: Qualität und Nutzer - Grundlagen und Instrumente der Nutzerorientierung in der amtlichen Statistik, in: WiSta, H. 10, 2001, S. 799-807.

Bleymüller, Josef; Gehlert, Günther; Gülicher, Herbert: Statistik für Wirtschaftswissenschaftler, München 1996.

Cassel, Claes M.; Granström, Frederik; Lundquist, Peter; Selén, Jan: Cumulating Data from Household Budget Survey, Stockholm, Luxemburg 1997.

Chlumsky, Jürgen, Ehling, Manfred: Grundzüge des künftigen Konzepts der Wirtschaftsrechnungen der privaten Haushalte, in: WiSta, H. 7, 1997, S. 455-461.

Cochran, William G.: Stichprobenverfahren, Berlin 1972.

Cochran, William G.: Sampling Techniques, New York 1977.

Deville; Jean-Claude; Särndal, Carl-Erik: Calibration Estimators in Survey Sampling, in: Journal of the American Statistical Association, Vol. 87, No. 418, 1992, S. 376-382.

Eckler, Albert R.: Rotation Sampling, in: The Annals of Mathematical Statistics, Vol. 26, 1955, S. 664-685.

Ehling, Manfred: Considerations on Changing the System of Household Statistics in Germany, in: *Krug, Walter; Ehling, Manfred, Ernst, Nicole*: Rotierende Stichproben. Datenkumulation und Datenqualität, Wiesbaden 2002, S. 5-10.

Ehling, Manfred: Weiterentwicklung der Wirtschaftsrechnungen und Integration neuer Datenanforderungen der Europäischen Union (EU), in: *Krug, Walter; Ehling, Manfred, Ernst, Nicole*: Rotierende Stichproben. Datenkumulation und Datenqualität, Wiesbaden 2002., S. 20-34.

Engels, Ernst: Das Rechnungsbuch der Hausfrau und seine Bedeutung im Wirtschaftsleben der Nation, erstmalige Veröffentlichung 1881 in der Zeitschrift des Königlich Preußischen Statistischen Bureaus, Widerveröffentlichung in: WiSta, H. 8, 2000, S. 613-624.

Ernst, Nicole: Überlegungen zur Neugestaltung der Wirtschaftsrechnungen privater Haushalte, in: *Krug, Walter; Ehling, Manfred, Ernst, Nicole*: Rotierende Stichproben. Datenkumulation und Datenqualität, Wiesbaden 2002, S. 12-17.

Euler, Manfred: Die Einkommens- und Verbrauchsstichprobe 1969, in: WiSta, H. 6, 1968, S. 289-291.

Euler, Manfred: Die Einkommens- und Verbrauchsstichprobe 1973, in: WiSta, H. 7, 1972, S. 375-377.

Euler, Manfred: Die Einkommens- und Verbrauchsstichprobe 1978, in: WiSta, H. 9, 1977, S. 576-579.

Euler, Manfred: Die Einkommens- und Verbrauchsstichprobe 1983, in: WiSta, H. 6, 1982, S. 433-437.

Euler, Manfred: Die Einkommens- und Verbrauchsstichprobe 1988, in: WiSta, H. 8, 1987, S. 662-667.

Euler, Manfred: Die Einkommens- und Verbrauchsstichprobe 1993, in: WiSta, H. 7, 1992, S. 463-469.

Euler, Manfred: Sieben Jahrzehnte Wirtschaftsrechnungen in der amtlichen Statistik, in: WiSta, H. 10, 1969, S. 592-595.

Feuerstack, Rainer: Paradigmenwechsel der europäischen und der deutschen Wirtschaftsstatistik, in: Ifo Schnelldienst, H. 16/17, 2000, S. 21-33.

Gertkemper, Felix: Ergebnisse der Testerhebung zum neuen Konzept der Laufenden Wirtschaftsrechnungen, in: WiSta, H. 12, 1997, S. 872-878.

Gnoss, Roland: Genauigkeit und Aktualität wirtschaftsstatistischer Daten, in: WiSta, H. 10, 1996, S. 611-615.

Grohmann, Heinz: Statistik als gesellschaftspolitische Aufgabe, in: Staat und Wirtschaft in Hessen, H. 4, 1986, S. 103-108.

Gurney, Margaret; Daly, Joseph F.: A Multivariate Approach to Estimation in Periodic Sample Surveys, in: *American Statistical Association - Section on Survey Research Methods*: Proceedings of the Section on Survey Research Methods, Alexandria 1965, S. 242-257.

Hahlen, Johann: Amtliche Statistik als zentraler Teil der statistischen Infrastruktur - Anmerkung zum Memorandum, in: AStA, Bd. 82, 1998, S. 387-391.

Hahlen, Johann: Amtliche Statistik zwischen „Schlankem Staat" und „Informationsgesellschaft", in: WiSta, H. 2, 1998, S. 97-101.

Hahlen, Johann: Neuordnung der amtlichen Statistik, in: WiSta, H. 4, 1996, S. 220-227.

Hansen, Morris H.; Hurwitz, William N.; Madow, William G.: Sample Survey Methods and Theory, Vol. II: Theory, New York 1953.

Hartung, Joachim; Elpelt, Bärbel; Klösener, Karl-Heinz: Statistik. Lehr- und Handbuch der angewandten Statistik, München 1999.

Hölder, Egon: Amtliche Statistik im vereinten Deutschland - Teil der europäischen Statistik, in: AStA, Bd. 76, 1992, S. 20-33.

Horstmann, Kurt: Die Einkommens- und Verbrauchsstichprobe 1962, in: WiSta, H. 10, 1961, S. 563-567.

Jessen, Raymond J.: Statistical Investigation of a Farm Survey for obtaining Farm Facts, in: Iowa Agricultural Station Research Bulletin, H. 304, 1942, S. 54-59.

Kaiser, Joachim: Letztmals Ergebnisse der Statistik der Laufenden Wirtschaftsrechnungen nach bisherigem Konzept, in: WiSta, H 9, 1999, S. 723-737.

Kish, Leslie: Sampling Designs for Research, New York 1987.

Kish, Leslie: Space/Time Variations and Rolling Samples, in: Journal of Official Statistics, Vol. 14, No. 1, 1998, S. 31-46.

Knoche, Peter; Oppeln-Bronikowski, Sibylle v.; Kühn, Diemar: Marketingkonzept der Statistischen Ämter des Bundes und der Länder, in: WiSta, H. 7, 1999, S. 531-538.

Körner, Thomas; Nimmergut, Anja: Zu den Möglichkeiten der Nutzung einer Dauerstichprobe befragungsbereiter Haushalte in der amtlichen Statistik, in: WiSta, H. 5, 2003, S. 391-401.

Krug, W.: Quantifizierung des systematischen Fehlers in wirtschafts- und sozialstatistischen Daten. Dargestellt an der Statistik der Erwerbstätigkeit, in: Volkswirtschaftliche Schriften, H. 251, Berlin 1976.

Krug, Walter; Ehling, Manfred; Ernst, Nicole: Rotierende Stichproben. Datenkumulation und Datenqualität, Wiesbaden 2002.

Krug, Walter; Ernst, Nicole: Zur Neugestaltung der Wirtschaftsrechnungen privater Haushalte, in: AStA, Vol. 85, H. 4, 2001, S. 463-468.

Krug, Walter; Nourney, Martin; Schmidt, Jürgen: Wirtschafts- und Sozialstatistik, München 2001.

Krupp, Hans-Jürgen: Zur Rolle der Statistik auf dem Wege in die Informationsgesellschaft, in: *Hanau, Klaus, Hujer, Reinhard, Neubauer, Werner*: Wirtschafts- und Sozialstatistik - Empirische Grundlagen politische Entscheidungen, Heinz Grohmann zum 65. Geburtstag, in: Angewandte Statistik und Ökonometrie, H. 29, Göttingen 1986, S. 15-35.

Lotze, Sabine; Breiholz, Holger: Zum neuen Erhebungsdesign des Mikrozensus (I), in: WiSta, H. 5, 2002, S. 359-366.

Lotze, Sabine; Breiholz, Holger: Zum neuen Erhebungsdesign des Mikrozensus (II), in: WiSta, H. 6, 2002, S. 454-459.

Menges, Günter; Skala, Heinz J.: Grundriss der Statistik. Teil 2: Daten - Ihre Gewinnung und Verarbeitung, Opladen 1973.

Merk, Hans G.: Statistik auf dem Weg ins nächste Jahrtausend, in: *Merk, Hans Günther; Bürgin, Gerhard und Mitarbeiter (Hrsg.)*: Statistik 2000 - Zukunftsaufgaben der amtlichen Statistik. Festschrift für Hildegard Bartels zu ihrem 80. Geburtstag, in: Forum der Bundesstatistik, Bd. 27, 1994, S. 13-24.

Neubauer, Werner: Überlegungen zu einem innovativen Datenmanagement der amtlichen Statistik, in: *Statistisches Bundesamt (Hrsg.)*: Kooperation zwischen Wissenschaft und amtlicher Statistik - Praxis und Perspektiven, in: Forum der Bundesstatistik, Bd. 34, 1999, S. 98-106.

o. V.: Historischer Rückblick, in: WiSta, H. 8, 2000, S. 612-624.

Patterson, H. D.: Sampling on Successive Occasions with Partial Replacement of Units, in: Journal of the Royal Statistical Association, Vol. 50, 1950, S. 241-255.

Rao, Calyampudi R: Linear Statistical Inference and its Applications, New York 1973.

Rao, Jon N. K.; Graham, Jack E.: Rotation Design for Sampling on Repeated Occasions, in: Journal of the American Statistical Association, Vol. 18, 1964, S. 492-509.

Reddies, Hannelore: Das Verfahren der Laufenden Wirtschaftsrechnungen von 1950 bis 1964 und ab 1965, in: WiSta, H. 8, 1965, S. 496-500.

Rendtel, Ulrich: Lebenslagen im Wandel: Panelausfälle und Panelrepräsentativität, Frankfurt a. M. 1995.

Rinne, Horst: Taschenbuch der Statistik, Frankfurt a. M. 1997.

Rosenbladt, Bernhard v.: Zum Verhältnis von amtlicher und nicht-amtlicher Statistikproduktion, in: *Statistisches Bundesamt (Hrsg.)*: Kooperation zwischen Wissenschaft und amtlicher Statistik - Praxis und Perspektiven, in: Forum der Bundesstatistik, Bd. 34, 1999, S. 113-119.

Särndal, Carl-Erik; Swensson, Bengt; Wretman, Jan: The weighted residual technique for estimating the variance of the general regression estimator of the finite population total, in: Biometrika, Vol. 78, 3, 1989, S. 527-537.

Schnorr-Bäcker, Susanne: Neue Ökonomie und amtliche Statistik, in: WiSta, H. 3, 2001, S. 165-175.

Statistische Ämter des Bundes und der Länder: Qualitätsstandards in der amtlichen Statistik, Wiesbaden 2003.

Statistisches Bundesamt: Empfehlungen zur Weiterentwicklung der amtlichen Statistik - Bericht des Statistischen Beirats an die Bundesregierung, in: WiSta, H. 9, 1999, S. 683-687.

Statistisches Bundesamt: Das Stichprobenverfahren der Einkommens- und Verbrauchsstichprobe 1998, Methodenberichte, H. 1, 2001.

Statistisches Bundesamt: Stand des europäischen Projektes zur Entwicklung der „Gemeinschaftsstatistik über Einkommen und Lebensbedingungen (EU-SILC)“, Wiesbaden 2002 (unveröffentlichtes Arbeitspapier zur Sitzung: Einbindung von EU-SILC in das System der Haushaltsstichproben, Wiesbaden, 11. und 12. April 2002).

Statistisches Bundesamt: Wege zur Einbindung von EU-SILC in das System der Haushaltsstichproben, Wiesbaden 2002 (unveröffentlichtes Arbeitspapier zur Sitzung: Einbindung von EU-SILC in das System der Haushaltsstichproben, Wiesbaden, 11. und 12. April 2002).

Statistisches Bundesamt: Überlegungen zum Übergang zu einer jährlichen Haushaltsbudgeterhebung, Wiesbaden 2000 (unveröffentlicht).

Statistisches Bundesamt - Unterarbeitsgruppe „Aufbau eines Access-Panels“: Ein Access-Panel als Basis für Haushaltsstichproben ohne Auskunftspflicht. Bericht der Ad-hoc-Bund-Länder-Arbeitsgruppe „Amtliche Statistik und sozio-ökonomische Fragestellungen“, Wiesbaden 2000 (unveröffentlicht).

Strecker, Heinrich: Ein Modell zur Ermittlung von Angabefehlern in statistischen Erhebungen, in: Metrika, Bd. 17, 1971.

Strecker, Heinrich; Wiegert, Rolf: Zur Zukunft der Amtlichen Statistik, in: *von der Lippe, Peter; Rehm, Norbert; Neubauer, Werner (Hrsg.)*: Wirtschafts- und Sozialstatistik heute - Festschrift für Walter Krug, Sternenfels 1997, S. 200-211.

Tikkiwal, Bhagwan Das: Successive Sampling - A Review, in: Proceedings of the 42nd Session of the International Statistical Institute held in Manila, Book 2, 1979, S. 367-384.

Tikkiwal, Bhagwan Das: Theory of Multiphase Sampling from Finite or an Infinite Population on Successive Occasions1, 2, in: Review of the International Statistical Institute, Vol. 35, 3, 1967, S. 247-263.

Wingen, Max: Herausforderungen der amtlichen Statistik durch den gesellschaftlichen Wandel, in: AStA, Bd. 73, 1989, S. 16-41.

Wingen, Max; Deininger, Rolf: Kontinuität und Wandel: Die amtliche Statistik in der ersten Hälfte der 80er Jahre, Stuttgart 1987.

Wolter, Kirk M.: Composite Estimation in Finite Populations, in: Journal of the American Statistical Association, Vol. 74, No. 367, 1979, S. 604-613.

Yates, Frank: Sampling Methods for Censuses and Surveys, London 1971.

Ziegler, Hansvolker: Bessere Datengrundlagen für die Wissenschaft ergeben bessere Handlungsgrundlagen für die Politik, in: *Statistisches Bundesamt (Hrsg.)*: Kooperation zwischen Wissenschaft und amtlicher Statistik - Praxis und Perspektiven, in: Forum der Bundesstatistik, Bd. 34, 1999, S. 12-16.

Anhang

A.1 Ein-periodische Schätzer

$\mathrm{Var}(\hat{\mu}_t)$ - Varianz des Erwartungswertschätzers des aktuellen Zeitpunktes t:

$$= \mathrm{Var}\left(\frac{1}{n_t}\sum_{i=1}^{n_t} x_{t,i}\right)$$

$$= \frac{1}{n_t^2}\mathrm{Var}\left(\sum_{i=1}^{n_t} x_{t,i}\right)$$

$$= \frac{\sigma_t^2}{n_t}$$

$\mathrm{Var}(\hat{\Delta}_{t,t-1})$ - Varianz der Differenz von Erwartungswerten aus t und t-1:

$$= \mathrm{Var}\left(\frac{1}{n_t}\sum_{i=1}^{n_t} x_{t,i} - \frac{1}{n_{t-1}}\sum_{i=1}^{n_{t-1}} x_{t-1,i}\right) - 2\mathrm{Cov}\left(\frac{1}{n_t}\sum_{i=1}^{n_t} x_{t,i}; \frac{1}{n_{t-1}}\sum_{i=1}^{n_{t-1}} x_{t-1,i}\right)$$

$$= \frac{1}{n_t^2}\mathrm{Var}\left(\sum_{i=1}^{n_t} x_{t,i}\right) + \frac{1}{n_{t-1}^2}\mathrm{Var}\left(\sum_{i=1}^{n_{t-1}} x_{t-1,i}\right) - 2\frac{1}{n_t}\frac{1}{n_{t-1}}\mathrm{Cov}\left(\sum_{i=1}^{n_t} x_{t,i}; \sum_{i=1}^{n_{t-1}} x_{t-1,i}\right)$$

$$= \frac{1}{n_t}\sigma_t^2 + \frac{1}{n_{t-1}}\sigma_{t-1}^2 - 2\frac{P_{t,t-1}n_{t-1}}{n_t n_{t-1}}\rho_{t,t-1}\sigma_t\sigma_{t-1}$$

$$= \frac{1}{n}\left(\sigma_t^2 + \sigma_{t-1}^2\right) - 2\frac{1}{n}P_{t,t-1}\rho_{t,t-1}\sigma_t\sigma_{t-1} \qquad \Rightarrow \quad n = n_t = n_{t-1}$$

$$= 2\frac{\sigma^2}{n}\left(1 - P_{t,t-1}\rho_{t,t-1}\right) \qquad \Rightarrow \quad \sigma^2 = \sigma_t^2 = \sigma_{t-1}^2$$

$$= 2\frac{\sigma^2}{n}\left(1 - P_{t,s}\rho_{t,s}\right) \qquad \Rightarrow \quad t \neq s$$

$\mathrm{Var}(\hat{\Sigma}_{t,t-1})$ - Varianz kumulierter Erwartungswertschätzer über zwei Zeitpunkte t und t-1:

$$= \mathrm{Var}\left[\frac{1}{2}\left(\frac{1}{n_t}\sum_{i=1}^{n_t} x_{t,i} + \frac{1}{n_{t-1}}\sum_{i=1}^{n_{t-1}} x_{t-1,i}\right)\right]$$

$$= \frac{1}{2^2}\left[\mathrm{Var}\left(\frac{1}{n_t}\sum_{i=1}^{n_t} x_{t,i} + \frac{1}{n_{t-1}}\sum_{i=1}^{n_{t-1}} x_{t-1,i}\right) + 2\mathrm{Cov}\left(\frac{1}{n_t}\sum_{i=1}^{n_t} x_{t,i}; \frac{1}{n_{t-1}}\sum_{i=1}^{n_{t-1}} x_{t-1,i}\right)\right]$$

$$= \frac{1}{2^2}\left[\frac{1}{n_t^2}\mathrm{Var}\left(\sum_{i=1}^{n_t} x_{t,i}\right) + \frac{1}{n_{t-1}^2}\mathrm{Var}\left(\sum_{i=1}^{n_{t-1}} x_{t-1,i}\right) + 2\frac{1}{n_t}\frac{1}{n_{t-1}}\mathrm{Cov}\left(\sum_{i=1}^{n_t} x_{t,i}; \sum_{i=1}^{n_{t-1}} x_{t-1,i}\right)\right]$$

$$= \frac{1}{2^2}\left[\frac{1}{n_t}\sigma_t^2 + \frac{1}{n_{t-1}}\sigma_{t-1}^2 + 2\frac{P_{t,t-1}n_{t-1}}{n_t n_{t-1}}\rho_{t,t-1}\sigma_t\sigma_{t-1}\right]$$

$$= \frac{1}{2^2}\frac{1}{n}\left(\sigma_t^2 + \sigma_{t-1}^2 + 2P_{t,t-1}\rho_{t,t-1}\sigma_t\sigma_{t-1}\right) \qquad \Rightarrow \quad n = n_t = n_{t-1}$$

$$= \frac{1}{2}\frac{\sigma^2}{n}\left(1 + P_{t,t-1}\rho_{t,t-1}\right) \qquad \Rightarrow \quad \sigma^2 = \sigma_t^2 = \sigma_{t-1}^2$$

$Var\left(\hat{\Sigma}_{1,\dots,l}\right)$ - Varianz eines über mehrere Zeitpunkte kumulierten Erwartungswertschätzers:

$$= Var\left(\frac{1}{l}\left(\overline{x}_1 + \overline{x}_2 + \dots + \overline{x}_l\right)\right)$$

$$= \frac{1}{l^2} Var\left(\overline{x}_1 + \overline{x}_2 + \dots + \overline{x}_l\right)$$

$$= \frac{1}{l^2}\left[Var(\overline{x}_1) + Var(\overline{x}_2) + \dots + Var(\overline{x}_l) + 2Cov(\overline{x}_1;\overline{x}_2) + \dots + 2Cov(\overline{x}_1;\overline{x}_l) + \dots + 2Cov(\overline{x}_l;\overline{x}_{l-1})\right]$$

$$= \frac{1}{l^2}\left[l\frac{\sigma^2}{n} + \left[\begin{array}{l} 2\frac{P_{1,2}n}{n^2}Cov(x_1;x_2) + \dots + 2\frac{P_{1,l}n}{n^2}Cov(x_1;x_l) + \dots + \\ +2\frac{P_{l,l-1}n}{n^2}Cov(x_l;x_{l-1}) \end{array}\right]\right] \begin{array}{l} \Rightarrow n = n_t = n_{t-1} \\ \Rightarrow \sigma = \sigma_t^2 = \sigma_{t-1}^2 \end{array}$$

$$= \frac{1}{l^2}\left[l\frac{\sigma^2}{n} + \frac{\sigma^2}{n}\sum_{t/s=1}^{l} P_{t,s}\rho_{t,s}\right] \qquad t \neq s$$

$$= \frac{1}{l}\frac{\sigma^2}{n}\left[1 + \frac{\sum_{t/s=1}^{l} P_{t,s}\rho_{t,s}}{l}\right]$$

A.2 Zwei-periodische Schätzer

$Var\left(\hat{\mu}_t\right)$ - Varianz des Regressionsschätzers nach *Jessen*:

1.) $Var\left(\hat{\mu}_{t,m}\right)$ - Varianz des ersten Elementarschätzers:

$$= Var\left(\overline{x}_{t,m} + b\left(\overline{x}_{t-1} - \overline{x}_{t-1,m}\right)\right)$$

$$= Var\left(\overline{x}_{t,m}\right) + Var\left(b\overline{x}_{t-1}\right) + Var\left(b\overline{x}_{t-1,m}\right) + 2Cov\left(\overline{x}_{t,m};b\overline{x}_{t-1}\right)$$

$$-2Cov\left(\overline{x}_{t,m};b\overline{x}_{t-1,m}\right) - 2Cov\left(b\overline{x}_{t-1};b\overline{x}_{t-1,m}\right)$$

$$= \frac{\sigma_t^2}{n_{t,m}} + b^2\frac{\sigma_{t-1}^2}{n_{t-1}} + b^2\frac{\sigma_{t-1}^2}{n_{t,m}} + 2b\frac{n_{t,m}n_{t-1}}{n_{t,m}n_{t-1}}\rho_{t,t-1}\sigma_t\sigma_{t-1} - 2b\frac{n_{t-1,m}}{n_{t,m}n_{t-1,m}}\rho_{t,t-1}\sigma_t\sigma_{t-1} - 2b^2\frac{n_{t-1}n_{t-1,m}}{n_{t-1}n_{t-1,m}}\sigma_{t-1}^2$$

$$= \frac{\sigma_t^2}{n_{t,m}} + \rho_{t,t-1}^2\frac{\sigma_t^2}{\sigma_{t-1}^2}\frac{\sigma_{t-1}^2}{n_{t-1}} + \rho_{t,t-1}^2\frac{\sigma_t^2}{\sigma_{t-1}^2}\frac{\sigma_{t-1}^2}{n_{t,m}} + 2\rho_{t,t-1}^2\frac{\sigma_t^2\sigma_{t-1}}{\sigma_{t-1}} - 2\rho_{t,t-1}^2\frac{1}{n_{t,m}}\frac{\sigma_t^2\sigma_{t-1}}{\sigma_{t-1}} - 2\rho_{t,t-1}^2\frac{\sigma_t^2\sigma_{t-1}^2}{\sigma_{t-1}^2}$$

$$= \frac{\sigma_t^2}{n_{t,m}} + \rho_{t,t-1}^2\frac{\sigma_t^2}{n_{t-1}} - \rho_{t,t-1}^2\frac{\sigma_t^2}{n_{t,m}}$$

$$= \frac{\sigma_t^2}{n_{t,m}}\left(1 - \rho_{t,t-1}^2\right) + \rho_{t,t-1}^2\frac{\sigma_t^2}{n_{t-1}}$$

$$= \frac{\sigma_t^2}{n_m}\left(1 - \rho^2\right) + \rho^2\frac{\sigma^2}{n} \Rightarrow \quad n = n_t = n_{t-1} \wedge \sigma^2 = \sigma_t^2 = \sigma_{t-1}^2$$

$$= \frac{1}{W_m}$$

2.) $Var\left(\hat{\mu}_{t,u}\right)$ - Varianz des ersten Elementarschätzers:

$$= \frac{\sigma_t^2}{n_u} = \frac{1}{W_u} \Rightarrow \quad n = n_t = n_{t-1} \wedge \sigma^2 = \sigma_t^2 = \sigma_{t-1}^2$$

3.) $Var(\hat{\mu}_t)$ - Varianz des Erwartungswertschätzers:

$$
\begin{aligned}
&= \mathrm{Var}\left(\Phi_t \hat{\mu}_{t,u} + \left[1-\Phi_t\right]\hat{\mu}_{t,m}\right) \\
&= \mathrm{Var}\left(\frac{W_u}{W_u+W_m}\hat{\mu}_{t,u} + \left[1-\frac{W_u}{W_u+W_m}\right]\hat{\mu}_{t,m}\right) \\
&= \frac{1}{\left(W_u+W_m\right)^2}\left[\mathrm{Var}\left(W_u\hat{\mu}_{t,u}\right)+\mathrm{Var}\left(W_m\hat{\mu}_{t,m}\right)\right] \\
&= \frac{1}{\left(W_u+W_m\right)^2}\left[W_u^2\mathrm{Var}\left(\hat{\mu}_{t,u}\right)+W_m^2\mathrm{Var}\left(\hat{\mu}_{t,m}\right)\right] \\
&= \frac{1}{\left(W_u+W_m\right)^2}\left[W_u^2\frac{1}{W_u}+W_m^2\frac{1}{W_m}\right] \\
&= \frac{1}{W_u+W_m} \\
&= \frac{1}{\frac{n_u}{\sigma^2}+\frac{n_m}{\sigma^2\left(1-\rho^2\right)+\rho^2\sigma^2 P_{t,t-1}}} \\
&= \frac{\sigma^2}{n}\frac{\left(1-\rho^2+\rho^2\left(1-Q_{t,t-1}\right)\right)}{Q_{t,t-1}\left(1-\rho^2+\rho^2\left(1-Q_{t,t-1}\right)\right)+\left(1-Q_{t,t-1}\right)} \\
&= \frac{\sigma^2}{n}\frac{1-Q_{t,t-1}\rho^2}{1-Q_{t,t-1}^2\rho^2}
\end{aligned}
$$

$\mathrm{Var}\left[\hat{\Delta}_{t,t-1}\right]$ - Varianz des Differenzenschätzers i. A. a. *Jessen*:

$$
\begin{aligned}
&= \mathrm{Var}\left(\hat{\mu}_t-\hat{\mu}_{t-1}\right) \\
&= \mathrm{Var}\left(\hat{\mu}_t\right)+\mathrm{Var}\left(\hat{\mu}_{t-1}\right)- \\
&\quad -2\mathrm{Cov}\left(\bar{x}_{t,m};\Phi\bar{x}_{t-1,u}\right)-2\mathrm{Cov}\left(\bar{x}_{t,m};\bar{x}_{t-1,m}\right)-2\mathrm{Cov}\left(\bar{x}_{t,m};b\bar{x}_{t-2}\right)+2\mathrm{Cov}\left(\bar{x}_{t,m};b\bar{x}_{t-2,m}\right)+ \\
&\quad +2\mathrm{Cov}\left(\bar{x}_{t,m};\Phi\bar{x}_{t-1,m}\right)+2\mathrm{Cov}\left(\bar{x}_{t,m};\Phi b\bar{x}_{t-2}\right)-2\mathrm{Cov}\left(\bar{x}_{t,m};\Phi b\bar{x}_{t-2,m}\right)- \\
&\quad -2\mathrm{Cov}\left(b\bar{x}_{t-1};\Phi\bar{x}_{t-1,u}\right)-2\mathrm{Cov}\left(b\bar{x}_{t-1};\bar{x}_{t-1,m}\right)-2\mathrm{Cov}\left(b\bar{x}_{t-1};b\bar{x}_{t-2}\right)+2\mathrm{Cov}\left(b\bar{x}_{t-1};b\bar{x}_{t-2,m}\right)+ \\
&\quad +2\mathrm{Cov}\left(b\bar{x}_{t-1};\Phi\bar{x}_{t-1,m}\right)+2\mathrm{Cov}\left(b\bar{x}_{t-1};\Phi b\bar{x}_{t-2}\right)-2\mathrm{Cov}\left(b\bar{x}_{t-1};\Phi b\bar{x}_{t-2,m}\right)+ \\
&\quad +2\mathrm{Cov}\left(b\bar{x}_{t-1,m};\Phi\bar{x}_{t-1,u}\right)+2\mathrm{Cov}\left(b\bar{x}_{t-1,m};\bar{x}_{t-1,m}\right)+2\mathrm{Cov}\left(b\bar{x}_{t-1,m};b\bar{x}_{t-2}\right)- \\
&\quad -2\mathrm{Cov}\left(b\bar{x}_{t-1,m};b\bar{x}_{t-2,m}\right)-2\mathrm{Cov}\left(b\bar{x}_{t-1,m};\Phi\bar{x}_{t-1,m}\right)-2\mathrm{Cov}\left(b\bar{x}_{t-1,m};\Phi b\bar{x}_{t-2}\right)+ \\
&\quad +2\mathrm{Cov}\left(b\bar{x}_{t-1,m};\Phi b\bar{x}_{t-2,m}\right)+2\mathrm{Cov}\left(\Phi\bar{x}_{t,m};\Phi\bar{x}_{t-1,u}\right)+2\mathrm{Cov}\left(\Phi\bar{x}_{t,m};\bar{x}_{t-1,m}\right)+ \\
&\quad +2\mathrm{Cov}\left(\Phi\bar{x}_{t,m};b\bar{x}_{t-2}\right)-2\mathrm{Cov}\left(\Phi\bar{x}_{t,m};b\bar{x}_{t-2,m}\right)-2\mathrm{Cov}\left(\Phi\bar{x}_{t,m};\Phi\bar{x}_{t-1,m}\right)-2\mathrm{Cov}\left(\Phi\bar{x}_{t,m};\Phi b\bar{x}_{t-2}\right) \\
&\quad +2\mathrm{Cov}\left(\Phi\bar{x}_{t,m};\Phi b\bar{x}_{t-2,m}\right)+2\mathrm{Cov}\left(\Phi b\bar{x}_{t-1};\Phi\bar{x}_{t-1,u}\right)+2\mathrm{Cov}\left(\Phi b\bar{x}_{t-1};\bar{x}_{t-1,m}\right)+ \\
&\quad +2\mathrm{Cov}\left(\Phi b\bar{x}_{t-1};b\bar{x}_{t-2}\right)-2\mathrm{Cov}\left(\Phi b\bar{x}_{t-1};b\bar{x}_{t-2,m}\right)-2\mathrm{Cov}\left(\Phi b\bar{x}_{t-1};\Phi\bar{x}_{t-1,m}\right)- \\
&\quad -2\mathrm{Cov}\left(\Phi b\bar{x}_{t-1};\Phi b\bar{x}_{t-2}\right)+2\mathrm{Cov}\left(\Phi b\bar{x}_{t-1};\Phi b\bar{x}_{t-2,m}\right)-2\mathrm{Cov}\left(\Phi b\bar{x}_{t-1,m};\Phi\bar{x}_{t-1,u}\right)- \\
&\quad -2\mathrm{Cov}\left(\Phi b\bar{x}_{t-1,m};\bar{x}_{t-1,m}\right)-2\mathrm{Cov}\left(\Phi b\bar{x}_{t-1,m};b\bar{x}_{t-2}\right)+2\mathrm{Cov}\left(\Phi b\bar{x}_{t-1,m};b\bar{x}_{t-2,m}\right)+ \\
&\quad +2\mathrm{Cov}\left(\Phi b\bar{x}_{t-1,m};\Phi\bar{x}_{t-1,m}\right)+2\mathrm{Cov}\left(\Phi b\bar{x}_{t-1,m};\Phi b\bar{x}_{t-2}\right)-2\mathrm{Cov}\left(\Phi b\bar{x}_{t-1,m};\Phi b\bar{x}_{t-2,m}\right)
\end{aligned}
$$

$$= \operatorname{Var}\left(\hat{\mu}_t\right) + \operatorname{Var}\left(\hat{\mu}_{t-1}\right) -$$

$$-2\frac{\left(Q_{t,t-t}/P_{t,t-t}\right)n_m}{n_m n_u}\Phi_t\rho_{t,t-t}\sigma_t\sigma_{t-1} - 2\frac{\left(1-\left(Q_{t,t-t}/P_{t,t-t}\right)\right)n_m}{n_m^2}\rho_{t,t-t}\sigma_t\sigma_{t-1} -$$

$$-2\frac{\left(1-\left(Q_{t,t-t}/P_{t,t-t}\right)\right)n_m}{n_m n}b\rho_{t,t-t}\sigma_t\sigma_{t-2} + 2\frac{\left(1-\left(Q_{t,t-t}/P_{t,t-t}\right)\right)n_m}{n_m^2}b\rho_{t,t-t}\sigma_t\sigma_{t-2} +$$

$$+2\frac{\left(1-\left(Q_{t,t-t}/P_{t,t-t}\right)\right)n_m}{n_m^2}\Phi_t\rho_{t,t-t}\sigma_t\sigma_{t-1} + 2\frac{\left(1-\left(Q_{t,t-t}/P_{t,t-t}\right)\right)n_m}{n_m n}\Phi_t b\rho_{t,t-t}\sigma_t\sigma_{t-2} -$$

$$-2\frac{\left(1-\left(Q_{t,t-t}/P_{t,t-t}\right)\right)n_m}{n_m^2}\Phi_t b\rho_{t,t-t}\sigma_t\sigma_{t-2} -$$

$$-2\frac{n_u}{nn_u}\Phi_t b\sigma_{t-1}^2 - 2\frac{n_m}{nn_m}b\sigma_{t-1}^2 - 2\frac{n_m}{n^2}b^2\rho_{t,t-t}\sigma_{t-1}\sigma_{t-2} + 2\frac{n_m}{nn_m}b^2\rho_{t,t-t}\sigma_{t-1}\sigma_{t-2} +$$

$$+2\frac{n_m}{nn_m}\Phi_t b\sigma_{t-1}^2 + 2\frac{n_m}{n^2}\Phi_t b^2\rho_{t,t-t}\sigma_{t-1}\sigma_{t-2} - 2\frac{n_m}{nn_m}\Phi_t b^2\rho_{t,t-t}\sigma_{t-1}\sigma_{t-2} +$$

$$+2\frac{n_u}{n_m n_u}\Phi_t b\sigma_{t-1}^2 + 2\frac{\left(1-\left(Q_{t,t-t}/P_{t,t-t}\right)\right)n_m}{n_m^2}b\sigma_{t-1}^2 +$$

$$+2\frac{\left(Q_{t,t-t}/P_{t,t-t}\right)n_m}{n_m n_u}\Phi_t^2\rho_{t,t-1}\sigma_t\sigma_{t-1} + 2\frac{\left(1-\left(Q_{t,t-t}/P_{t,t-t}\right)\right)n_m}{n_m^2}\Phi_t\rho_{t,t-1}\sigma_t\sigma_{t-1} +$$

$$+2\frac{\left(1-\left(Q_{t,t-t}/P_{t,t-t}\right)\right)n_m}{n_m n}\Phi_t b\rho_{t,t-1}\sigma_t\sigma_{t-2} - 2\frac{\left(1-\left(Q_{t,t-t}/P_{t,t-t}\right)\right)n_m}{n_m^2}\Phi_t b\rho_{t,t-1}\sigma_t\sigma_{t-2} -$$

$$-2\frac{\left(1-\left(Q_{t,t-t}/P_{t,t-t}\right)\right)n_m}{n_m^2}\Phi_t^2\rho_{t,t-1}\sigma_t\sigma_{t-1} - 2\frac{\left(1-\left(Q_{t,t-t}/P_{t,t-t}\right)\right)n_m}{n_m n}\Phi_t^2 b\rho_{t,t-1}\sigma_t\sigma_{t-2} +$$

$$+2\frac{\left(1-\left(Q_{t,t-t}/P_{t,t-t}\right)\right)n_m}{n_m^2}\Phi_t^2 b\rho_{t,t-1}\sigma_t\sigma_{t-2} +$$

$$+2\frac{\left(1-\left(Q_{t,t-t}/P_{t,t-t}\right)\right)n_m}{n_m n}b^2\rho_{t,t-t}\sigma_{t-1}\sigma_{t-2} - 2\frac{\left(1-\left(Q_{t,t-t}/P_{t,t-t}\right)\right)n_m}{n_m^2}b^2\rho_{t,t-t}\sigma_{t-1}\sigma_{t-2} -$$

$$-2\frac{\left(1-\left(Q_{t,t-t}/P_{t,t-t}\right)\right)n_m}{n_m^2}\Phi_t b\sigma_{t-1}^2 - 2\frac{\left(1-\left(Q_{t,t-t}/P_{t,t-t}\right)\right)n_m}{n_m n}\Phi_t b^2\rho_{t,t-t}\sigma_{t-1}\sigma_{t-2} +$$

$$+2\frac{\left(1-\left(Q_{t,t-t}/P_{t,t-t}\right)\right)n_m}{n_m^2}\Phi_t b^2\rho_{t,t-t}\sigma_{t-1}\sigma_{t-2} +$$

$$+2\frac{n_u}{nn_u}\Phi_t^2 b\sigma_{t-1}^2 + 2\frac{n_m}{nn_m}\Phi_t b\sigma_{t-1}^2 + 2\frac{n_m}{n^2}\Phi_t b^2\rho_{t,t-1}\sigma_{t-1}\sigma_{t-2} - 2\frac{n_m}{nn_m}\Phi_t b^2\rho_{t,t-1}\sigma_{t-1}\sigma_{t-2} -$$

$$-2\frac{n_m}{nn_m}\Phi_t^2 b\sigma_{t-1}^2 - 2\frac{n_m}{n^2}\Phi_t^2 b^2\rho_{t,t-1}\sigma_{t-1}\sigma_{t-2} + 2\frac{n_m}{nn_m}\Phi_t^2 b^2\rho_{t,t-1}\sigma_{t-1}\sigma_{t-2} -$$

$$-2\frac{n_u}{n_m n_u}\Phi_t^2 b\sigma_{t-1}^2 \quad -2\frac{\left(1-\left(Q_{t,t-t}/P_{t,t-t}\right)\right)n_m}{n_m^2}\Phi_t b\sigma_{t-1}^2 - 2\frac{\left(1-\left(Q_{t,t-t}/P_{t,t-t}\right)\right)n_m}{n_m n}\Phi_t b^2\rho_{t,t-1}\sigma_{t-1}\sigma_{t-2} +$$

$$+2\frac{\left(1-\left(Q_{t,t-t}/P_{t,t-t}\right)\right)n_m}{n_m^2}\Phi_t b^2\rho_{t,t-1}\sigma_{t-1}\sigma_{t-2}+$$
$$+2\frac{\left(1-\left(Q_{t,t-t}/P_{t,t-t}\right)\right)n_m}{n_m^2}\Phi_t^2 b\sigma_{t-1}^2+2\frac{\left(1-\left(Q_{t,t-t}/P_{t,t-t}\right)\right)n_m}{n_m n}\Phi_t^2 b^2\rho_{t,t-1}\sigma_{t-1}\sigma_{t-2}-$$
$$-2\frac{\left(1-\left(Q_{t,t-t}/P_{t,t-t}\right)\right)n_m}{n_m^2}\Phi_t^2 b^2\rho_{t,t-1}\sigma_{t-1}\sigma_{t-2}$$

$$=\operatorname{Var}\left(\hat{\mu}_t\right)+\operatorname{Var}\left(\hat{\mu}_{t-1}\right)+2\left(\Phi_t-1\right)\left[\begin{array}{l}
\frac{1}{n_m}\Phi_t\rho_{t,t-1}\sigma^2+\frac{n_m-n_u}{n_m^2}\rho\sigma^2+\frac{n_m-n_u}{n_m n}b\rho_{t,t-1}\sigma^2-\\
-\frac{n_m-n_u}{n_m^2}b\rho_{t,t-1}\sigma^2-\frac{n_m-n_u}{n_m^2}\Phi_t\rho_{t,t-1}\sigma^2-\frac{n_m-n_u}{n_m n}\Phi_t b\rho_{t,t-1}\sigma^2+\\
+\frac{n_m-n_u}{n_m^2}\Phi_t b\rho_{t,t-1}\sigma^2+\frac{1}{n}\Phi_t b\sigma^2+\frac{1}{n}b\sigma^2+\frac{n_m}{n^2}b^2\rho_{t,t-1}\sigma^2-\\
-\frac{1}{n}b^2\rho_{t,t-1}\sigma^2-\frac{1}{n}\Phi_t b\sigma^2-\frac{n_m}{n^2}\Phi_t b^2\rho\sigma^2+\frac{1}{n}\Phi b^2\rho_{t,t-1}\sigma^2-\\
-\frac{1}{n_m}\Phi_t b\sigma^2-\frac{n_m-n_u}{n_m^2}b\sigma^2-\frac{n_m-n_u}{n_m n}b^2\rho_{t,t-1}\sigma^2+\\
+\frac{n_m-n_u}{n_m^2}b^2\rho_{t,t-1}\sigma^2+\frac{n_m-n_u}{n_m^2}\Phi_t b\sigma^2+\\
+\frac{n_m-n_u}{n_m n}\Phi_t b^2\rho_{t,t-1}\sigma^2-\frac{n_m-n_u}{n_m^2}\Phi_t b^2\rho_{t,t-1}\sigma^2
\end{array}\right]$$

$$=\operatorname{Var}\left(\hat{\mu}_t\right)+\operatorname{Var}\left(\hat{\mu}_{t-1}\right)+2\left(\Phi_t-1\right)\left[\begin{array}{l}
\frac{1}{n_m}\Phi_t\rho_{t,t-1}\sigma^2+\left(1-\Phi_t\right)\frac{n_m-n_u}{n_m^2}\rho_{t,t-1}\sigma^2+\\
+\left(1-\Phi_t\right)\frac{n_m-n_u}{n_m n}\rho_{t,t-1}^2\sigma^2-\left(1-\Phi_t\right)\frac{n_m-n_u}{n_m^2}\rho_{t,t-1}^2\sigma^2+\\
+\frac{1}{n}\Phi_t\rho_{t,t-1}\sigma^2+\left(1-\Phi_t\right)\frac{1}{n}\rho_{t,t-1}\sigma^2+\\
+\left(1-\Phi_t\right)\frac{n_m}{n^2}\rho_{t,t-1}^2\rho_{t,t-1}\sigma^2-\left(1-\Phi_t\right)\frac{1}{n}\Phi_t\rho_{t,t-1}^2\rho_{t,t-1}\sigma^2-\\
-\frac{1}{n_m}\Phi_t\rho_{t,t-1}\sigma^2-\left(1-\Phi_t\right)\frac{n_m-n_u}{n_m^2}\rho_{t,t-1}\sigma^2-\\
-\left(1-\Phi_t\right)\frac{n_m-n_u}{n_m n}\rho_{t,t-1}^2\rho\sigma^2+\left(1-\Phi_t\right)\frac{n_m-n_u}{n_m^2}\rho_{t,t-1}^2\rho_{t,t-1}\sigma^2
\end{array}\right]$$

$$=\operatorname{Var}\left(\hat{\mu}_t\right)+\operatorname{Var}\left(\hat{\mu}_{t-1}\right)+2\left(\Phi_t-1\right)\left[\begin{array}{l}
\Phi_t\rho_{t,t-1}\sigma^2\left(\frac{1}{n_m}+\frac{1}{n}-\frac{1}{n_m}\right)+\\
+\left(1-\Phi_t\right)\rho_{t,t-1}\sigma^2\left(\frac{n_m-n_u}{n_m^2}+\frac{1}{n}-\frac{n_m-n_u}{n_m^2}\right)+\\
+\left(1-\Phi_t\right)\rho_{t,t-1}^2\sigma^2\left(\frac{n_m-n_u}{n_m n}-\frac{n_m-n_u}{n_m^2}\right)+\\
+\left(1-\Phi_t\right)\rho_{t,t-1}^2\rho_{t,t-1}\sigma^2\left(\frac{n_m}{n^2}-\frac{1}{n}-\frac{n_m-n_u}{n_m n}+\frac{n_m-n_u}{n_m^2}\right)
\end{array}\right]$$

$$=2\frac{\sigma^2}{n}\left[\frac{n\left(n-n_u\rho_{t,t-1}^2\right)}{n^2-n_u^2\rho_{t,t-1}^2}\right]+2\left(\Phi_t-1\right)\left[\begin{array}{l}\frac{\sigma^2}{n}\rho_{t,t-1}-\left(1-\Phi_t\right)\rho_{t,t-1}^2\sigma^2\left(1-\rho_{t,t-1}\right)\left(\frac{n_u\left(n_m-n_u\right)}{n_m^2 n}\right)-\\-\left(1-\Phi_t\right)\rho_{t,t-1}^2\rho_{t,t-1}\sigma^2\frac{n_u}{n^2}\end{array}\right]$$

$$=2\frac{\sigma^2}{n}\left[\frac{n\left(n-n_u\rho_{t,t-1}^2\right)}{n^2-n_u^2\rho_{t,t-1}^2}\right]+2\left(\Phi_t-1\right)\frac{\sigma^2}{n}\left[\begin{array}{l}\rho_{t,t-1}-\left(1-\Phi_t\right)\rho_{t,t-1}^2\left(1-\rho_{t,t-1}\right)\left(\frac{n_u\left(n_m-n_u\right)}{n_m^2}\right)-\\-\left(1-\Phi_t\right)\rho_{t,t-1}^2\rho_{t,t-1}\frac{n_u}{n}\end{array}\right]$$

$$=2\Phi_t\frac{\sigma^2}{n_u}+2\left(\Phi_t-1\right)\frac{\sigma^2}{n}\left[\rho_{t,t-1}-\left(1-\Phi_t\right)\rho_{t,t-1}^2\left(1-\rho_{t,t-1}\right)\left(\frac{n_u\left(n_m-n_u\right)}{n_m^2}\right)-\left(1-\Phi_t\right)\rho_{t,t-1}^2\rho_{t,t-1}\frac{n_u}{n}\right]$$

$$=2\frac{\sigma^2}{n}\left[\Phi_t\frac{n}{n_u}+\rho\left(\Phi_t-1\right)\left[1-\left(1-\Phi_t\right)\rho_{t,t-1}\left(1-\rho_{t,t-1}\right)\left(\frac{n_u\left(n_m-n_u\right)}{n_m^2}\right)-\left(1-\Phi_t\right)\rho_{t,t-1}^2\frac{n_u}{n}\right]\right]$$

$$=2\frac{\sigma^2}{n}\left[\Phi_t\frac{n}{n_u}+\rho_{t,t-1}\left(\Phi_t-1\right)\left[1-\left(1-\Phi_t\right)\rho_{t,t-1}\left(\left(1-\rho_{t,t-1}\right)\left(\frac{n_u\left(n_m-n_u\right)}{n_m^2}\right)+\rho_{t,t-1}\frac{n_u}{n}\right)\right]\right]$$

$$=2\frac{\sigma^2}{n}\left[\frac{\Phi_t}{Q_{t,t-1}}+\rho\left(\Phi_t-1\right)\left[1-\left(1-\Phi_t\right)\rho Q_{t,t-1}\left(\left(1-\rho\right)\left(\frac{1}{P_{t,t-1}}\left(1-\frac{Q_{t,t-1}}{P_{t,t-1}}\right)\right)+\rho\right)\right]\right]$$

$\mathrm{Var}\left(\hat{\mu}_t\right)$ - Varianz des MVLU Erwartungswertschätzers nach *Hansen, Hurwitz, Madow*:

$$\begin{aligned}&=\mathrm{Var}\left[a\left(\overline{x}_{t-1,u}-\overline{x}_{t-1,m}\right)+c\overline{x}_{t,m}+\left(1-c\right)\overline{x}_{t,u}\right]\\&=\mathrm{Var}\left[a\overline{x}_{t-1,u}-a\overline{x}_{t-1,m}+c\overline{x}_{t,m}+\overline{x}_{t,u}-c\overline{x}_{t,u}\right]\\&=\mathrm{Var}\left(a\overline{x}_{t-1,u}\right)+\mathrm{Var}\left(a\overline{x}_{t-1,m}\right)+\mathrm{Var}\left(c\overline{x}_{t,m}\right)+\mathrm{Var}\left(\overline{x}_{t,u}\right)+\mathrm{Var}\left(c\overline{x}_{t,u}\right)\\&\quad-2\mathrm{Cov}\left(a\overline{x}_{t-1,m};c\overline{x}_{t,m}\right)-2\mathrm{Cov}\left(\overline{x}_{t,u};c\overline{x}_{t,u}\right)\end{aligned}$$

$$=a^2\frac{\sigma_{t-1}^2}{n_{t-1,u}}+a^2\frac{\sigma_{t-1}^2}{n_{t-1,m}}+c^2\frac{\sigma_t^2}{n_{t,m}}+\frac{\sigma_t^2}{n_{t,u}}+c^2\frac{\sigma_t^2}{n_{t,u}}-2\frac{ac}{n_{t,m}}\rho_{t-1,t}\sigma_{t-1}\sigma_t-2c\frac{\sigma_t^2}{n_{t,u}}$$

$$=a^2\left(\frac{1}{n_{t-1,u}}+\frac{1}{n_{t-1,m}}\right)\sigma_{t-1}^2+c^2\frac{\sigma_t^2}{n_{t,m}}+\left(1-2c+c^2\right)\frac{\sigma_t^2}{n_{t,u}}-2\frac{ac}{n_{t,m}}\rho_{t-1,t}\sigma_{t-1}\sigma_t$$

$$=a^2\left(\frac{1}{Q_{t-1,t}}+\frac{1}{P_{t-1,t}}\right)\frac{\sigma_{t-1}^2}{n}+\frac{c^2}{P_{t-1,t}}\frac{\sigma_t^2}{n}+\frac{\left(1-c\right)^2}{Q_{t-1,t}}\frac{\sigma_t^2}{n}-\frac{2ac}{P_{t-1,t}}\frac{\rho_{t-1,t}\sigma_{t-1}\sigma_t}{n}\Rightarrow\quad n=n_t=n_{t-1}$$

$$=a^2\left(\frac{\left(1-Q_{t-1,t}\right)+Q_{t-1,t}}{Q_{t-1,t}\left(1-Q_{t-1,t}\right)}\right)\frac{\sigma_{t-1}^2}{n}+c^2\frac{1}{\left(1-Q_{t-1,t}\right)}\frac{\sigma_t^2}{n}+\left(1-c\right)^2\frac{1}{Q_{t-1,t}}\frac{\sigma_t^2}{n}-2ac\frac{\rho_{t-1,t}}{\left(1-Q_{t-1,t}\right)}\frac{\sigma_{t-1}\sigma_t}{n}$$

$$
\begin{aligned}
&= a^2\left(\frac{\left(1-Q_{t-1,t}\right)+Q_{t-1,t}}{Q_{t-1,t}\left(1-Q_{t-1,t}\right)}\right)\frac{\sigma^2}{n}+c^2\frac{1}{\left(1-Q_{t-1,t}\right)}\frac{\sigma^2}{n}+\left(1-c\right)^2\frac{1}{Q_{t-1,t}}\frac{\sigma^2}{n}-2ac\frac{\rho}{\left(1-Q_{t-1,t}\right)}\frac{\sigma^2}{n} \quad\Rightarrow\quad \sigma^2=\sigma_t^2=\sigma_{t-1}^2 \\
&= \frac{\sigma^2}{n}\left[\begin{array}{l}
\left(\frac{\rho P_{t-1,t}Q_{t-1,t}}{1-Q_{t,t-1}^2\rho^2}\right)^2\left(\frac{\left(1-Q_{t-1,t}\right)+Q_{t-1,t}}{Q_{t-1,t}\left(1-Q_{t-1,t}\right)}\right)+\left(\frac{P_{t-1,t}}{1-Q_{t,t-1}^2\rho^2}\right)^2\frac{1}{\left(1-Q_{t-1,t}\right)} \\
+\left(1-\left(\frac{P_{t-1,t}}{1-Q_{t,t-1}^2\rho^2}\right)\right)^2\frac{1}{Q_{t-1,t}}-2\left(\frac{\rho P_{t-1,t}Q_{t-1,t}}{1-Q_{t,t-1}^2\rho^2}\right)\left(\frac{P_{t-1,t}}{1-Q_{t,t-1}^2\rho^2}\right)\frac{\rho}{\left(1-Q_{t-1,t}\right)}
\end{array}\right] \\
&= \frac{\sigma^2}{n}\left[\begin{array}{l}
\frac{\left(\rho\left(1-Q_{t-1,t}\right)Q_{t-1,t}\right)^2}{\left(1-Q_{t,t-1}^2\rho^2\right)^2}\left(\frac{1}{Q_{t-1,t}}+\frac{1}{\left(1-Q_{t-1,t}\right)}\right)+\frac{\left(1-Q_{t-1,t}\right)^2}{\left(1-Q_{t,t-1}^2\rho^2\right)^2}\frac{1}{\left(1-Q_{t-1,t}\right)} \\
+\frac{\left(\left(1-Q_{t,t-1}^2\rho^2\right)-\left(1-Q_{t-1,t}\right)\right)^2}{\left(1-Q_{t,t-1}^2\rho^2\right)^2}\frac{1}{Q_{t-1,t}}-\frac{2\rho\left(1-Q_{t-1,t}\right)Q_{t-1,t}\left(1-Q_{t-1,t}\right)\rho}{\left(1-Q_{t,t-1}^2\rho^2\right)^2\left(1-Q_{t-1,t}\right)}
\end{array}\right] \\
&= \frac{\sigma^2}{n}\left[\begin{array}{l}
\frac{\left(\rho\left(1-Q_{t-1,t}\right)Q_{t-1,t}\right)^2}{\left(1-Q_{t,t-1}^2\rho^2\right)^2}\left(\frac{1}{Q_{t-1,t}}+\frac{1}{\left(1-Q_{t-1,t}\right)}\right)+\frac{\left(1-Q_{t-1,t}\right)}{\left(1-Q_{t,t-1}^2\rho^2\right)^2} \\
+\frac{\left(Q_{t-1,t}-Q_{t,t-1}^2\rho^2\right)^2}{\left(1-Q_{t,t-1}^2\rho^2\right)^2}\frac{1}{Q_{t-1,t}}-\frac{2\rho\left(1-Q_{t-1,t}\right)Q_{t-1,t}\rho}{\left(1-Q_{t,t-1}^2\rho^2\right)^2}
\end{array}\right] \\
&= \frac{\sigma^2}{n}\frac{1}{\left(1-Q_{t,t-1}^2\rho^2\right)^2}\left[\begin{array}{l}
\frac{\left(\rho\left(1-Q_{t-1,t}\right)Q_{t-1,t}\right)^2}{Q_{t-1,t}}+\frac{\left(\rho\left(1-Q_{t-1,t}\right)Q_{t-1,t}\right)^2}{\left(1-Q_{t-1,t}\right)}+\left(1-Q_{t-1,t}\right) \\
+\frac{\left(Q_{t-1,t}-Q_{t,t-1}^2\rho^2\right)^2}{Q_{t-1,t}}-2\rho\left(1-Q_{t-1,t}\right)Q_{t-1,t}\rho
\end{array}\right] \\
&= \frac{\sigma^2}{n}\frac{1}{\left(1-Q_{t,t-1}^2\rho^2\right)^2}\left[\begin{array}{l}
\frac{\left(\rho\left(1-Q_{t-1,t}\right)Q_{t-1,t}\right)^2}{Q_{t-1,t}}+\frac{\left(\rho\left(1-Q_{t-1,t}\right)Q_{t-1,t}\right)^2}{\left(1-Q_{t-1,t}\right)} \\
+\frac{\left(Q_{t-1,t}-Q_{t,t-1}^2\rho^2\right)^2}{Q_{t-1,t}} \\
-2Q_{t-1,t}\rho^2+2Q_{t,t-1}^2\rho^2+1-Q_{t-1,t}
\end{array}\right] \\
&= \frac{\sigma^2}{n}\frac{1}{\left(1-Q_{t,t-1}^2\rho^2\right)^2}\left[\begin{array}{l}
\rho^2\left(1-Q_{t-1,t}\right)^2Q_{t-1,t}+\rho^2\left(1-Q_{t-1,t}\right)Q_{t,t-1}^2 \\
+\frac{Q_{t,t-1}^2-2Q_{t,t-1}^3\rho^2+Q_{t,t-1}^4\rho^4}{Q_{t-1,t}} \\
-2Q_{t-1,t}\rho^2+2Q_{t,t-1}^2\rho^2+1-Q_{t-1,t}
\end{array}\right] \\
&= \frac{\sigma^2}{n}\frac{1}{\left(1-Q_{t,t-1}^2\rho^2\right)^2}\left[\begin{array}{l}
Q_{t-1,t}\rho^2-2Q_{t,t-1}^2\rho^2+Q_{t,t-1}^3\rho^2+Q_{t,t-1}^2\rho^2-Q_{t,t-1}^3\rho^2 \\
+Q_{t-1,t}-2Q_{t,t-1}^2\rho^2+Q_{t,t-1}^3\rho^4 \\
-2Q_{t-1,t}\rho^2+2Q_{t,t-1}^2\rho^2+1-Q_{t-1,t}
\end{array}\right]
\end{aligned}
$$

$$= \frac{\sigma^2}{n}\frac{1}{\left(1-Q_{t,t-1}^2\rho^2\right)^2}\left[1-Q_{t,t-1}^2\rho^2+Q_{t,t-1}^3\rho^4-Q_{t-1,t}\rho^2\right]$$

$$= \frac{\sigma_t^2}{n}\frac{1}{\left(1-Q_{t,t-1}^2\rho^2\right)^2}\left(1-\rho^2Q^2\right)\left(1-\rho^2Q\right)$$

$$= \frac{\sigma_t^2}{n}\frac{1-\rho^2Q}{1-\rho^2Q^2}$$

$\mathrm{Var}\left(\hat{\Delta}_{t,t-1}\right)$ - Varianz des Differenzenschätzers nach *Hansen, Hurwitz, Madow*:

$$= \mathrm{Var}\left(\frac{Q_{t,t-1}(1-\rho)}{1-Q_{t,t-1}\rho}\left(\overline{x}_{t,u}-\overline{x}_{t-1,u}\right)+\frac{P_{t,t-1}}{1-Q_{t,t-1}\rho}\left(\overline{x}_{t,m}-\overline{x}_{t-1,m}\right)\right)$$

$$= \left(\frac{Q_{t,t-1}\left(1-\rho_{t,t-1}\right)}{1-Q_{t,t-1}\rho}\right)^2\mathrm{Var}\left(\overline{x}_{t,u}-\overline{x}_{t-1,u}\right)+\left(\frac{P_{t,t-1}}{1-Q_{t,t-1}\rho}\right)^2\mathrm{Var}\left(\overline{x}_{t,m}-\overline{x}_{t-1,m}\right)-$$

$$-2\left(\frac{P_{t,t-1}}{1-Q_{t,t-1}\rho}\right)^2\mathrm{Cov}\left(\overline{x}_{t,m};\overline{x}_{t-1,m}\right)$$

$$= 2\left(\frac{Q_{t,t-1}(1-\rho)}{1-Q_{t,t-1}\rho}\right)^2\frac{\sigma^2}{n_u}+2\left(\frac{P_{t,t-1}}{1-Q_{t,t-1}\rho}\right)^2\frac{\sigma^2}{n_m}+-2\left(\frac{P_{t,t-1}}{1-Q_{t,t-1}\rho}\right)^2\frac{\sigma^2}{n_m}\rho_{t,t-1}$$

$$= 2\frac{\sigma^2}{\left(1-Q_{t,t-1}\rho\right)^2}\left(\frac{Q_{t,t-1}^2\left(1-\rho_{t,t-1}\right)^2}{n_u}+\frac{P_{t,t-1}^2}{n_m}-\frac{P_{t,t-1}^2}{n_m}\rho\right)$$

$$= 2\frac{\sigma^2}{n\left(1-Q_{t,t-1}\rho\right)^2}\left(\left(1-Q_{t,t-1}\right)(1-\rho)+Q_{t,t-1}(1-\rho)^2\right)$$

$$= 2\frac{\sigma^2}{n}\frac{(1-\rho)}{\left(1-Q_{t,t-1}\rho\right)}$$

$\mathrm{Var}\left(\hat{\mu}_t\right)$ - Varianz des Regressionsschätzers nach *Yates*:

Es gelte:
$$\frac{1-Q_{t,t-1}}{1-Q_{t,t-1}^2r_{t,t-1}^2}=(1)$$
$$1-\frac{1-Q_{t,t-1}}{1-Q_{t,t-1}^2r_{t,t-1}^2}=(2)$$

$$= \mathrm{Var}\left(\frac{1-Q_{t,t-1}}{1-Q_{t,t-1}^2r^2}\left(\overline{x}_{t,m}+b\left(\overline{x}_{t-1}-\overline{x}_{t-1,m}\right)\right)+\left(1-\frac{1-Q_{t,t-1}}{1-Q_{t,t-1}^2r^2}\right)\overline{x}_{t,u}\right)$$

$$= (1)^2\frac{\sigma_t^2}{n_m}+(1)^2b^2\frac{\sigma_{t-1}^2}{n_{t-1}}+(1)^2b^2\frac{\sigma_{t-1}^2}{n_m}+(2)^2\frac{\sigma_t^2}{n_{t,u}}-2(1)^2b\,\mathrm{Cov}\left((1)\overline{x}_{t,m};\overline{x}_{t-1,m}\right)$$

$$= (1)^2\frac{\sigma_t^2}{P_{t,t-1}n}+(1)^2b^2\frac{\sigma_{t-1}^2}{n}+(1)^2b^2\frac{\sigma_{t-1}^2}{P_{t,t-1}n}+(2)^2\frac{\sigma_t^2}{Q_{t,t-1}n}-2(1)^2b\frac{1}{P_{t,t-1}n}r\,\sigma_t\sigma_{t-1}$$

$$= \frac{\sigma_t^2}{n}\left[(1)^2\frac{1}{P_{t,t-1}}+(1)^2r^2+(1)^2r^2\frac{1}{P_{t,t-1}}+(2)^2\frac{1}{Q_{t,t-1}}-2(1)^2r^2\frac{1}{P_{t,t-1}}\right]$$

$$=\frac{\sigma_t^2}{n}\left[\left(\frac{1-Q_{t,t-1}}{1-Q_{t,t-1}^2 r^2}\right)^2 \frac{1}{P_{t,t-1}}+\left(\frac{1-Q_{t,t-1}}{1-Q_{t,t-1}^2 r^2}\right)^2 r^2-\left(\frac{1-Q_{t,t-1}}{1-Q^2 r^2}\right)^2 r^2 \frac{1}{P_{t,t-1}}+\left(1-\frac{1-Q_{t,t-1}}{1-Q_{t,t-1}^2 r^2}\right)^2 \frac{1}{Q_{t,t-1}}\right]$$

$$=\frac{\sigma_t^2}{n}\frac{1}{\left(1-Q_{t,t-1}^2 r^2\right)^2}\left[1-Q_{t,t-1} r^2-Q_{t,t-1}^2 r^2+Q_{t,t-1}^3 r^4\right]$$

$$=\frac{\sigma_t^2}{n}\frac{1}{\left(1-Q_{t,t-1}^2 r^2\right)^2}\left(1-Q_{t,t-1} r^2\right)\left(1-Q_{t,t-1}^2 r^2\right)$$

$$=\frac{\sigma_t^2}{n}\frac{\left(1-Q_{t,t-1} r^2\right)}{\left(1-Q_{t,t-1}^2 r^2\right)}$$

A.3 SimDesign

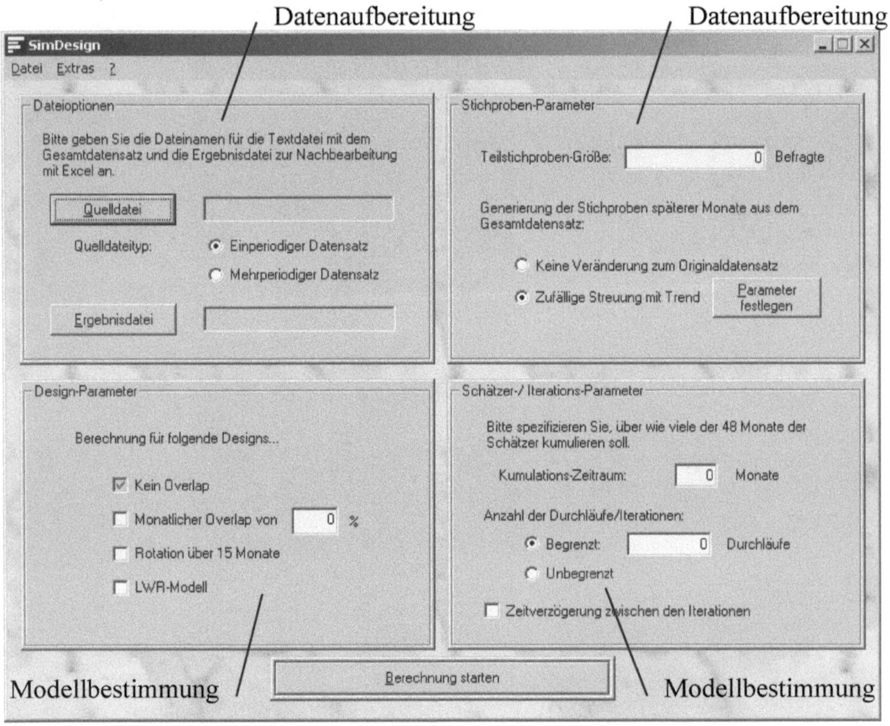

- Unter dem Menü-Punkt *Extras* kann die Konvertierung eines einperiodischen klassierten Datensatzes in einen Absolutwert-Datensatz vorgenommen werden:

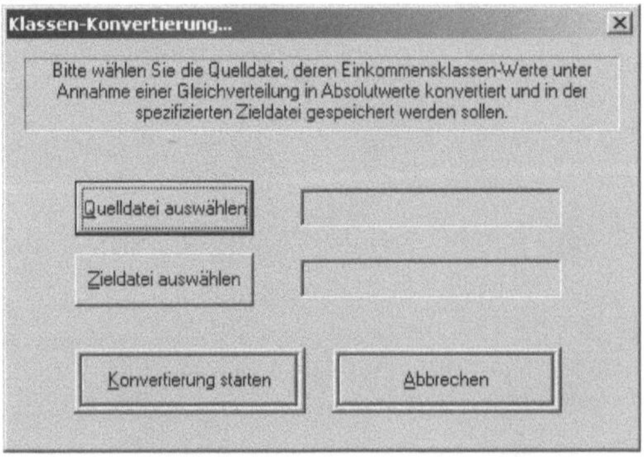

- Über den Button *Parameter festlegen* ist anzugeben, wie sich die Werte in den zu generierenden Perioden von der jeweils vorhergehenden Periode zu haben unterscheiden.

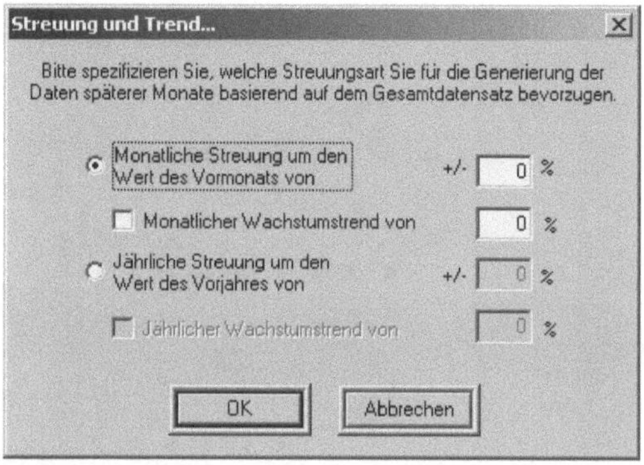

- Die Ergebnisse der Varianzsimulation werden in einem zweiten Fenster dargestellt:

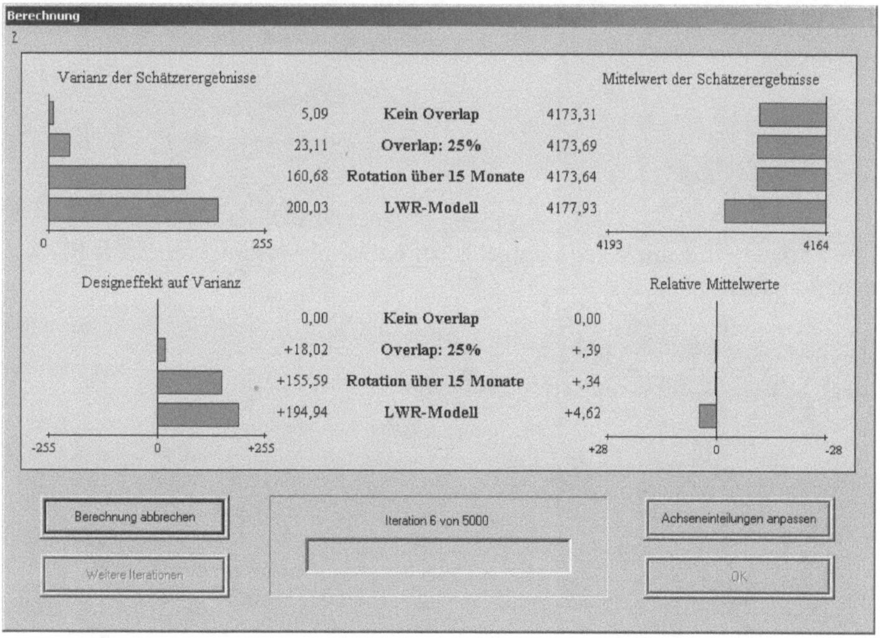

A.4 Varianzbestimmung bei konstanter periodischer Überlappung und variablem Kumulationszeitraum bei Basiskumulation

Überlappung von P = 75%

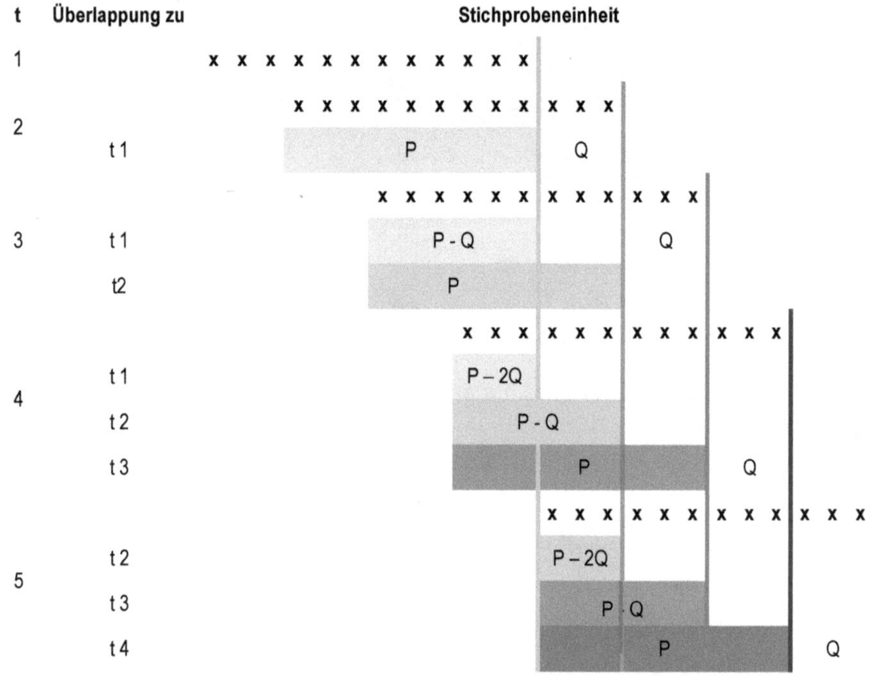

Die Varianz wird mit bereits aufgelöstem Kovarianzausdruck ermittelt bei Kumulation über:

- 2 Perioden:

$$\mathrm{Var}\left(\sum_{i=1}^{2}\overline{x}_i\right)=\frac{1}{2^2}\left(2\cdot\frac{\sigma^2}{n}+2\cdot 1\cdot 0,75\cdot\frac{\sigma^2}{n}\cdot\rho\right)$$

$$=\frac{1}{2}\frac{\sigma^2}{n}\left(1+\frac{2\cdot 1}{2}\cdot 0,75\cdot\rho\right)$$

- 3 Perioden:

$$\mathrm{Var}\left(\sum_{i=1}^{3}\overline{x}_i\right)=\frac{1}{3^2}\left(3\cdot\frac{\sigma^2}{n}+2\cdot 2\cdot 0,75\cdot\frac{\sigma^2}{n}\cdot\rho+2\cdot 1\cdot(0,75-0,25)\cdot\frac{\sigma^2}{n}\cdot\rho\right)$$

$$=\frac{1}{3}\frac{\sigma^2}{n}\left(1+\frac{2\cdot 2}{3}\cdot 0,75\cdot\rho+\frac{2\cdot 1}{3}\cdot(0,75-0,25)\cdot\rho\right)$$

- 4 Perioden:

$$\operatorname{Var}\left(\sum_{i=1}^{4}\overline{x}_i\right)=\frac{1}{4^2}\left(\begin{array}{l}4\cdot\frac{\sigma^2}{n}+2\cdot3\cdot0{,}75\cdot\frac{\sigma^2}{n}\cdot\rho+2\cdot2\cdot(0{,}75-0{,}25)\cdot\frac{\sigma^2}{n}\cdot\rho+\\+2\cdot1\cdot(0{,}75-(2\cdot0{,}25))\cdot\frac{\sigma^2}{n}\cdot\rho\end{array}\right)$$

$$=\frac{1}{4}\frac{\sigma^2}{n}\left(\begin{array}{l}1+\frac{2\cdot3}{4}\cdot0{,}75\cdot\rho+\frac{2\cdot2}{4}\cdot(0{,}75-0{,}25)\cdot\rho+\\+\frac{2\cdot1}{4}\cdot(0{,}75-(2\cdot0{,}25))\cdot\rho\end{array}\right)$$

- 5 Perioden:

$$\operatorname{Var}\left(\sum_{i=1}^{5}\overline{x}_i\right)=\frac{1}{5^2}\left(\begin{array}{l}5\cdot\frac{\sigma^2}{n}+2\cdot4\cdot0{,}75\cdot\frac{\sigma^2}{n}\cdot\rho+2\cdot3\cdot(0{,}75-0{,}25)\cdot\frac{\sigma^2}{n}\cdot\rho+\\+2\cdot2\cdot(0{,}75-(2\cdot0{,}25))\cdot\frac{\sigma^2}{n}\cdot\rho\end{array}\right)$$

$$=\frac{1}{5}\frac{\sigma^2}{n}\left(\begin{array}{l}1+\frac{2\cdot4}{5}\cdot0{,}75\cdot\rho+\frac{2\cdot3}{5}\cdot(0{,}75-0{,}25)\cdot\rho+\\+\frac{2\cdot2}{5}\cdot(0{,}75-(2\cdot0{,}25))\cdot\rho\end{array}\right)$$

Diese Zusammenhänge gelten auch für andere Überlappungsschemata, so dass die allgemein gültige Gleichung hergeleitet werden kann als:

$$\operatorname{Var}\left(\sum_{i=1}^{KU}\overline{x}_i\right)=\frac{1}{KU^2}\left[\begin{array}{l}KU\cdot\frac{\sigma^2}{n}+2\cdot(KU-1)(P-0\cdot Q)\frac{\sigma^2}{n}\rho+\\+2\cdot(KU-2)(P-1\cdot Q)\frac{\sigma^2}{n}\rho+\\+2\cdot(KU-3)(P-2\cdot Q)\frac{\sigma^2}{n}\rho+\ldots+\\+2\cdot(KU-(x+1))(P-x\cdot Q)\frac{\sigma^2}{n}\rho\end{array}\right]$$

$$=\frac{1}{KU}\frac{\sigma^2}{n}\left[\begin{array}{l}1+2\cdot\frac{(KU-1)}{KU}(P-0\cdot Q)\rho+\\+2\cdot\frac{(KU-2)}{KU}(P-1\cdot Q)\rho+\\+2\cdot\frac{(KU-3)}{KU}(P-2\cdot Q)\rho+\ldots+\\+2\cdot\frac{(KU-(x+1))}{KU}(P-x\cdot Q)\rho\end{array}\right]$$

$$=\frac{1}{KU}\frac{\sigma^2}{n}\left[1+\frac{2\cdot\rho}{KU}\left\{\begin{array}{l}\left(\left(x+1\right)\cdot KU\cdot P\right)-\left(P\sum_{i=1}^{\substack{(x+1)\to(x\geq KU)\\ KU\to(x<KU)}} i\right)-\\ -\left(KU\cdot Q\cdot\sum_{i=0}^{\substack{x\to(x\geq KU)\\ (KU-1)\to(x<KU)}} i\right)+\\ +\left(Q\cdot\sum_{i=0}^{\substack{x\to(x\geq KU)\\ (KU-1)\to(x<KU)}} i\cdot\left(i+1\right)\right)\end{array}\right\}\right]\to \text{für } Q>0$$

$$=\frac{1}{KU}\frac{\sigma^2}{n}\left[1+\frac{2\cdot\rho}{KU}P\sum_{i=1}^{KU-1} i\right]\to \text{für } Q=0$$

A.5 Differenz aus basiskumulierten Designeffektfaktoren und Designeffektfaktoren des Regressionsschätzers bei Kumulation über 48 Peri-oden

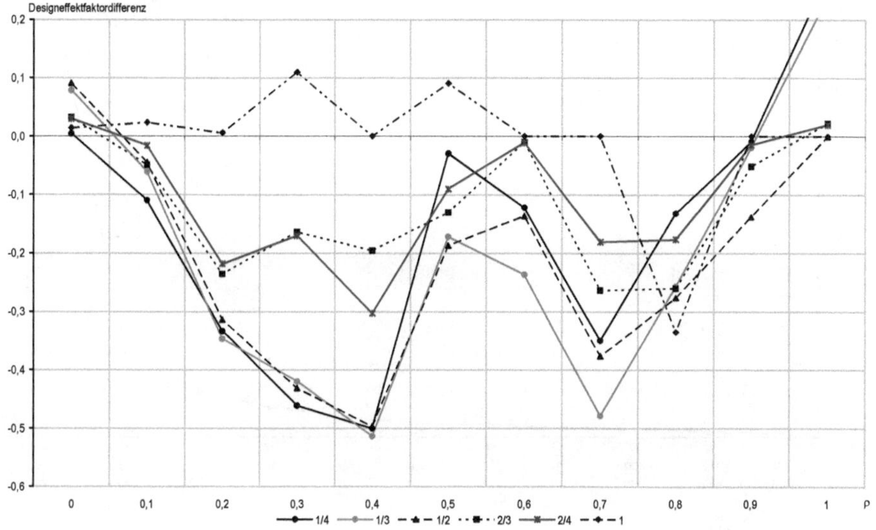

A.6 Differenz aus basiskumulierten Designeffektfaktoren und Designeffektfaktoren des Regressionsschätzers bei Kumulation über 48 Perioden

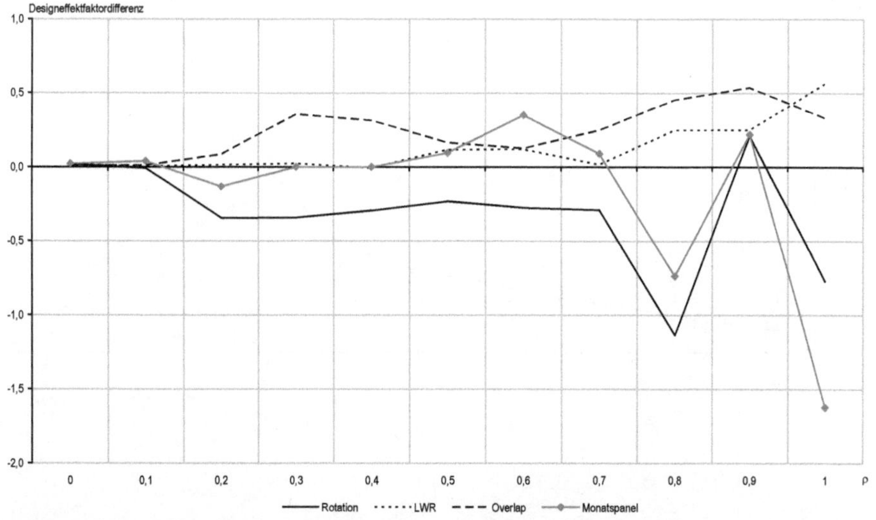

A.7 Verlauf der Varianz und des Designeffektfaktors bei Variation des Überlappungsparameters

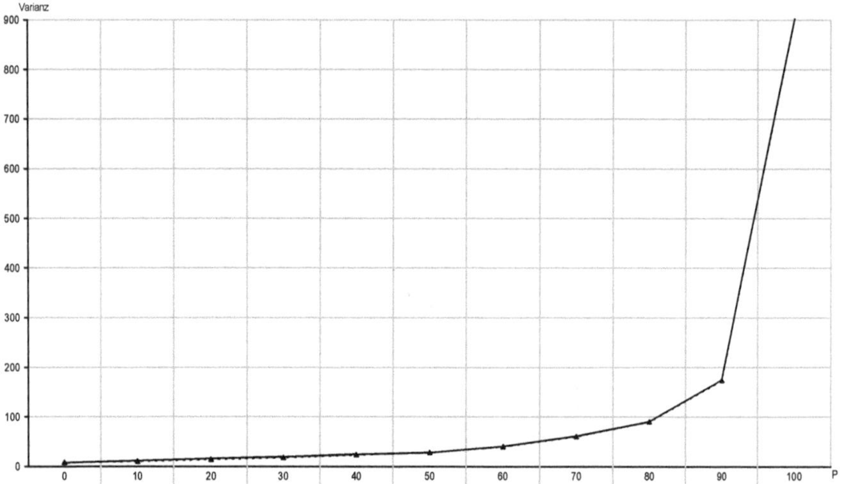

P	0	10	20	30	40	50	60	70	80	90	100
S1	8,05	11,50	16,32	19,47	24,87	27,86	40,93	61,11	90,48	174,54	901,72
S2	8,05	10,37	14,27	17,87	23,42	28,16	40,05	60,39	89,99	173,28	901,72

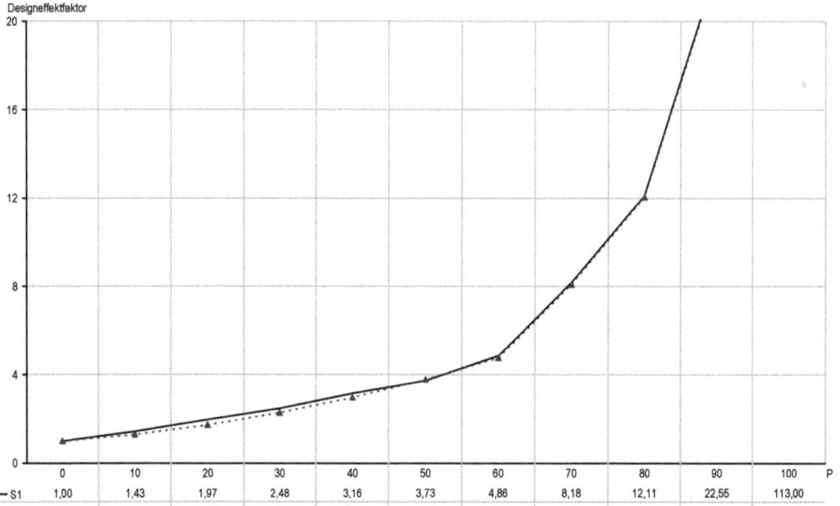

P	0	10	20	30	40	50	60	70	80	90	100
S1	1,00	1,43	1,97	2,48	3,16	3,73	4,86	8,18	12,11	22,55	113,00
S2	1,00	1,29	1,73	2,28	2,97	3,77	4,76	8,08	12,05	22,39	113,00

Curriculum vitae - Nicole Ernst

Personalien

Geburtsdatum: 28. September 1973
Geburtsort: Trier, Deutschland
Familienstand: ledig
Nationalität: deutsch
Adresse: Schützenstraße 11
D-54295 Trier
Tel.: 0651 / 9945778
e-mail: ernst@uni-trier.de

Ausbildung

10.93 - 08.99: **Studium der Volkswirtschaftslehre**
Universität Trier
Abschluss: Diplom-Volkswirt
Diplomarbeit: Analyse des unteren und mittleren personellen Einkommens
Schwerpunkt: Geld, Kredit, Finanzierung
Wahlfach: Statistik

10.94 - 10.97: **Fachspezifische Fremdsprachenausbildung Französisch**
Universität Trier

08.95 - 07.96: **Studium im Rahmen des EU Austauschprogramms Erasmus**
HEC - Hautes Etudes Commerciales Liège, Belgien

08.84 - 06.93: **Bilinguales Abitur deutsch-französisch**
Hindenburg-Gymnasium Trier

Beruflicher Werdegang

10.04 & 02.04: **Mitwirkende Hochschulassistentin**
Universitatea Babeş-Bolyai, Facultatea de Ştiinţe Economice, Cluj-Napoca, România

seit 10.02: **Wissenschaftliche Mitarbeiterin**
Universität Trier, Lehrstuhl für Volkswirtschaftslehre insbesondere Konsum-, Abfall- und Verbraucherforschung,
Prof. Dr. P. Hecheltjen

02.01 - 09.02: **Wissenschaftliche Mitarbeiterin**
Universität Trier, Lehrstuhl Methodenlehre / Statistik,
Prof. Dr. W. Krug

07.00 - 02.05: **Wissenschaftliche Mitarbeiterin**
Universität Trier, Drittmittelprojekt Prof. Dr. W. Krug

Wissenschaftlicher Werdegang

Veröffentlichungen

09.03: Zusatzleistungen für Sozialhilfeempfänger
Forschungsbericht mit W. Krug

07.02: Überlegungen zur Neugestaltung der Wirtschaftsrechnungen privater Haushalte
in: W. Krug, M. Ehling, N. Ernst: Rotierende Stichproben. Datenkumulation und Datenqualität, Spektrum der Bundesstatistik, Bd. 21/2002

07.02: Rotierende Stichproben. Datenkumulation und Datenqualität
Spektrum der Bundesstatistik, Bd. 21/2002 mit W. Krug, M. Ehling

12.01: Zur Neugestaltung der Wirtschaftsrechnungen privater Haushalte
in: Allgemeines Statistische Archiv (AStA), Vol. 85, 4 (2001), S. 463ff. mit W. Krug

Vorträge

06.04: Qualitätsbewertung von Stichproben
Pfingsttagung der Deutschen Statistischen Gesellschaft, Leipzig

10.02: Varianzsimulation zur Bewertung von Rotationsdesigns bei Kumulationsschätzung
Statistische Woche 2002, Konstanz

06.01: Rolling Samples and Sampling in Time - The New German Household Budget Survey
Workshop "Rolling Samples and Sampling in Time - Problems of Data Accumulation and Data Quality, Trier

Praxiserfahrungen während des Studiums

08.99 - 02.00: **Projektarbeit**
Bürgerumfrage 1999 der Stadt Trier
Leitung Prof. Dr. W. Krug, Dr. N. Rehm

04.98 - 06.00: **Wissenschaftliche Hilfskraft**
Universität Trier, Lehrstuhl Methodenlehre / Statistik,
Prof. Dr. W. Krug

07.97 - 11.97: **Praktikant**
Banque Générale du Luxembourg, Luxemburg
Abteilung Financial Engineering

06.96 - 08.96: **Praktikant**
Landeszentralbank in Rheinland-Pfalz und im Saarland, Hauptstelle Trier
Bereich Wechselgeschäft, Kreditwesen, Bilanzauswertung

Sonstiges

02.03 - 02.05:	Sprecherin der Wissenschaftlichen Mitarbeiter des Faches Volkswirtschaftlehre an der Universität Trier
02.03 - 02.05:	Mitglied des Fachbereichsrates IV der Universität Trier
03.03:	Teilnahme an der Mitarbeiterweiterbildung „Konfliktmanagement in Lehrsituationen“
10.02:	Teilnahme an der Mitarbeiterweiterbildung „Hochschuldidaktische Weiterbildung“
seit 08.02:	Mitglied der Deutschen Statischen Gesellschaft

Sprachkenntnisse

Deutsch: Muttersprache

Französisch: fundierte Kenntnisse in Wort und Schrift

Englisch: gute Kenntnisse in Wort und Schrift

Grundverständnis: Italienisch, Spanisch

EDV-Kenntnisse

Betriebssysteme: Windows 3.0 bis Windows XP Professional

Anwendungssoftware in der jeweils aktuellen Version: MS Office-paket mit MS Front Page, MS Visio, Corel Draw, Photo Paint, Adobe Acrobat, MathType, Outlook, Pegasus Mail, Internet Explorer, Netscape Communicator

Spezielle Softwarepakete: SPSS 11.0 (und Vorgängerversionen), Stata 5.0, Derive (Grundkenntnisse)

Programmiersprache: HTML-Grundkenntnisse

Eigene Software: SimDesign

Hobbys

Sport: Marathon, Ski- und Rennradfahren, Wandern

Motorradfahren

Garten-, Balkon- und Raumgestaltung, Kochen

FSC
www.fsc.org
MIX
Papier | Fördert gute Waldnutzung
FSC® C083411

Kolibri 360 GmbH
Ferdinand-Jühlke-Straße 7
99095 Erfurt, Deutschland
produktsicherheit@kolibri360.de

Druck:
CPI Druckdienstleistungen GmbH
im Auftrag der
Kolibri 360 GmbH
Ferdinand-Jühlke-Str. 7
99095 Erfurt